高等学校测绘工程系列教材

2016-1-072

工程控制测量

（第二版）

田林亚　岳建平　梅　红　编著

U0249842

WUHAN UNIVERSITY PRESS

武汉大学出版社

图书在版编目(CIP)数据

工程控制测量/田林亚,岳建平,梅红编著. —2 版. —武汉:武汉大学出版社,2018.5
高等学校测绘工程系列教材
ISBN 978-7-307-20144-6

Ⅰ.工…　Ⅱ.①田…　②岳…　③梅…　Ⅲ.工程测量—控制测量—高等学校—教材　Ⅳ.TB22

中国版本图书馆 CIP 数据核字(2018)第 075273 号

责任编辑:胡　艳　　　责任校对:汪欣怡　　　版式设计:韩闻锦

出版发行:**武汉大学出版社**　(430072　武昌　珞珈山)
　　　　(电子邮件:cbs22@whu.edu.cn 网址:www.wdp.com.cn)
印刷:武汉中科兴业印务有限公司
开本:787×1092　1/16　印张:15.75　字数:384 千字
版次:2011 年 8 月第 1 版　　2018 年 5 月第 2 版
2018 年 5 月第 2 版第 1 次印刷
ISBN 978-7-307-20144-6　　　定价:35.00 元

再版前言

截至 2017 年 8 月，《工程控制测量》已经出版发行了 6 年，这段时间里，本书被多所本科和大专院校作为测绘工程专业的教学用书，也于 2016 年获得了"十三五"江苏省高等学校重点教材的修订立项。6 年来，编者一直将本书用于测绘工程专业的教学，对教材的内容及编排等有了新的认识和体会，也从有关院校授课老师中得到了一些有益的意见和建议，认为有必要对原版进行修订再版。

《工程控制测量》第 2 版仍沿用第 1 版的结构和体系，对第 1 版主要做了以下几个方面的修订工作：更正了书中某些不够准确的语言表达和个别公式、表格中的错误，增加了一些图、表和计算公式；修改了书中部分章节的名称及其内容，对部分内容的编排进行了微调；补充了国家大地测量控制网的基本知识和工程控制测量常用的标志及其埋设方法；增加了几种国产的先进的全站仪、光学水准仪和数字水准仪，并详细介绍了仪器的使用方法；增加了与现代卫星定位测量有关的 CORS 系统和 BDS 系统，介绍了系统的特点及其应用；增加了地铁、高铁、水电站等工程的控制测量案例，对应介绍了控制网的布设、测量及数据处理方法；针对各章节的内容增加了相应的思考题，便于读者对所述内容的理解和领会。

由于编者水平有限，《工程控制测量》第 2 版中仍可能存在错误之处，敬请读者批评指正。第 2 版中的部分内容和图表也参考了有关的文献，在此向文献的作者表示感谢。

编　者

2017 年 9 月

第1版前言

对于测绘工程专业的学生来说，走上工作岗位以后，可能会接触到各种各样的工程，需要针对具体工程开展控制测量工作，解决工程控制测量中出现的各种实际问题。基于这方面的考虑，编者结合多年的教学和实践经验，编写了这本直接面向工程的《工程控制测量》，希望读者通过学习该书，更进一步理解工程控制测量的基本流程，掌握工程控制测量的基本理论和方法，提高独立分析与解决工程实际问题的能力，出色地开展和完成工程控制测量工作。

本书共分10章，章节的编排和内容的编写是根据工程控制测量的基本流程展开的，从工程控制网的设计、观测到数据处理及结果分析，形成了比较完整的工程控制测量体系。教材内容的编写始终遵循面向工程和简便实用的路线，既介绍了仍在工程中使用的部分传统测绘仪器和技术，又重点地介绍了当前测绘新仪器、新技术及其在工程控制测量中的运用；既较系统地阐述了工程控制测量的基本理论和方法，又删繁就简，重点论述解决工程控制测量中有关问题的方法。此外，为了加深读者对教材内容的理解，本书还配以大型桥梁、水电站、堤防等实际工程的控制测量实例加以说明。

参加本书编写的人员及分工如下：

田林亚(河海大学)，编写第1章、第2章，负责全书的组织和统稿工作；

岳建平(河海大学)，编写第6章、第8章，参与全书的组织工作；

梅红(河海大学)，编写第5章、第10章，负责全书的校对工作；

黄晓时(河海大学)，编写第3章；

黄其欢(河海大学)，编写第7章；

夏开旺(安徽建筑大学)，编写第4章；

周保兴(山东交通学院)，编写第9章。

本书可作为测绘工程专业学生的教学用书，也可供有关生产单位的工程技术人员阅读和参考。由于编者水平有限，本书中难免存在错误之处，敬请读者批评指正。

本书的部分内容和图表参考了书后所列的文献，在此向文献的作者表示感谢。

编　者

2011 年 6 月

目　　录

第1章　绪论 ……………………………………………………………………………… 1

1.1　工程控制测量的概念 ……………………………………………………………… 1

　　1.1.1　工程控制测量的任务与作用 ……………………………………………… 1

　　1.1.2　不同工程对控制测量的要求 ……………………………………………… 2

1.2　工程控制测量的发展概述 ………………………………………………………… 3

　　1.2.1　工程控制测量技术的发展 ………………………………………………… 3

　　1.2.2　数据处理理论和方法的发展 ……………………………………………… 4

思考题 ……………………………………………………………………………………… 6

第2章　工程控制网布设 ………………………………………………………………… 7

2.1　国家大地测量控制网简介 ………………………………………………………… 7

　　2.1.1　国家平面控制网简介 ……………………………………………………… 7

　　2.1.2　国家高程控制网简介 ……………………………………………………… 10

2.2　工程控制网的布设原则 …………………………………………………………… 11

　　2.2.1　分级布网，逐级控制 ……………………………………………………… 12

　　2.2.2　具有足够的精度 …………………………………………………………… 12

　　2.2.3　具有一定的密度 …………………………………………………………… 13

　　2.2.4　遵照相应的规范 …………………………………………………………… 13

2.3　工程控制网的布设形式及要求 …………………………………………………… 13

　　2.3.1　平面控制网的布设形式及要求 …………………………………………… 13

　　2.3.2　高程控制网的布设形式及要求 …………………………………………… 19

2.4　工程控制测量的技术设计 ………………………………………………………… 21

　　2.4.1　资料的收集与分析 ………………………………………………………… 21

　　2.4.2　控制网的图上设计 ………………………………………………………… 22

　　2.4.3　控制网的优化设计 ………………………………………………………… 24

　　2.4.4　技术设计书的编写 ………………………………………………………… 29

2.5　控制点的选埋 ……………………………………………………………………… 29

　　2.5.1　实地选点 …………………………………………………………………… 29

　　2.5.2　标志形式与埋设 …………………………………………………………… 30

2.6　地铁和高铁控制网布设简介 ……………………………………………………… 35

　　2.6.1　南京地铁 S8 号线区间平面控制网布设 ………………………………… 35

　　2.6.2　石武高铁邢台段 CPⅢ控制网的布设 …………………………………… 36

思考题 ……………………………………………………………………………………… 40

第3章 水平角测量 ··· 41
  3.1 水平角测量原理 ·· 41
    3.1.1 光学经纬仪测角原理 ··· 41
    3.1.2 全站仪测角原理 ··· 43
    3.1.3 国产全站仪简介 ··· 50
  3.2 水平角观测 ·· 55
    3.2.1 观测方法 ··· 55
    3.2.2 测站限差要求 ··· 56
    3.2.3 超限成果的取舍与重测 ··· 57
    3.2.4 偏心观测与归心改正 ··· 57
  3.3 角度测量误差来源 ·· 60
    3.3.1 仪器误差的影响 ··· 60
    3.3.2 观测误差的影响 ··· 63
    3.3.3 外界条件的影响 ··· 64
  3.4 外业成果整理与分析 ·· 65
    3.4.1 资料的检查与分析 ··· 65
    3.4.2 测站平差 ··· 67
    3.4.3 控制网测角精度评定 ··· 67
    3.4.4 水平方向值归算 ··· 68
  思考题 ·· 69

第4章 距离测量 ··· 70
  4.1 测距仪器的分类 ·· 70
  4.2 相位法测距 ·· 71
    4.2.1 相位法测距原理 ··· 71
    4.2.2 Mekometer ME 5000 测距仪测距 ································ 73
    4.2.3 Leica 全站仪测距 ··· 75
    4.2.4 苏-光 RTS010 全站仪测距 ······································ 80
  4.3 距离测量的误差来源 ·· 82
    4.3.1 测距误差分析 ··· 82
    4.3.2 测距精度估算 ··· 84
    4.3.3 加常数和乘常数的测定 ··· 85
    4.3.4 周期误差的测定 ··· 87
  4.4 距离测量与归算 ·· 90
    4.4.1 测距的实施 ··· 90
    4.4.2 距离的归算 ··· 92
  思考题 ·· 94

第5章 精密水准测量 ··· 95
  5.1 精密水准仪及其使用 ·· 95

　　　5.1.1　光学水准仪及其使用 ·· 95
　　　5.1.2　数字水准仪及其使用 ·· 98
　　　5.1.3　国产数字水准仪简介 ··· 111
　　5.2　精密水准仪和水准标尺的检验 ·· 116
　　　5.2.1　水准仪检验 ··· 116
　　　5.2.2　水准标尺检验 ··· 121
　　5.3　水准路线测量 ·· 122
　　　5.3.1　水准路线测量的实施 ··· 122
　　　5.3.2　作业规定与测站限差要求 ··· 124
　　　5.3.3　外业成果整理与分析 ··· 126
　　5.4　精密水准测量误差分析 ·· 128
　　　5.4.1　水准仪和水准标尺的误差 ··· 128
　　　5.4.2　观测误差 ··· 130
　　　5.4.3　外界环境的影响 ··· 130
　　5.5　大坝垂直位移监测网布测 ·· 132
　　　5.5.1　新安江水电站大坝监测网布测 ··· 132
　　　5.5.2　仙居抽水蓄能电站大坝监测网布测 ····································· 135
　　思考题 ··· 138

第6章　跨河水准测量与三角高程测量 ·· 140
　　6.1　跨河水准布设与观测要求 ·· 140
　　　6.1.1　场地布设要求 ··· 140
　　　6.1.2　观测技术要求 ··· 142
　　6.2　跨河水准测量方法 ·· 144
　　　6.2.1　光学测微法 ··· 144
　　　6.2.2　倾斜螺旋法 ··· 145
　　　6.2.3　经纬仪倾角法 ··· 147
　　　6.2.4　测距三角高程法 ··· 149
　　　6.2.5　GPS测量法 ··· 150
　　6.3　测距三角高程测量 ·· 152
　　　6.3.1　基本原理 ··· 152
　　　6.3.2　观测方法与要求 ··· 154
　　　6.3.3　大气折光影响及改正 ··· 154
　　6.4　工程实例 ··· 156
　　　6.4.1　苏通大桥跨江水准测量 ··· 156
　　　6.4.2　润扬大桥高程系统传递 ··· 159
　　思考题 ··· 160

第7章　卫星定位测量 ··· 162
　　7.1　GPS系统 ··· 162

7.1.1 GPS 系统的组成 ··· 162

7.1.2 GPS 卫星信号 ··· 163

7.1.3 GPS 接收机 ·· 164

7.2 载波相位相对定位 ·· 165

7.2.1 载波相位观测值 ·· 165

7.2.2 载波相位差分观测值 ··· 167

7.2.3 差分观测方程与解算 ··· 168

7.3 GPS 测量误差来源 ·· 169

7.3.1 与卫星有关的误差 ·· 169

7.3.2 与信号传输有关的误差 ·· 170

7.3.3 与接收机有关的误差 ··· 171

7.4 工程 GPS 网布设与观测 ··· 172

7.4.1 GPS 网布设方式 ·· 172

7.4.2 GPS 网外业观测 ·· 173

7.4.3 GPS 偏心观测与归心改正 ·· 174

7.4.4 苏通大桥 GPS 网布测 ·· 176

7.5 GPS 测量数据处理 ··· 178

7.5.1 基线解算及质量检验 ··· 178

7.5.2 GPS 网平差 ·· 180

7.6 连续运行参考站系统和北斗卫星导航系统简介 ··················· 182

7.6.1 连续运行参考站系统 ··· 182

7.6.2 北斗卫星导航系统 ·· 184

思考题 ··· 187

第8章 测量数据粗差检验 ·· 188

8.1 粗差检验概述 ·· 188

8.2 粗差检验基本方法 ··· 189

8.2.1 极限误差法 ·· 189

8.2.2 数据探测法 ·· 189

8.2.3 稳健估计法 ·· 190

8.3 GPS 测量数据的粗差处理 ·· 191

8.3.1 周跳的探测与修复 ·· 191

8.3.2 基于基线解算的粗差处理 ·· 192

8.3.3 电离层延迟误差修正模型 ·· 194

8.3.4 对流层延迟误差改正模型 ·· 195

8.4 粗差检验实例 ·· 196

8.4.1 平面控制网粗差检验 ··· 196

8.4.2 高程控制网粗差检验 ··· 199

思考题 ·· 200

第 9 章　工程控制网平差 ·· 201
9.1　平面控制测量概算 ··· 201
9.1.1　概算目的与流程 ··· 201
9.1.2　概算的主要内容与方法 ··· 201
9.1.3　资用坐标的计算 ··· 204
9.2　水准测量概算 ··· 205
9.2.1　概算目的与流程 ··· 205
9.2.2　概算的主要内容与方法 ··· 205
9.2.3　资用高程的计算 ··· 206
9.3　坐标系统的选择 ··· 206
9.3.1　概述 ··· 206
9.3.2　投影面和投影带的选择 ··· 207
9.3.3　坐标的邻带换算 ··· 210
9.4　控制网间接平差 ··· 211
9.4.1　边角网间接平差 ··· 211
9.4.2　水准网间接平差 ··· 214
9.5　工程控制网平差实例 ··· 215
9.5.1　润扬大桥平面控制网测量与平差 ··· 215
9.5.2　淮河入海水道变形监测网测量与平差 ··· 220
9.5.3　苏通大桥 GPS 网平差 ·· 223
思考题 ·· 224

第 10 章　参心坐标系及坐标换算 ·· 225
10.1　参心坐标系的建立 ··· 225
10.1.1　参心坐标系的建立原理 ··· 225
10.1.2　1954 年北京坐标系 ··· 227
10.1.3　1980 年国家大地坐标系 ··· 228
10.2　相同参心坐标系下的坐标换算 ··· 229
10.2.1　常用的参心坐标系 ··· 229
10.2.2　大地坐标与空间直角坐标的换算 ··· 230
10.2.3　大地坐标与高斯平面直角坐标的换算 ··· 231
10.3　不同参心坐标系下的坐标换算 ··· 232
10.3.1　空间直角坐标之间的换算 ··· 232
10.3.2　大地坐标之间的换算 ··· 234
10.3.3　平面直角坐标之间的换算 ··· 235
思考题 ·· 235

参考文献 ··· 236

第1章 绪 论

1.1 工程控制测量的概念

1.1.1 工程控制测量的任务与作用

随着国民经济的快速发展，我国建设工程的种类不断增多、数量和规模不断扩大，同时在施工材料、工艺、精度等方面也呈现出许多新的特点和要求，例如，在工业和民用建筑工程(工业厂房、公共设施、民用住宅等)建设方面，大型工业建筑和高层商业、民用建筑的建设蓬勃发展，特别是一些体育馆、展览馆、候机厅、候车厅等场馆和社会公共设施的建设，其结构设计、施工工艺、建设规模等更是前所未见；在交通运输工程(公路、铁路、桥梁、隧道等)建设方面，各等级公路、铁路的建设速度明显加快，特别是一些高速公路、高速铁路、跨江/跨海大桥和地下通道的建设，在设计、施工等方面都有新的突破，其成功建设开创了我国交通工程建设史上的新篇章；在水利水电工程(大坝、水库、电站、堤防等)建设方面，大型和特大型水库、水电站纷纷涌现，特别是一些具有跨世纪意义的特大型工程的建设，标志着我国水利水电工程已经取得了伟大的建设成就，必将在防洪、发电、航运等方面发挥重要的作用。可以预期，在今后相当长一段时间内，伴随国民经济的持续发展和综合国力的稳步提高，各行各业将有更多的工程投入建设，各种类型的工程建筑物将不断地涌现。对于许多已建工程，测绘人员在工程建设的每一个阶段都发挥了重要的作用；许多在建或将要建设的工程，同样离不开测绘人员的技术支持；对于重要的大型工程，测绘人员仍将在其长期的运营和管理中扮演着必不可少的角色。

通过"测绘学概论"、"测量学"、"大地测量学基础"、"测量平差基础"等专业基础课程的学习，我们已经知道，在全国范围内布设足够的大地控制点，将这些大地控制点以一定的关系连接构成大地控制网，按照国家统一颁布的规程、规范所进行的控制测量，称为大地控制测量。类似地，为了某项工程的设计、施工、运营管理的需要，在较小区域内布设足够的控制点，将控制点以一定的关系连接构成工程控制网，按照国家或部门颁布的规程、规范所进行的控制测量，称为工程控制测量。工程控制测量包括平面控制测量和高程控制测量，相应地，控制点分别称为平面控制点和高程控制点，控制网分别称为平面控制网和高程控制网。控制测量的目的就是通过精确测量和计算，获得每个控制点的坐标和高程，为工程建设和运营管理提供满足精度要求的平面和高程控制基准。工程控制测量的服务对象是各种工程，其任务主要是建立各种工程控制网，因为工程建设从整体上可分为设计、施工、运营三个阶段，所以工程控制测量的任务和作用也主要体现在这三个阶段。

1

1. 建立用于地形图测绘的测图控制网

在工程设计阶段，设计人员需要在大比例尺地形图上进行区域规划和建筑物设计，并依据地形图获得有关设计数据，因此需要测绘工程所在区域的大比例尺地形图。为了保证每一幅地形图达到应有的测图精度，保证地形图不同图幅之间能够很好地衔接，应该根据测区的大小、形状及地物地貌等具体情况，建立满足大比例尺测图要求的测图控制网。

2. 建立用于施工放样的施工控制网

在工程施工阶段，测量人员要进行施工放样，即将图纸上设计的各种建筑物放样到实地上去。施工放样包括平面位置放样和高程放样，也就是在控制点上或者某个合适的位置上安置仪器，根据控制点数据和工程设计数据反算得到的方向、距离、高差等放样元素，在实地放样出建筑物的平面位置和高程。由于工程建筑物形式多样，区域建筑物的设计位置和放样要求也不尽相同，为了保证施工放样的精度和整体性，需要建立满足施工放样要求的施工控制网。

3. 建立用于变形监测的变形监测网

在工程施工阶段，工程建设破坏了地面和地下土体的原有状态，加之荷载等因素的影响，改变了地基的土力学性质，地基及其周围地层可能发生不均匀变化，进而引发工程建筑物的水平位移、垂直位移和倾斜等变形，如果变形量过大或变形速率过快，就可能导致地基和建筑物失稳，影响工程的施工安全。在工程运营阶段，由于荷载以及环境变化等诸多因素的影响，地基及其周围地层会发生一定的变化，加之建筑结构和材料的老化，工程建筑物也会发生一定的变形，如果变形超过一定的量值，将影响工程的运营安全。因此，对于大型重要的工程，特别是位于软土地区的工程，应该定期地进行变形监测。由于工程的变形监测点较多，且布设在多个不同的位置，在一个控制点上很难完成全部监测工作，也很难达到较高的监测质量，因此需要建立满足精度等要求的变形监测控制网。

1.1.2 不同工程对控制测量的要求

以上简单介绍了工业和民用建筑、交通运输、水利水电等方面的工程建设情况，其实，在资源开发和利用（石油、天然气、煤炭、金属矿藏等）、工业生产（各种大型工厂、矿山等）、农业发展（农村规划、土地开发、土地管理等）、市政建设（城市规划、城市地上地下交通等）、海洋开发（港口、滩涂、岛礁等）、生态环境保护（水域、森林、滑坡、区域沉降等）以及军工产品制造等许多行业，其工程建设也取得了巨大的成就，并呈现出蓬勃发展的态势。不同行业的工程有不同的特点，同一行业中不同类型的工程也有各自的特点，甚至同一类型的工程在不同阶段、不同部位、不同方向上也都会有不同的要求，因此工程控制测量应该针对具体的工程及其要求展开。

我们已经知道，工程控制测量的主要任务就是根据工程的特点和需要建立工程控制网。目前，由于全站仪、水准仪、GPS等仪器的普遍使用，使得工程控制网的布设形式趋于多样化。对于平面控制网，布设形式主要有三角形网、导线网、GPS网等，三角形网、导线网的观测元素为方向和边长，要求点间通视，GPS网的观测元素为卫星载波信号，不要求点间通视，但要求对天空开阔。对于高程控制网，布设形式主要有水准网、三角高程网、GPS网等，水准网不要求点间通视，但连续水准测量的工作量较大，三角高程网一般要求点间通视，但可以大大地减少测量工作量，GPS 网可以在获得控制点坐标的同时获得高程，但通常要有水准测量相配合才能获得较高的精度。工程控制网采用何种布设形式，完全根据工程实际情况和要求进行选择。例如，对于大面积的地形测图平面控制网，可选择三角形网、GPS 网，对于带状的地形测图平面控制网，可选择导线网、GPS 网；在大型桥梁施工阶段，平面控制网可选择三角形网、GPS 网，高程控制网可选择水准网或水准与三角高程的混合网；在高速铁路施工阶段，平面控制网可选择 GPS 网、导线网，高程控制网可选择水准网或三角高程网；在大坝变形监测中，平面控制网可选择三角形网、GPS 网，而高程控制网通常选择水准网。

施工控制网和变形控制网是为特定工程的施工放样或变形监测而专门建立的，因此称为专用控制网，由于它用途明确，因此应根据特定工程的特点和要求进行技术设计。例如，对于大型工厂的施工控制网，应该将主要建筑物的主轴线纳入到控制网中，以便今后以主轴线为基准线进行施工放样，以提高金属结构、机器设备、仪器仪表等的放样和安装精度；对于公路、铁路、管线等带状工程的施工控制网，应沿线路的一侧或两侧成对布设控制点，控制点离开线路中心线的距离应控制在一定的范围内；对于桥梁施工控制网，应尽量将桥梁的主轴线纳入到控制网中，或者沿桥梁主轴线两侧布网，要尽量减小桥梁附近控制点的纵向误差和横向误差，以提高桥墩中心等关键位置的放样精度；对地下、水下的开挖与贯通工程(铁路隧道、城市地铁、跨江跨海水下通道等)，应沿着贯通方向布网，并设法减小对横向贯通误差的影响，同时，在地上、地下联系测量的井口或通道附近应布设控制点；对于工程建筑物变形监测，变形监测网设计不仅要考虑控制点的稳定性、使用方便和所能达到的监测精度，有时还要考虑在某一特定方向上所能达到的监测精度。实际工作中，可能会遇到各种各样的工程，应根据具体对象和要求进行分析，合理地选择控制网的布设形式，并适当地进行控制网的优化设计。

1.2　工程控制测量的发展概述

1.2.1　工程控制测量技术的发展

工程控制测量技术包括测量仪器和测量方法等，其中，测量仪器的发展对测量方法的发展起到了巨大的推动作用。

1922 年，玻璃度盘经纬仪出现；1925 年，瑞士 Wild 公司制造了 T2 和 T3 经纬仪；20 世纪 50 年代，经纬仪的发展主要体现在对垂直度盘指标自动归零补偿器和光学对中器的改进，取消了指标水准器，并使对中精度由 3mm 提高到 0.5 ~1mm；20 世纪 50 年代末，随着电子学的发展，经纬仪由光学玻璃度盘向光栅度盘或编码度盘发展，光学经纬仪发展到电子经纬仪，如瑞士 Kern 公司的 E2 和 Wild 公司的 T2000，其标称精度已达到 0.5 ″，目前已进一步发展到具有自动目标识别的功能，使得角度测量的速度有较大幅度的提高。20 世纪 20 年代以后的近 30 年，工程平面控制测量主要采用测角网的布设形式。

1948 年，采用普通光源的电磁波测距仪开始出现；20 世纪 60 年代及以后，采用砷化镓发光管发射的红外光代替普通光源，制造了红外测距仪，采用激光代替普通光源，制造了激光测距仪，测距仪的精度、测程、性能都得到了提高，如 Wild 公司生产的红外测距仪 DI5，其标称精度达±(3mm+2×10^{-6}×D)(D 以 km 为单位)，最大测程达 3 ~5km，Kern

公司生产的 ME5000，其标称精度达±（0.2mm+0.2×10⁻⁶×D），最大测程达 8km。随着各种测距仪器的研制和生产，工程平面控制网的布设形式由单一的测角网向边角网、测边网、导线网发展。

1968 年，Opton 公司生产了第一台全站仪 Elta-14，该仪器由四个基本部分组成，即电子经纬仪、电磁波测距仪、数据记录仪、反射镜和电源，是现代全站仪的雏形。根据早期全站仪的结构，可将全站仪分为整体式和组合式两类，前者如 Elta2，后者如 T2000+DI5。经过几十年的发展，全站仪在体积、重量、精度等方面发生了较大的变化，如 Leica 公司生产的系列全站仪，其中 TC2003 的标称精度已达±（0.5″，1mm+1×10⁻⁶×D）。Leica 公司于 1990 年率先研制和生产了被称为测量机器人的自动全站仪 TCA2003，采用伺服电机驱动和 CCD 摄影机等其他光电技术，实现了目标的自动寻找、识别、照准、读数和记录，极大地提高了测量的效率。随着高精度全站仪的出现，单一的电子经纬仪和测距仪的作用已经大部分被全站仪取代，目前，导线网、边角网在工程平面控制测量中已得到广泛的应用。

19 世纪下半叶，定镜水准仪和微倾水准仪出现，1908 年开始，Wild 公司和德国 Zeiss 公司生产了一系列带有平行玻璃板测微器的精密水准仪和配套的铟瓦水准标尺，如 Wild N3 和 Zeiss Ni004；Opton 公司于 1950 年生产了第一台自动安平水准仪 Ni1；Zeiss 公司生产了自动安平水准仪 Ni007 和 Ni002；1990 年 Wild 公司研制和生产了新型电子水准仪 NA2000，可以做到水准测量的读数、记录、处理的自动化，有效提高了水准测量的速度。目前，精密光学水准仪已经相当普遍，许多单位也拥有了 NA2000 和 Trimble Dini03 等电子水准仪，水准网仍然是高精度高程控制网采用的主要布设形式。高精度全站仪出现以后，测距三角高程测量也成了工程高程控制测量的一种方法，通过较好的方案设计和现场实施，测距三角高程测量的精度可以达到三、四等水准测量的精度，但是，如何减弱或消除测距三角高程测量中的大气折光影响，仍是有待解决的关键问题，如果能有效解决大气折光对三角高程测量的影响问题，测距三角高程测量将会得到更多的应用。

自 1972 年起，美国国防部就开始研制全球性的授时测距定位导航系统 NAVSTAR GPS，简称全球定位系统 GPS，1995 年建成并投入使用；同一时期，前苏联也研制了相似的全球卫星导航系统 GLONASS，于 1996 年 1 月 18 日实现了 24 星的满星座运行，后来有些卫星撤出服务，该系统目前已经正常运行；欧盟 15 国 2002 年 3 月决定建设伽利略卫星导航系统 Galileo，计划由 30 颗卫星组成，对地面实行全覆盖，并与 GPS、GLONASS 有机兼容；我国已经成功发射了 23 颗北斗导航卫星，已经初步建立了北斗卫星导航系统 BDS，初步实现了对全球部分地区的覆盖。随着全球定位系统 GPS 的出现，工程控制测量方法发生了显著的变化，由于 GPS 测量具有全天候和无需点间通视等优点，加之仪器和数据处理软件的不断完善，目前许多工程的平面控制测量采用静态 GPS 测量方法，其精度可以达到厘米级乃至毫米级，随着 GPS 数据处理和大地水准面模型等理论和方法的深入研究，GPS 控制网也有望成为工程高程控制网的形式之一。随着我国北斗卫星导航系统 BDS 的不断完善，BDS 将在工程控制测量中得到深入的研究和广泛的应用。

1.2.2 数据处理理论和方法的发展

控制网优化设计是测量界研究的热点问题之一。1968 年，F. R. Helmert 发表了《合理测量之研究》，E. Grafarend 等人在这方面进行了较为深入的研究，尽管观测权的最佳分配和交会图形的最佳选择等问题得到研究，但由于科学技术和计算工具等条件的限制，优化设计并没得到进一步的发展。20 世纪 70 年代以后，随着最优化理论进入测绘领域以及电子计算机的广泛应用，测量控制网优化设计得到迅速的发展，其理论和方法也从一般工程控制网扩展到精密工程控制网、变形监测网等专用测量控制网。研究的范围包括控制网的基准设计、图形设计、权的设计等，优化设计的质量标准包括精度标准、可靠性标准、灵敏度标准、费用标准等，优化设计的方法包括解析法、人机对话的模拟法、建立在概率抽样原理基础上的蒙特-卡洛法等。随着 GPS 技术的发展，一些人开始对 GPS 控制网优化设计方法和优化设计系统进行了研究，包括网络分析、小波分析、星历预报等方法的应用研究。由于高精度全站仪和 GPS 的使用，基准的位置和精度、观测量的选择、观测量自身的质量、观测量的数据处理等已经成为工程控制网优化设计考虑的主要问题。

控制网平差和数据可靠性检验的理论和方法一直是测量界研究的重点问题。1794 年，C. F. Gauss 创立了经典最小二乘理论，A. A. Markov 1912 年提出了高斯-马尔科夫模型，确立了最小二乘经典平差的基本方法。建立在高斯-马尔科夫模型基础上的经典平差与数据处理理论，将测量误差视为服从正态分布规律的偶然误差，而事实上，观测数据中粗差出现的概率为 5%~10%，粗差的存在可能导致参数的估值出现较大偏差，因此，近代测量学和统计学学者将测量误差理论的研究从偶然误差扩展到了粗差，伴随着数学理论、测量理论与技术、计算机技术的发展，测量平差从经典平差发展到近代平差。

1968 年，W. Baarda 发表了《用于大地网的检验过程》，提出了用于粗差检验的数据探测法，奠定了粗差检验理论研究的基础。目前，平差模型基本上分为两类，即函数模型和随机模型，相应地，粗差被归入函数模型误差和随机模型误差，对函数模型的研究，已扩展到粗差的探测和系统误差的补偿。对于粗差，可在函数模型中采用数据探测法予以识别和剔除，为此引入了可靠性理论和度量平差系统可靠性指标；或者把粗差纳入随机模型，采用比最小二乘法抗干扰性更强的稳健估计法。对于系统误差，在平差的函数模型中引入系统参数予以补偿，但需要考虑系统参数的优选并加以统计检验，以防止和克服可能出现的过度参数化问题。对随机模型，研究了其验后特性的估计方法，其中包括方差分量估计法，这对不同类观测值权的选取和确定尤为重要。人们还从概率统计以及向量空间投影几何原理等多种渠道研究和完善线性模型参数估计方法，如最大似然估计法、最佳无偏估计法、基于向量空间投影原理的最小二乘法等，使参数估计原理和方法得以深化。从对随机变量的处理，发展到一并处理随机变量和具有各态历经性的平稳随机函数的问题，研究了最小二乘滤波、推估和配置的数学模型，系统地解决了满秩平差的各类问题。另外，一些非满秩平差问题，如秩亏自由网平差、拟稳平差以及具有奇异权、零权、无限大权的线性模型的参数估计方法等，也得到了较深入的研究和应用。

思 考 题

1. 怎样理解测绘人员在工程建设中的作用？
2. 怎样理解几门先开课程与本课程的关系？
3. 工程控制测量的目的是什么？
4. 工程控制测量的主要任务和作用是什么？
5. 怎样理解工程控制测量应该针对具体的工程及其要求展开？
6. 什么控制网称为工程专用控制网？举例说明。
7. 为什么要考虑将建筑物的主轴线纳入到施工控制网中？
8. 随着测量仪器的发展，工程控制网的建立方法发生了哪些改变？
9. 怎样理解传统测量技术与现代卫星定位技术在工程控制测量中的作用？
10. 控制测量数据处理理论与方法有哪些新的研究及应用？

第 2 章　工程控制网布设

2.1　国家大地测量控制网简介

大地测量学的基本任务之一就是建立大范围、高精度的大地测量控制网。新中国成立以来，我国采用传统的天文测量和三角测量等方法完成了国家平面控制网的测量，以地球参考椭球面为基准面，先后建立了"1954 年北京坐标系"和"1980 年国家大地坐标系"；采用传统的水准测量方法完成了国家高程控制网的测量，以大地水准面为基准面，先后建立了"1956 年黄海高程系"和"1985 年国家高程基准"；采用现代 GPS 技术完成了 GPS A、B 级网，GPS 一、二级网以及中国地壳运动观测网络的测量，联合其他有关部门建立的 GPS 控制点，建立了地心坐标系"2000 国家大地坐标系"。针对国家大地测量控制网在工程控制测量中的应用现状，以下只对国家平面控制网和高程控制网的基本知识进行简单介绍，详细的理论和知识可参考大地测量学有关文献资料。

2.1.1　国家平面控制网简介

我国幅员辽阔，地形复杂，不可能采用一次性、高精度、高密度布网的方式建立全国性的平面控制网，只能根据分级布网、逐级控制的原则，先建立高精度、低密度的首级控制网，再逐级加密低精度网，同时提高控制点的密度。我国在建立平面控制网时，先在经纬线纵横交叉处布设控制点，以三角形作为基本图形进行构网，建立布满全国的高精度的一等三角锁，再在一等锁环内逐级布设二、三、四等三角网。可见，随着三角网等级的降低，三角形的边长逐渐缩短，控制点的密度逐渐增大。

如图 2-1 所示，一等三角锁是国家平面控制网的骨干，沿经纬线方向构成纵横交叉的锁状，两个相邻交叉点之间的三角锁称为锁段，锁段长度一般为 200km。一等三角锁主要由三角形构成，局部形成大地四边形或中点多边形，三角形的平均边长为 20~25km，三角形的任一内角不小于 40°，大地四边形或中点多边形的传距角不小于 30°。为了获得建立平面坐标系所需的起算数据，采用天文测量方法，在一等三角锁起始边的两端精密测定了天文经纬度和天文方位角，在锁段中央处测定了天文经纬度，测定天文经纬度主要是为计算垂线偏差提供资料，测定天文方位角主要是为控制水平角观测误差的累积对推算大地方位角的影响。为控制锁段中边长推算误差的累积，在一等三角锁的交叉处，采用基线丈量法测定起始边的边长，即先丈量一条短基线，再由基线网进行推算，随着电磁波测距技术的发展，少量边采用了电磁波测距的方法测定。

二等三角网的布设形式有两种：1958 年以前，采用两级布设二等三角网，即先在一等锁环内首先布设纵横交叉的二等基本锁，将一等锁分为四个部分，然后再在每个部分中布设二等补充网，二等基本锁的平均边长为 15~20km，二等补充网的平均边长约 13km；

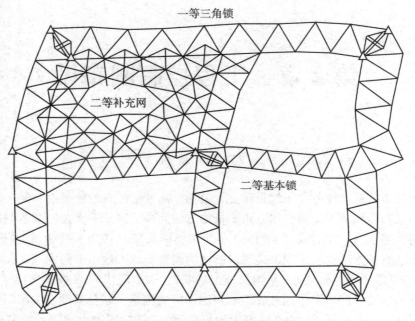

图 2-1　国家平面控制网布设示意图

1958 年以后，改用二等全面布网，即在一等锁环内直接布满二等网。为保证二等全面网的精度，在全面网的中间部分测定了起始边边长，在起始边的两端测定了天文经纬度和天文方位角。

三、四等三角网是在一、二等锁网的基础上，采用插网和插点的方法布设的。所谓插网法，就是在高等级三角锁网内，以高等级点为基础，布设低一等级的连续三角网。所谓插点法，就是在高等级三角网的一个或两个三角形内插入一到两个低一等级的点。三等网的平均边长约 8km，四等网的平均边长为 2~6km。

由于国家平面控制网的边长较长，相邻控制点之间是无法直接通视的，所以控制点上一般都建造了觇标，其中一些觇标既作为相邻控制点相互观测的目标，也作为自身控制点的观测平台。觇标的类型有多种，其中，寻常标和双锥标是比较常见的两种觇标类型，这两种觇标主要用木材、钢材、螺栓等制成，目前，这些觇标有的已经损坏，还有部分保存良好。寻常标的形式如图 2-2 所示，这种觇标主要用于三、四等三角网，观测时，通常是将仪器三脚架直接安置在控制点所在的地面上。双锥标的形式如图 2-3 所示，觇标分内架和外架，内、外架完全分离，内架用于升高仪器，外架用于支承照准目标和升高观测平台，这种觇标主要用于一、二等三角网，观测时，通常是将仪器直接安置在内架仪器台上。无论何种觇标，其顶部都安装了照准圆筒(图 2-4)，照准圆筒就是三角网观测时的照准目标。照准圆筒由上、下两块圆板(木板或薄钢板)及一些辐射形木片组成，并全部涂上无光黑漆，这种照准圆筒称为微相位差照准圆筒，以它作照准标志时，无论阳光从哪个方向射来，整个圆筒均呈黑色，不会出现阴阳面，基本上可以消除目标阴阳面引起的测角误差(相位差)。照准圆筒通过标心柱固定在觇标上，标心柱一般漆成红白相间的颜色，当控制网边长较短时，也可以作为照准目标使用。应该说明的是，随着控制测量仪器和方法的进步，在今后的工程控制网布设中，已几乎没有建造新的觇标的必要，甚至觉得现有的觇标也会给一些测量工作带来麻烦，但是，根据我国测绘法的规定和要求，测量人员目前只能对现有觇标进行充分利用，不能做任何人为的损坏。

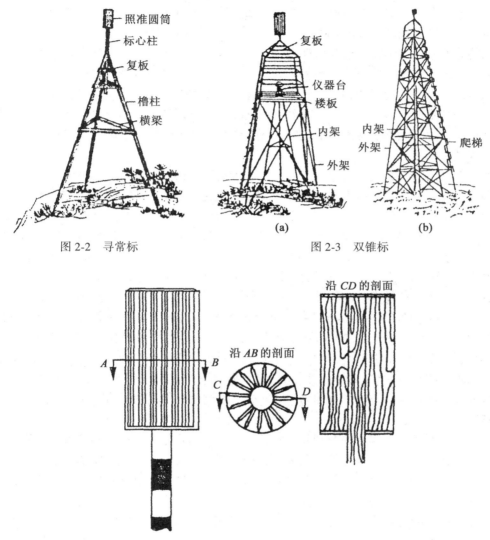

图 2-2　寻常标　　　　　　　　　　　　　图 2-3　双锥标

图 2-4　微相位差照准圆筒

　　三角点造标工作完成后，即开展中心标石的埋设工作。国家规范按三角网的等级及其地质条件，将中心标石分成 8 种规格，为了达到对控制点的长期保存，对中心标石的材料、尺寸、埋深等都有明确要求。标石上的中心标志是控制点的实际点位，国家各等级三角测量的成果都以标石上的中心标志为准。应该说明的是，尽管在三角点造标和埋石时，设法使照准圆筒中心、仪器台中心、标石中心尽量位于同一铅垂线上，但这是不可能完全做到的，同时，觇标因各种原因产生的变形也会加剧其不一致性，因此在建立工程控制网时，如果需要联测国家等级三角点进行坐标系统传递，无论是采用常规的大地测量方法还是卫星定位技术，都应特别注意偏心观测和归心改正的问题。

2.1.2 国家高程控制网简介

要建立全国统一的高程控制网，必须首先确立一个统一的高程基准面，并将该基准面视为零高程面和全国地面点高程的统一起算面。地球的自然表面是一个复杂的不规则的表面，海洋面积约占地球表面积的 71%，假想有一个静止的海水面向陆地延伸，形成了一个封闭的曲面，将这个曲面称为水准面，这个水准面所形成的体形就基本表示了地球的体形。由于海洋受潮汐、风力等影响，不会处于完全静止的平衡状态，水准面实际上有无数个，但是如果在海洋近岸的一点处竖立水位标尺，长期地观测海水面的水位升降，并根据长期观测的结果求出该点处海水面的平均位置，就可以得到唯一的通过平均高度海水面的大地水准面。由于大地水准面所形成的体形与整个地球最为接近，因此可以将大地水准面作为高程基准面。

我国曾在不同时期建立过坎门、吴淞口、青岛和大连等验潮站，观测海水面的水位升降，各地的验潮结果表明，不同地点的平均海水面之间存在差异，因此，于 1956 年对以上各验潮站进行了实地调查与分析，于 1957 年确定青岛验潮站为我国的基本验潮站，以此验潮站的潮汐资料推求高程基准面。为了长期和明确地表示出我国的高程基准面，在青岛附近建立了由主点(原点)、参考点和附点共 6 个点组成的水准原点网，网点都设置在地壳稳定、质地坚硬的花岗岩基岩上，采用精密水准测量方法将之与验潮站的水位标尺进行联测，推求出水准原点的高程，以此高程作为全国各地高程的起算数据。我国以青岛验潮站 1950—1956 年的潮汐资料推求的大地水准面作为我国的高程基准面，测得水准原点的高程为 72.289m，以此建立的高程系统命名为"1956 年黄海高程系"。考虑到建立"1956 年黄海高程系"所采用的验潮资料的时间还不到潮汐变化的一个周期(一般为 18.61 年)，同时又发现验潮资料中含有粗差，因此根据青岛验潮站 1952—1979 年验潮资料推求新的大地水准面，测得水准原点的高程为 72.260m，以此建立的高程系统命名为"1985 年国家高程基准"。

与国家平面控制网建立的原理和方法类似，国家高程控制网也是根据分级布网、逐级控制的原则建立的。国家高程控制网采用水准网的布设形式，水准网的等级从高到低分为一、二、三、四等，一等水准测量路线自行闭合并构成网状，其他各等级水准测量路线自行闭合或附合于高等级的水准路线上。一等水准网是国家高程控制网的骨干，水准路线主要沿坡度较平缓的公路布设，在东部地区，其水准闭合环周长为 1000~1600km，在西部地区，其水准闭合环周长一般不大于 2000km；二等水准网是国家高程控制网的基础，水准路线主要沿公路及河流布设，在平原和丘陵地区，其水准闭合环周长为 500~750km，在山区和困难地区，其水准闭合环周长一般不大于 1000km；三、四等水准网是直接为地形测图和一般工程建设提供高程基准的，水准路线的布设灵活多样，三等水准环周长、附合路线长度和结点间路线长度分别为 200km、150km 和 70km，相应的，四等水准分别为 100km、80km 和 30km。可见，随着水准网等级的降低，水准路线的长度逐渐缩短，水准点的密度逐渐增大。

我国水准网的建立基本上可分为三期。第一期一、二等水准网的布设开始于 1951 年，到 1976 年，共完成了一等水准网测量约 60000km，二等水准网测量约 130000km；第二期主要是 1976—1990 年完成的，由于第一期一、二等水准网在路线分布、网形结构、观测精度和数据处理等方面存在一些不足，且随着时间的推移，一些水准标石也出现了下沉的情况，为此，于 1976 年研究确定了新的国家一等水准网的布测方案，并于 1977—1981 年开展了一等水准网的外业观测工作，1982—1988 年开展了二等水准网的外业观测工作，1991 年 8 月完成了全部外业观测和内业数据处理，建立了我国新的高程控制网，其中，一等水准网共埋设固定水准标石 2 万多座，布设 289 条水准路线，总长度 93360km，二等水准网共埋设固定水准标石 33000 多座，布设 1139 条水准路线，总长度 136368km；第三期是 1990 年以后进行的国家第二期一等水准网的复测，通过对第二期一等水准网布测状况的全面分析，研究制定了一等水准网的复测方案，设计确定的复测水准网共设置水准点 2 万多个，构成 99 个闭合环，布设 273 条水准路线，总长度 94000km，复测工作自 1991 年起开始，成果已公布启用。按照《国家一、二等水准测量测量规范》(GB/T12897—2006)的规定，一等水准网应每隔 15 年左右复测一次，每次复测的起讫时间不超过 5 年。

一、二等水准测量属于精密水准测量，在国家一、二等水准网的建立中，一等水准路线和部分二等水准路线按要求进行了重力测量，水准测量成果进行了重力异常改正。对于水准路线的重力测量，《国家一、二等水准测量测量规范》(GB/T12897—2006)有如下规定：一等水准路线上的每个水准点均应测定重力；高程大于 4000m 或水准点间的平均高差为 150m~250m 的二等水准路线，每个水准点上均应测定重力；高差大于 250m 的一、二等水准测段中，在地面倾斜变化处应加测重力；高程在 1500~4000m 之间或水准点间的平均高差为 50~150m 的地区，二等水准路线上重力点间的平均距离应小于 23km；水准点上的重力测量，按加密重力测量的要求施测。

国家水准网是经过周密的技术设计、合理的野外实施和严密的数据处理而建立起来的，例如，在技术设计阶段，充分收集和分析测区有关资料(现有地形图、水准测量成果和测区概况等)，进行水准网的构网设计和水准路线的布设方案设计，确定符合水准测量精度要求的测量仪器和方法等；在野外实施阶段，根据技术设计进行实地踏勘，确定切实可行的水准路线，选择利于长期保存的水准点的具体位置，按照各等级水准点的制作材料、规格和埋设要求完成水准标石的埋设，按照各等级水准测量的方法和要求完成水准路线测量等；在数据处理阶段，严格检查野外观测和记录手簿，对照各项限差要求检查观测数据的质量，进行水准测量成果的概算，对水准网进行严密的平差计算等。国家水准网的建立，使全国范围内有了一个统一的、高精度的高程控制基准，对于工程控制测量来说，测量人员的主要工作是利用这些高等级水准点，将国家高程系统传递到工程控制网中。国家等级水准标石有基岩水准标石、基本水准标石和普通水准标石三种类型，一般埋设在地基稳定、安全僻静、利于长期保存与使用的地方，如机关、学校和公园等，有的是采用深层钻探等方式埋设的，有的是采用浅层钻孔方式埋设在裸露的岩石上，有的埋设在地下浅表层，许多水准标石的上面都有覆土，不容易寻找，有时要依靠控制点"点之记"才能找到其确切位置。值得一提的是，保护国家等级水准标志是测量人员应尽的责任和义务，当工程控制网高程系统联测工作结束后，应尽快恢复水准标志原有的埋设状态。

2.2　工程控制网的布设原则

工程控制网按其用途可分为测图控制网、施工控制网和变形监测控制网。建立测图控制网主要是为测绘工程设计所需的大比例尺地形图，建立施工控制网主要是为工程的施工放样，建立变形监测控制网主要是为工程建筑物的变形监测。虽然建网的目的和用途有所不同，但总体上应遵守下列几项布设原则：

2.2.1 分级布网，逐级控制

工程控制网是分等级进行设计和测量的，首级控制网一般设计为二等及以下，特殊要求下设计为一等。对于测图控制网，根据测区面积的大小和测图的需要，先布设精度最高的首级控制网，由于首级控制点的数量较少，通常不能满足测图的需要，因此还需要加密若干级较低精度的控制点。对于施工控制网，通常分两级布设，第一级作总体控制，第二级直接为建筑物放样服务，根据工程建设的范围和建筑物放样精度的需要，先布设精度最高的首级控制网，当首级控制点距离放样点较远时，再加密低一级精度的控制点。对于变形监测控制网，根据变形监测的范围和变形监测的需要，通常采用一次性布网，特殊情况下可加密少量的二级点。

控制网的加密可以采用插网或者插点的方式，随着精密全站仪、水准仪、GPS 的广泛应用，前方交会法、后方交会法、极坐标法、导线测量、GPS 测量已成为平面控制点的主要加密方法，水准测量、测距三角高程测量已成为高程控制点的主要加密方法。应该指出的是，控制点也可以根据工程实际情况和需要进行越级加密。

在工程施工过程中，有时需要对局部区域的金属结构和机电设备等进行安装放样和安装检测，由于放样和检测通常以安装工程的主轴线作为标准，且精度要求高，因此最好将安装工程主轴线纳入到首级控制网中，且应该一次性布设完成，必要时，可以布设以安装工程主轴线为准的高精度独立控制网。

2.2.2 具有足够的精度

首级控制网采用何种等级，取决于工程的实际需要，一旦确定了控制网的等级，就相当于确定了控制网的精度及相应的观测纲要。工程平面控制网的精度通常用最弱边边长相对中误差、最弱点点位中误差等来表示，例如，二等、三等、四等三角网的最弱边边长相对中误差应分别不大于 1/120000、1/70000 和 1/40000。

对于地形测图平面控制网，一般要求首级图根点相对于首级控制点以及所测地面点的点位误差不超过 $\pm 0.1Mmm$（M 为测图比例尺分母），由于图根点点位误差是其加密误差和控制点起始误差共同影响的结果，因此从 $\pm 0.1Mmm$ 中除去图根点的加密测量误差后，就应该是首级控制点应该达到的最低精度。地形测图首级平面控制网的等级一般设计为三等及以下。

对于施工平面控制网，如果在首级控制点上进行施工放样，放样的点位误差是其放样误差和控制点起始误差共同影响的结果，如果要求施工放样的点位误差不超过 $\pm 50mm$，那么从 $\pm 50mm$ 中除去放样误差后，就是首级控制点应该达到的最低精度，如果施工放样只能在加密控制点上进行，那么放样的点位误差是其放样误差、首级控制点起始误差、加密控制点误差共同影响的结果，对首级控制点的精度要求将更高。施工测量首级平面控制网的等级一般设计为二等及以下。

对变形监测平面控制网，变形监测点的点位误差是其监测误差和控制点起始误差共同影响的结果，控制点精度的确定类似于施工控制网。变形监测首级平面控制网的等级一般设计为二等及以下，特殊要求下可设计为一等。因为工程建筑物变形监测的精度通常要求较高，所以变形监测网一般比测图控制网、施工控制网的精度要求高。

对于首级地形测图高程控制网、施工高程控制网、变形监测高程控制网的精度，可以采用与上述相类似的方法进行分析和确定。

2.2.3　具有一定的密度

不论是地形测图还是施工放样或变形监测，都要求测区内的控制点具有一定的数量，即满足一定的密度要求。控制点的密度通常用边长来衡量，《工程测量规范（GB50026—2007）》对平面控制网平均边长的规定如表2-1所示，由于不同工程的测区范围有显著区别，因此当测区范围较小时，表2-1中的平均边长可作适当缩短。对于高程控制网，控制点的密度通常用相邻高程控制点之间的水准路线长度来衡量，高程控制网的等级不同，水准路线长度的要求也不同。在许多工程控制测量中，平面控制点和高程控制点经常是共点布设的，因此高程控制点的密度易于满足规范的要求。

表 2-1　　　　　　　　　　　　平面控制网平均边长　　　　　　　　　　（单位：km）

等级	三角网	三边网	导线网	GPS 网
二等	9.0	9.0	—	9.0
三等	4.5	4.5	3.0	4.5
四等	2.0	2.0	1.5	2.0
一级	1	1	0.5	1
二级	0.5	0.5	0.25	0.5

2.2.4　遵照相应的规范

测量规范是国家或部门为开展测量工作而制定的测量法规，通常包括布网方案、作业方法、观测仪器、各种精度指标等内容，测量作业时，必须以此为技术依据而遵照执行。现有的测量规范中，有的规范是根据工程的普遍性而编写的，如《全球定位系统（GPS）测量规范》、《工程测量规范》、《城市测量规范》等；有的规范是根据行业工程的特点而编写的，如《水利水电工程施工测量规范》、《公路勘测规范》、《建筑变形测量规范》、《混凝土大坝安全监测技术规范》等，可以根据工程的特点进行选用。

2.3　工程控制网的布设形式及要求

2.3.1　平面控制网的布设形式及要求

1. 三角形网

如图2-5所示，在地面上选埋一系列点1，2，…，尽量保持相邻点之间通视，将它们按基本图形即三角形的形式连接起来，构成三角形网。图中，实线表示对向观测，虚线表示单向观测。如果观测元素仅为水平角（或方向），该网称为测角网；如果观测元素仅为边长，该网称为测边网；如果观测元素既有水平角又有边长，该网称为边角网。边角网的观测元素可为全部角度和全部边长、全部角度和部分边长、全部边长和部分角度、部分角度和部分边长。

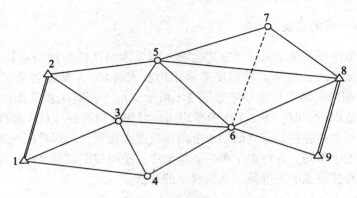

图 2-5 三角形网示意图

在完成观测元素的测量后，若已知点 1 的平面坐标$(x_1，y_1)$、点 1 至点 2 的平面边长s_{12}和坐标方位角 α_{12}，即已知网的起算元素$(x_1，y_1)$、s_{12}、α_{12}，便可对三角形网进行平差计算，获得网的推算元素的值，即各边的边长、坐标方位角和各点的平面坐标，并可对控制网进行测量精度的评定。对于控制网的起算元素，一般可通过下列方法获得：

（1）起算坐标

若测区附近有国家或地方施测的控制网点，则可联测已有的控制网点传递坐标；若测区附近没有可利用的控制网点，则可在一个三角点上用天文测量方法测定其经纬度，再换算成高斯平面直角坐标作为起算坐标，这种方法目前已经很少采用。对于小测区或保密工程，可假定其中一个控制点的坐标，即采用任意坐标系统。

（2）起算边长

当测区内有国家或地方施测的控制网点时，若其精度满足工程测量的要求，则可利用已有网的边长作为起算边长；若已有网的边长精度不能满足工程测量的要求或无已知边长可利用，则可采用高精度电磁波测距仪直接测量控制网中的一条边或几条边边长作为起算边长。

（3）起算坐标方位角

当测区附近有控制网点时，可由已有网点传递坐标方位角。若无已有成果可利用，可用天文测量方法测定网中某一条边的天文方位角，再换算为坐标方位角，特殊情况下也可用陀螺经纬仪测定陀螺方位角，再换算为起算坐标方位角，这种方法目前也很少采用。

需要指出的是，工程控制网应尽可能与国家或地方的两个及以上的控制点进行联测，这样既保证了坐标系统的统一，又减少了确定起算元素的工作量。

如果三角形网中只有必要的一套起算元素（如一个点的坐标、一条边长、一个坐标方位角），则该网称为独立网；如果三角形网中有多于必要的一套起算元素，则该网称为非独立网。当三角形网中有多套起算元素时，应对已知点的相容性作适当的检查。

在电磁波测距仪问世以前，测角网是布设各级控制网的主要形式，其图形简单，有较多的检核条件，易于发现观测值中的粗差，但精度相对较低，单一的测角网目前已很少采用。电磁波测距仪不断完善和普及之后，由于完成一个测站上的边长观测通常要比方向观

14

测相对容易，而且测边网的精度通常高于测角网的精度，因此测边网开始得到较多的应用，但单一的测边网检核条件较少，网的可靠性不高。边角网是测角网和测边网的综合形式，网的可靠性和精度可以得到充分的保证，目前在工程控制测量中应用最多，但是边角网的观测量较大，可视情况设计为测量全角全边的控制网或者部分角度部分边长的控制网。

三角形网的控制范围较大，特别适用于范围较大的工程控制测量，但由于各种障碍物对通视有影响，布网难度较大，有时不得不在控制点上建造较高的觇标。

三角形网的等级较多，由于控制测量服务的工程对象及其要求不同，测区面积也会有较大差异，根据具体情况，各等级控制网均可作为测区的首级控制网。对独立的首级三角形网，起算边长通常由电磁波测距获得，其精度以电磁波测距所能达到的精度来考虑。控制网加密时，要求上一级网的最弱边相对中误差满足下一级网起算边的精度要求，有利于实现分级布网、逐级控制，也有利于充分采用测区内已有的国家或地方的控制网数据作为起算元素。

一些规范对三角形网的布设和测量提出了相应的技术要求，以《工程测量规范》为例，其中的主要技术要求列于表 2-2。

表 2-2   三角形网的主要技术要求

等级	仪器等级与测回数			测角中误差（"）	测距中误差（mm）	三角形闭合差（"）	测距相对中误差	最弱边相对中误差
	1"	2"	6"					
二等	12	—	—	±1.0	±36	±3.5	1/250000	1/120000
三等	6	9	—	±1.8	±30	±7	1/150000	1/70000
四等	4	6	—	±2.5	±20	±9	1/100000	1/40000
一级	—	2	4	±5	±25	±15	1/40000	1/20000
二级	—	1	2	±10	±25	±30	1/20000	1/10000

2. 导线网

导线网包括单一导线和具有一个或多个结点的结点网，是电磁波测距仪发展以后出现的一种新的布网形式，已经在工程平面控制测量中得到广泛采用。如图 2-6 所示，在地面上选埋一系列点 1，2，…，保持相邻点之间通视，将它们按导线的形式连接起来即构成导线网。图中，点 6、7、9、11 称为结点。导线网的观测元素为水平角（或方向）和边长，若已知导线网的起算元素为点 1 的平面坐标 (x_1, y_1)、点 1 至点 2 的平面边长 s_{12} 和坐标方位角 α_{12}，便可对导线网进行平差计算，获得各边的边长、坐标方位角和各点的平面坐标，并进行导线网的测量精度评定。

在工程控制测量中，导线网起算元素的获取方法与三角形网相同。同样的，如果导线网中只有必要的一套起算元素，则该网为独立导线网；如果导线网中的起算元素多于必要的一套，则该网为非独立导线网。当导线网中有多套起算元素时，应对已知点的相容性作适当的检查。

导线网与三角形网相比，主要优点在于：①导线网中除结点外，只有 2 个观测方向，因而受通视要求的限制较小，易于选点和降低觇标高度，甚至无须建标；②导线网的图形

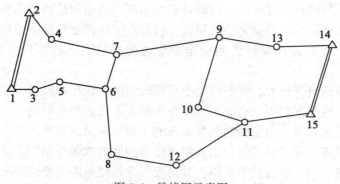

图 2-6 导线网示意图

设计非常灵活,选点时可根据具体情况随时改变,特别适合于障碍物较多的平坦地区或隐蔽地区;③导线网中的边长都是直接测定的,因此边长的精度较为均匀。目前,导线网已经在各种工程控制测量中得到广泛的采用,但是导线网的结构简单、检核条件较少,有时不易发现观测中的粗差,因而其可靠性比三角形网低。由于导线网是采用单线方式推进的,因此其控制面积也不如三角形网大。

一些规范对导线网的布设和测量提出了相应的技术要求,以《工程测量规范》为例,其中的主要技术要求列于表 2-3,表中 n 为测站个数。

表 2-3   导线网的主要技术要求

等级	仪器等级与测回数			测角中误差 (")	测距中误差 (mm)	方位角闭合差(")	测距相对中误差	全长相对闭合差
	1"	2"	6"					
三等	6	10	—	±1.8	±20	$3.6\sqrt{n}$	1/150000	1/55000
四等	4	6	—	±2.5	±18	$5\sqrt{n}$	1/80000	1/35000
一级	—	2	4	±5	±15	$10\sqrt{n}$	1/30000	1/15000
二级	—	1	3	±8	±15	$16\sqrt{n}$	1/14000	1/10000
三级	—	1	2	±12	±15	$24\sqrt{n}$	1/7000	1/5000

电磁波测距导线共分五个等级,其中的三、四等导线与三、四等三角形网的等级相当。这五个等级的导线网均可作为测区的首级控制网,可根据具体的工程对象及精度要求等进行选择。

3. GPS 网

采用 GPS 技术建立的平面控制网,简称为 GPS 网。由于 GPS 网无需点间通视,对控制网的网形也没有过多的要求,且具有精度高、速度快、全天候、操作简便等优点,目前已成为建立平面控制网最常用的方法。

《全球定位系统(GPS)测量规范》(GB/T18314)将 GPS 网分为 A、B、C、D、E 五个等级,其中,A 级网由卫星定位连续运行基准站构成,主要用于建立国家一等大地控制网、全球性的地球动力学研究、地壳形变测量和精密定轨;B 级网主要用于建立国家二等大地控制网及地方或城市的坐标基准框架、区域性的地球动力学研究、地壳形变测量、局部形变监测和各种精密工程测量；C 级网主要用于建立国家三等大地控制网以及区域、城市和工程的基本控制网；D 级网主要用于建立国家四等大地控制网以及区域、中小城市、城镇和工程的基本控制网；E 级网主要用于建立测图、地籍、土地、房产、物探、勘测、建筑施工等所需的控制网。各级网的测量精度应不低于表 2-4 和表 2-5 中的规定。

表 2-4 **A 级网的精度要求**

级别	坐标年变化率中误差		相对精度	地心坐标各分量年平均中误差（mm）
	水平分量（mm/a）	垂直分量（mm/a）		
A	2	3	1×10^{-8}	0.5

表 2-5 **B、C、D、E 级网的精度要求**

级别	相邻点基线分量中误差		相邻点间平均距离（km）
	水平分量（mm）	垂直分量（mm）	
B	5	10	50
C	10	20	20
D	20	40	5
E	20	40	3

　　1992 年，我国建立了 GPS A 级网，全网由 27 个点组成，其中 5 个测站上布设了 GPS 观测副站，平均边长为 800km，为进一步完善我国新一代的地心坐标框架，后又在我国西部等地区增加了新的点位，全网整体平差后，在 ITRF93 参考框架中的地心坐标精度优于 10cm，基线边长的相对精度优于 10^{-8}。为了精化我国的大地水准面、建立我国的三维地心坐标框架、监测我国的地壳形变和板块运动等，在国家 GPS A 级网的基础上建立了 GPS B 级网，该网由 818 个点组成，东部地区平均站间距 50~70km，中部地区平均站间距 100km，西部地区平均站间距 150km。外业自 1991 年开始至 1995 年结束，数据处理后，相对于已知点的点位中误差水平方向优于 0.07m、垂直方向优于 0.16m，平均点位中误差水平方向为 0.02m、垂直方向为 0.04m，基线相对精度达到 10^{-7}。目前，在国家 GPS A 级网和 B 级网的基础上，许多地方或城市都建立了 GPS C 级网甚至 GPS D 级网，各级 GPS 控制点的数据总量明显增加，使得 GPS 网在平面控制测量中的应用愈加广泛。

　　采用 GPS 技术建立的工程平面控制网，简称为工程 GPS 网。工程 GPS 网是一种小型的区域网，边长较短，可以采用三角形网的布设形式，也可以采用导线网的布设形式，通常由一个或若干个独立观测环构成，也可由附合线路构成，在各等级 GPS 网中，每个闭合环或附合线路中的边数应符合表 2-6 中的规定。工程 GPS 网也遵循分级布网、逐级控制的布设原则，有特殊要求时也可以进行越级加密。《工程测量规范》将工程

GPS 网分为五个等级，即二、三、四等和一、二级，每个等级都可以作为工程的首级控制网，可根据不同工程的实际需要进行选择。建立不同等级的工程 GPS 网，需要选择满足精度要求的 GPS 接收机，并且按照规定的测量要求进行作业，《工程测量规范》对 GPS 测量的基本要求见表 2-7。

表 2-6 闭合环或附合线路的边数

等级	二等	三等	四等	一级	二级
边数（条）	≤6	≤8	≤10	≤10	≤10

表 2-7 GPS 测量基本要求

等级		二等	三等	四等	一级	二级
接收机类型		双频	双频或单频	双频或单频	双频或单频	双频或单频
标称精度		10mm+2ppm	10mm+5ppm	10mm+5ppm	10mm+5ppm	10mm+5ppm
观测量		载波相位	载波相位	载波相位	载波相位	载波相位
卫星高度角（°）	静态	≥15	≥15	≥15	≥15	≥15
	快静	—	—	—	≥15	≥15
有效卫星数	静态	≥5	≥5	≥4	≥4	≥4
	快静	—	—	—	≥5	≥5
时段长度（min）	静态	30~90	20~60	15~45	10~30	10~30
	快静	—	—	—	10~15	10~15
采样间隔（s）	静态	10~30	10~30	10~30	10~30	10~30
	快静	—	—	—	5~15	5~15
点位几何强度因子 PDOP		≤6	≤6	≤6	≤8	≤8

工程 GPS 网观测完成后，要进行基线解算、三维无约束平差和约束平差，平差时，需要知道控制网中起算点的 WGS-84 坐标，且要求起算点的坐标具有足够的精度，如三等及以下控制网中的起算点坐标精度应不低于 25m。起算点坐标通常可以通过以下几种途径获取：利用国家高精度 GPS 网的 WGS-84 坐标；根据国家或地方坐标系和 WGS-84 坐标系之间的转换参数进行转换；通过精确的 GPS 单点定位。

工程 GPS 网应与国家或地方的平面控制点进行联测，联测点数不少于 2~3 个。工程 GPS 网二维平差时，可以取一个或两个以上已知控制点的坐标作为起算元素，当已知控制点较多时，应对已知点的相容性作适当的检查。对独立的工程 GPS 网，可以取一个已知点的坐标、一个已知方位、一条或几条实测边长作为起算元素。当采用前一种起算元素时，控制网的尺度与已知点所在投影面的尺度一致；当采用后一种起算元素时，控制网的尺度与实测边所在高程面的尺度一致，如果采用后一种起算元素并且需要获得不同投影面上的成果，则需要将实测边长向相应的投影面进行归算改正。《工程测量规范》对各等级工程 GPS 网的主要技术要求见表 2-8。

表 2-8 工程 GPS 网的主要技术要求

等级	固定误差（mm）	比例误差（m/km）	边长相对中误差	最弱边相对中误差
二等	≤10	≤2	≤1/250000	≤1/120000
三等	≤10	≤5	≤1/150000	≤1/70000
四等	≤10	≤10	≤1/100000	≤1/40000
一级	≤10	≤20	≤1/40000	≤1/20000
二级	≤10	≤40	≤1/20000	≤1/10000

相邻控制点之间的边长中误差可按照下式计算：

$$\sigma = \sqrt{a^2 + (bd)^2} \tag{2-1}$$

式中，σ 为边长中误差；a 为固定误差；b 为比例误差；d 为相邻点之间的距离。

2.3.2 高程控制网的布设形式及要求

工程高程控制网可分为二、三、四、五等共四个等级，水准测量可用于每个等级的控制网，电磁波测距三角高程测量一般用于四等及以下控制网，GPS 高程拟合一般用于五等控制网。工程首级高程控制网的等级应根据工程规模、控制网的用途和精度要求进行选择。

1. 水准网

水准网包括单一水准路线和具有一个或多个结点的结点网，水准网具有图形设计灵活、易于选点等优点，加之水准测量精度高，是目前工程高程控制网中最常用的一种布设形式。

如图 2-7 所示，在地面上选埋一系列高程控制点 1，2，…，将它们按水准路线的形式连接起来构成水准网。图中，$BM_1 \sim BM_3$ 为已知水准点，$S_1 \sim S_4$ 为跨河水准点，2、3、13、14 为结点。水准网的观测元素为高程控制点之间的高差、距离或测站数，若高程控制点 BM_1 的高程 H_{BM_1} 已知，便可对水准网进行平差计算，获得各点的高程，并进行水准网的测量精度评定。

水准网中的高程起算点通常采用国家或地方的已知高程控制点，如果是小测区且与已知高程控制点联测有困难时，视情况可采用假定高程。如果水准网中只有一个已知高程点，则该网为独立水准网；如果水准网中的已知高程点多于一个，则该网为非独立水准网，水准网中的已知高程点个数一般不少于 2~3 个，当水准网中有多个已知高程点时，应对已知高程点的相容性作适当的检查。工程首级水准网一般布设成环形网，加密网可布设成附合路线或结点网。

对水准网的布设和测量，一些规范提出了相应的技术要求，以《工程测量规范》为例，其中的主要技术要求列于表 2-9，表中 L 为往返测段、附合或环线的水准路线长度，单位为 km；n 为测站个数。

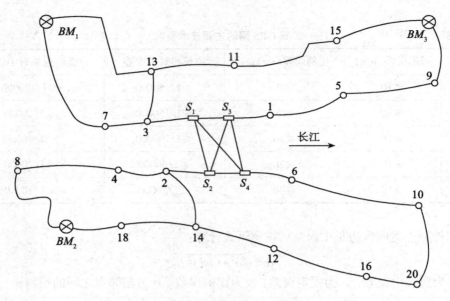

图 2-7　水准网示意图

表 2-9　　　　　　　　　　　水准网的主要技术要求

等级	每千米高差全中误差（mm）	路线长度（km）	水准仪型号	水准尺	观测次数		往返、附合或环线闭合差	
					与已知点联测	附合或环线	平地（mm）	山地（mm）
二等	2	—	DS1	铟瓦	往返一次	往返一次	$4\sqrt{L}$	—
三等	6	≤50	DS1	铟瓦	往返一次	往一次	$12\sqrt{L}$	$4\sqrt{n}$
	10		DS3	双面		往返一次		
四等	15	≤16	DS3	双面	往返一次	往一次	$20\sqrt{L}$	$6\sqrt{n}$
五等	—	—	DS3	单面	往返一次	往一次	$30\sqrt{L}$	—

2. 测距三角高程网

　　建立工程高程控制网一般采用水准测量方法，在高差较大、水域较多等水准测量实施难度大的测区，根据控制网的用途和精度要求，高程控制网也可采用测距三角高程网。测距三角高程网可以单独布设，但通常在三角形平面控制网的基础上布设，或在导线网的基础上布设成测距三维导线网。测距三角高程网中的点间高差宜采用对向观测，当垂直角、

20

距离的直觇测量完成后，应即刻迁站进行返觇测量。当仅布设高程导线时，也可采用中间法(在两控制点中间设站)测量高差。

代替四等水准的测距三角高程导线，应起闭于不低于三等水准的高程点上；代替五等水准的测距三角高程导线，应起闭于不低于四等水准的高程点上，边长都应不大于1km，高程导线的路线长度不应超过相应等级水准路线的长度限值。一些规范对测距三角高程网的布设和测量提出了相应的技术要求，以《工程测量规范》为例，其中的主要技术要求列于表2-10，表中 D 为测距边长度，单位为km。

表2-10 　　　　　　　　　　　　　　　测距三角高程网的主要技术要求

等级	每千米高差全中误差(mm)	边长(km)	观测方式	对向观测高差较差(mm)	附合或环形闭合差(mm)
四等	10	≤1	对向观测	$40\sqrt{D}$	$20\sqrt{\sum D}$
五等	15	≤1	对向观测	$60\sqrt{D}$	$30\sqrt{\sum D}$

3. GPS 高程网

GPS 高程网一般用于五等及以下的工程高程控制测量。GPS 高程网宜在平面控制网的基础上布设，与平面控制点共用一个测量标志。GPS 高程网应与四等及以上的水准点联测，对联测的水准点应进行可靠性检验，联测的 GPS 高程点应位于测区的中央和四周，对于带状测区，联测的 GPS 高程点应位于测区的中部和两端。联测点数宜大于计算模型中未知参数个数的 1.5 倍，高差较大的测区应适当增加联测点数。GPS 高程测量应遵循GPS 测量的技术要求。

GPS 高程拟合应充分利用当地的重力大地水准面模型及资料，GPS 高程拟合模型应进行优化，拟合点不宜超过拟合模型所覆盖的范围，对 GPS 高程拟合点应进行检测，检测点数一般不少于全部高程点的 10% 且不少于 3 个点，高差检测可采用相应等级的水准测量或测距三角高程测量，高差较差不应大于 $30\sqrt{D}$ mm，D 为检测路线的长度，单位为km。

2.4　工程控制测量的技术设计

控制测量技术设计就是根据工程主管部门提出的控制网建网目的、精度要求和完成期限等，在收集与分析测区的已有资料和踏勘测区现状的基础上，遵循实事求是、因地制宜等原则，通过多方面的分析和比较，制定出质量满足要求、技术切实可行、费用经济合理的一套完整的控制网布设和测量方案。

2.4.1　资料的收集与分析

要完成一份好的控制测量技术设计，应尽可能多地收集测区的已有资料，并加以分析与利用。

1. 测区内各种比例尺的地形图

有了地形图，就能把握测区及工程所处的位置，能比较详细地了解测区的地物、地貌情况，有助于合理地确定控制点的位置和控制网的结构，基本把握控制点之间的通视情况。

2. 已有的控制点成果

包括有关技术文件、控制点坐标与高程、点之记等，特别要了解已有控制点的等级、坐标系统和高程系统、完成的方法和时间等，了解不同坐标系统、不同高程系统之间的换算关系，并现场踏勘和了解已有控制点的保护和使用情况，考虑对已有控制点的利用和解决控制网起算数据的问题，考虑控制网投影带和投影面的选择问题。

3. 测区的地理风情

包括测区的行政区划、交通、物资供应等情况，若在少数民族地区，还应了解民族风俗和习惯，这有助于控制测量工作的顺利开展。

4. 测区的地质、水文情况

包括测区的土质、地下水等情况，可作为选点、埋石、建标时的重要参考依据。

5. 测区的气象条件

包括测区不同季节的气温、风象、风速、雨量、雾气等，以便合理地安排作业内容和作业时间。

2.4.2 控制网的图上设计

通过对测区已有资料的分析和测区情况的调查研究，按照有关规范的技术规定，在地形图上初步确定控制点的位置和控制网的基本形式。

1. 平面控制网的图上设计

①平面控制点宜选在土质坚硬、稳固可靠、易于排水的地方，避免设置在水滩、滑坡等地方，以便长期保存。

②充分利用旧点，以便节省建标、埋石的费用。

③充分利用制高点和高建筑物等有利地貌、地物，以便在不影响观测精度的前提下，尽量降低觇标的高度。

④点位离公路、铁路和其他建筑物等应有一定的距离，当采用电磁波测距时，视线应避开烟囱、散热塔、散热池等发热体，避开高压电线、高压电器等强电磁场的干扰。

⑤点位应选在视野开阔的地方，如果控制网采用常规网的方式布设，则要求视线旁离障碍物一定的距离(如二等不小于2m，三、四等不小于1.5m)，以减弱旁折光的影响；如果控制网采用GPS网的方式布设，则要求高度角在15°以上的范围内无障碍物，避开大面积水域、高大建筑物和电磁波干扰，以减弱多路径效应的影响。

⑥图形结构良好，角度和边长适中，三角形网的内角一般不小于30°，个别不小于25°，以便于图形的扩展，导线网相邻边的边长之差应不大于1/3，GPS网对图形结构虽没有过多的要求，点间也不要求通视，但应考虑网的加密和扩展问题，每个控制点应有一个通视方向。

图上设计宜在中、大比例尺地形图上进行，其步骤和方法如下：

a. 展绘已知点；

b. 按点位和图形设计的基本要求，从已知点开始扩展；

c. 判断和检查点间的通视情况；

d. 估算控制网中各推算元素的精度；

22

e. 拟定平面控制点高程的水准联测路线。

关于点间通视情况，若地貌不复杂，则可较容易地对各相邻点间的通视情况作出判断；若有些地方不易直接确定，则应借助一定的方法加以检查，例如下述的图解法：

如图 2-8 所示，设 A、B 为预选的点，C 为 AB 方向上的障碍物，A、B、C 三点的高程如图中所注。取一张透明纸，将其一边与 A、B 两点相切，在 A、B、C 三点处分别作纸边的垂线，垂线的长度依三点的高程按同一比例尺绘在纸上，得 AA'、BB'、CC'。连接 $A'B'$，若 C' 在 $A'B'$ 之上（如本例所示），则不通视；若 C' 在 $A'B'$ 之下，则通视。但必须注意：当 C' 很接近 $A'B'$ 时，还应该顾及地球曲率和大气折光的综合影响，其计算公式为

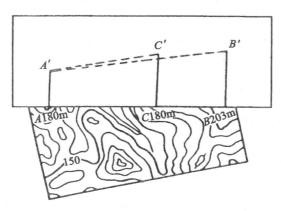

图 2-8　点间通视判断示意图

$$V = 0.42 \frac{s^2}{R} \tag{2-2}$$

式中，V 为地球曲率和大气折光的影响；s 为测站与目标间的距离；R 为地球半径。

考虑了地球曲率和大气折光对高差的影响之后，如果 A、B 之间不通视，一种方法是重新选择点位，另一种方法是在控制点上建立觇标。在工程控制测量中，觇标可以采用寻常标、屋顶观测台和地面观测墩等。合理地确定觇标的高度可以有效地减少建标的费用。关于觇标高度的确定方法以及觇标的建造，可以参考其他有关文献。

关于控制网中各推算元素精度的估算，可以根据控制网略图，采用控制网间接平差程序进行计算。设待求的推算元素的中误差、权（或权函数）分别为 M_i、P_i（或 Q_i），后者与网形和边角观测值权的比例有关（如导线网、边角网），不具有随机性。在控制网间接平差程序中，单位权中误差 μ 通常由观测值改正数计算得到，应用于精度估算时应作适当修改，使之不采用观测值改正数计算 μ，而是由计算者直接输入有关规范规定的观测中误差或经验值。程序中要输入的观测值为控制网中的方向和边长，由控制网设计图上直接量取，或通过控制点的概略坐标反算获得，观测的精度按设计值给定，如此计算便可得到 M_i。

2. 高程控制网的图上设计

以水准网为例，图上设计应遵循以下几点：

①高程控制点宜选在土质坚硬和易于排水的地方，避免设置在水滩、滑坡等地方，便于长期保存，便于施测，便于扩展。

②充分利用旧点，以便节省埋石的费用。

③埋设在公路、铁路近旁时，离公路的距离一般应大于 20m，离铁路的距离应大于 50m，避免埋设在交通繁忙的岔道口。

④墙上水准点应选在稳定的建筑物上，点位便于寻找、保存和引测。

⑤变形监测水准网的基准点应远离变形区埋设，工作基点虽接近变形区埋设，但应避免发生较大的变形。

⑥水准网应尽可能布设成环形网或结点网，个别情况下亦可布设成附合路线。对水准点间的距离，一般地区为 2~4km，城市建筑区和工业区为 1~2km。

⑦水准路线应尽量沿坡度小的道路布设，以减弱前后视折光误差的影响。尽量避免跨越河流、湖泊、沼泽等障碍物。

⑧水准路线若与高压输电线或地下电缆平行，则应使水准路线在输电线或电缆 50m 以外布设，以避免电磁场对水准测量的影响。

2.4.3 控制网的优化设计

经过图上设计，已经确定了控制网的基本图形，也就确定了控制网基本的布设方案。不同的控制网有不同的用途和质量要求，有必要针对控制网的用途、控制网的质量指标等具体情况和要求，设计出几种可行的布设方案，采用优化设计的方法对各种可行的方案进行计算、分析和比较，确定一种从整体来说最为满意的方案作为控制网最终的布设方案。在精密工程控制测量的技术设计中，控制网优化设计是一项重要的工作。

1. 优化设计的分类

一个最优化问题可以用如下数学式表达：

$$\begin{cases} \min \quad Z(x) \\ \text{s. t.} \quad g_i(x) \leqslant 0 \quad i=1,\ 2,\ \cdots,\ m \\ \qquad\quad h_j(x)=0 \quad j=1,\ 2,\ \cdots,\ p \end{cases} \qquad (2\text{-}3)$$

式中，$Z(x)$ 称为目标函数；$g_i(x) \leqslant 0$ 称为不等式约束条件；$h_j(x)=0$ 称为等式约束条件；x 为设计变量，是实变量 $x_i(i=1,\ 2,\ \cdots,\ n)$ 的列向量。

假如 $Z(x)$、$g_i(x)$、$h_j(x)$ 全是 x 的线性函数，则称为线性规划；如果其中有一个是 x 的非线性函数，则称为非线性规划。优化的含义就是求一个满足式(2-3)的变量 x^*，使目标函数 $Z(x^*)$ 取极小值。由式(2-3)可以看出，一个优化设计通常分三个步骤：①建立一个能考察决策问题的数学模型，这个数学模型包括有确定变量的有待于实现最优化的目标函数和约束条件；②对数学模型进行分析，选择一个合适的求最优解的数值解法；③求最优解，并对结果作出评价。

在控制网优化设计中，设计变量 x、目标函数 $Z(x)$ 及约束条件 $g(x)$、$h(x)$ 依控制网优化的目的(即质量要求)而定，一般要体现控制网的下列质量标准：

a. 满足控制网的必要精度标准；

b. 满足控制网有较多的多余观测，以控制观测值中粗差影响的可靠性标准；

c. 变形监测网应满足监测出微小位移的灵敏度标准；

d. 布点及观测等应满足一定的费用标准。

如果用 A 表示设计矩阵，权阵 P 为观测值向量协因数阵 Q_x 的逆阵，由此可导出未知数 x 的协因数阵 Q_x 为

$$Q_x = (A^TPA)^- \qquad (2\text{-}4)$$

式中，符号 $(\quad)^-$ 既表示秩亏网 $(\quad)^+$ 又表示满秩网 $(\quad)^{-1}$ ，于是可用固定参数和自由参数把控制网优化设计分为以下四类：

（1）零类设计

零类设计也称为基准设计，固定参数是 A、P ，待定参数是 x、Q_x ，是指在给定图形和观测精度的情况下，为待定参数 x 选定最优的参考基准，使 Q_x 最小。我国有统一的国家大地参考基准，一般情况下应遵守，但对精密工程，有时需要建立专用的参考基准，控制网中的起始数据通过某种测量方法确定。为判断网的未知量内精度 Q_x ，可以采用秩亏自由网平差，然后在不同基准之间进行相似变换，选择一个最优的参考基准。

（2）一类设计

一类设计也称为图形设计，固定参数是 P、Q_x ，待定参数是 A ，是指在给定观测精度和平差后点位精度的情况下，如何确定最佳的图形结构。由于地形、交通、水系和建筑物等外界条件限制，控制点位置的选择余地较小，一类设计往往体现在最佳观测值类型的选择。

（3）二类设计

二类设计也称为权设计，固定参数是 A、Q_x ，待定参数是 P ，是指在满足给定图形 A 和平差后点位精度 Q_x 的情况下，通过全网观测量的合理分配，使平差达到预期的效果，并使观测量最少或不超过一定范围。由于观测类型增多，二类设计还存在确定各类观测量在网中的最佳位置和密度等的最佳组合。

（4）三类设计

三类设计也称为改进设计，固定参数是 Q_x ，待定参数是部分的 A 或 P ，是指在原网基础上，通过设计新点位、增加新观测值以及改变观测值的权，来达到全网点位精度 Q_x 的要求。

2. 控制网的质量标准

（1）精度

精度是控制网优化设计首先要考虑的质量标准。控制网的精度分为整体精度和局部精度。整体精度就是选用某种指标从整体上描述网的综合精度，需要有全部未知数的方差-协方差阵，在大多数工程控制网特别是精密工程控制网的优化设计中，更多采用的是控制网的局部精度标准，如高能加速器施工安装控制网中相邻两点的径向相对精度、隧道施工控制网中隧道两端点的相对精度等。局部精度指标主要有点位误差椭圆、相对点位误差椭圆以及未知数某些函数的精度，设 $F=f(x)$ ，则 $Q_{FF}=fQ_{xx}f^T=\min$ ，或者 $Q_{FF} \le \overline{Q}_{FF}$，$\overline{Q}_{FF}$ 为某一给定的值。

（2）可靠性

可靠性被定义为能够成功地发现粗差的一种概率，或者说用以判断某一观测不含粗差的概率。较大的粗差一般是很容易控制的，但对不大的粗差的探测和确定则是比较困难的，关于粗差检验的基本方法将在第 8 章予以阐述。如果用统计检验方法去研究探测粗差的概率，可以将控制网的可靠性分为内可靠性和外可靠性。内可靠性是指在一定的显著水平 α 和检验功效 β 下，能够判断出观测值粗差的最小值；外可靠性是指在一定的显著水平 α 和检验功效 β 下，未发现的最大粗差对平差参数及其函数的影响大小。此处仅阐述内可靠性。

内可靠性表示控制网发现和控制粗差的一种能力。设观测值粗差的最小值为 ∇ ，∇ 的

大小与所选择的 α、β 有关，若 α、β 确定后，就能确定非中心参数 ω，进而可推求 ∇。α、β、ω 之间呈非线性关系，只要知道其中两个就可以求得第三个，表 2-11 给出了几种常用的 α、β、ω 之间的关系值。

表 2-11 α、β、ω 的关系

ω α β	0.0001	0.001	0.01	0.05
70	4.41	3.82	3.10	2.48
80	4.73	4.13	3.42	2.80
90	5.17	4.57	3.86	3.24
95	5.54	4.94	4.22	3.61

设观测值 L_i 中含有粗差 Δ_i，观测值的多余观测分量为 r_i，粗差对改正数的影响 V_{Δ_i} 为

$$V_{\Delta_i} = -r_i \Delta_i \qquad (2\text{-}5)$$

对统计量 ω_i 的影响为

$$\omega_i = -\frac{V_{\Delta_i}}{\sqrt{r_i \sigma_i}} = \frac{\Delta_i}{\sigma_i} \sqrt{r_i} \qquad (2\text{-}6)$$

要在 α_0、β_0 下发现最小粗差 ∇_{0i}，可得

$$\nabla_{0i} = \frac{\omega_i}{\sqrt{r_i}} \sigma_i \qquad (2\text{-}7)$$

上式表明 ∇_{0i} 与中误差 σ_i 成正比，与 r_i 成反比，σ_i 越小即精度越高则可能发现的粗差越小，r_i 越大则可能发现的粗差也越小。如果希望探测粗差的能力越高越好，就必须提高观测精度和增强图形结构，而增加多余观测则是增强图形结构的一种好方法。

（3）灵敏度

在变形监测控制网优化设计时，需要解决这样的问题：当观测精度和图形结构已知时，该监测网可以发现的最小变形量是多少？当网形和必须监测的变形量已知时，控制网应以怎样的精度观测？这两个问题都与变形监测控制网的灵敏度有关。

灵敏度是指在一定概率 (α,β) 下，通过统计检验可能发现某一方向变形向量的下界值。假设对变形监测网进行两期观测，在网形结构、观测方案及平差方法都相同时，得到第 I、II 期的坐标向量和协因素阵分别为 X_{I}、X_{II} 和 $Q_{X_{\mathrm{I}}}$、$Q_{X_{\mathrm{II}}}$，其差值及其协因素阵为

$$\begin{cases} d = X_{\mathrm{I}} - X_{\mathrm{II}} = BX \\ Q_d = Q_{X_{\mathrm{I}}} + Q_{X_{\mathrm{II}}} \end{cases} \qquad (2\text{-}8)$$

式中，

$$\underset{q \times k}{B} = \begin{bmatrix} -1 & 1 & & & \\ & & -1 & 1 & \\ & & & \vdots & \vdots & \vdots \\ & & & & -1 & 1 \end{bmatrix}, \quad X = (X_{\mathrm{II}}^1,\ X_{\mathrm{I}}^1,\ X_{\mathrm{II}}^2,\ X_{\mathrm{I}}^2,\ \cdots,\ X_{\mathrm{II}}^k,\ X_{\mathrm{I}}^k)^{\mathrm{T}}$$

$$(2\text{-}9)$$

作统计量

$$T=\frac{(B\hat{X}-d)^{\mathrm{T}}Q_d^{-1}(B\hat{X}-d)}{q\sigma_0^2} \tag{2-10}$$

式中的单位权方差估值为

$$\sigma_0^2=\frac{(V^{\mathrm{T}}PV)_{\mathrm{I}}+(V^{\mathrm{T}}PV)_{\mathrm{II}}}{f},\ f=f_{\mathrm{I}}+f_{\mathrm{II}} \tag{2-11}$$

作原假设 H_0：$d=E(B\hat{X})=0$ 和备选假设 H_α：$d=E(B\hat{X})\neq0$，在 H_0 下，式（2-10）变为

$$T=\frac{\hat{d}^{\mathrm{T}}Q_d^{-1}\hat{d}}{q\sigma_0^2} \tag{2-12}$$

当已知置信水平 α 满足 $T<F(q,f,1-\alpha)$ 时，则采用原假设，否则采用备选假设。在备选假设下，统计量 T 服从非中心 F 分布，非中心参数为

$$\omega^2=\frac{d^{\mathrm{T}}Q_d^{-1}d}{\sigma_0^2} \tag{2-13}$$

设在已知 α_0、β_0 下非中心参数 ω 的临界值为 ω_0，若 $\omega^2\geq\omega_0^2$，则认为该网有变形。因此，灵敏度可理解为在一定显著水平下，与原假设相区分的备选假设的概率，即检验功效 β 越大，监测系统越灵敏；相反，则认为有变形。利用 $\omega^2\geq\omega_0^2$，即可在一定条件下解决前述的两个问题，如果已知 σ_0^2、Q_d，则可在 α_0、β_0 下解决第一个问题；如果已知 d、Q_d，则可在 α_0、β_0 下解决第二个问题。在平面网的优化设计阶段，有时需要关注某一特定方向的变形，此时需要将 d 分解为该方向上的两个分量，再按照上述方法进行计算和分析。

（4）费用

费用的优化设计应遵循这样的原则，一是在费用总额不变的条件下使网的精度（或其他质量标准）最高，二是在满足网的精度（或其他质量标准）下使费用最小。控制网的费用涵盖了控制网建立的整个过程，包括收集资料、踏勘、选点、建标、埋石、观测、计算等，用确切的数学表达式进行表达比较困难，通常是根据控制网设计的具体情况进行计算。

3. 优化设计的方法

控制网优化设计的方法分为解析法和模拟法。解析法是根据设计问题中的已知参数，用数学解析方法求解待定参数，如对于式（2-3）形式的规划问题，如果是线性的，可采用单纯形法；如果是非线性的，则可采用二次规划法、梯度-共轭梯度法、动态规划法等。解析法的优点是能够找到严格的最优解，但是准确地建立数学模型比较困难。模拟法又称为机助设计法，包括蒙特-卡洛（Monte-Carlo）法和人机对话法。蒙特-卡洛法是利用计算机产生伪随机数的程序产生伪随机数，模拟出一组组外业观测值，之后依不同优化问题作模拟计算和试验分析，最后确定一组优化解。人机对话法是利用计算机的计算、显示、绘图、打印等功能，编制程序进行多种方案的计算和实时分析，并对方案进行不断地修改和完善，最终得到最为满意的结果。由于优化设计和测量平差紧密相关，目前一些用于测量控制网平差计算的商业软件已经将二者统一起来，既可实现控制网的平差计算，又可进行控制网的优化设计。现在控制网的一、二、三类优化设计大多采用机助设计法，但这种方

法依赖于设计者的经验，需要预先设计出多种备选方案，否则会遗漏最优方案。

4. 算例及分析

目前，工程控制网测量方法多种多样，此处仅以三角形网为例，采用有关控制网平差计算商业软件和人机对话法，说明基准设计和图形设计问题。

图 2-9 为某工程平面控制网布置略图，该网中只有一个国家二等控制点 1 号点，缺少方位角和边长的起算元素。从测区旧有地形图上获得了其他 8 个点的概略坐标，经坐标反算，获得了方位角 α_{12}、α_{13} 和各边的方向、边长。这是一个独立控制网，基准设计和图形设计时，以精度作为控制网的质量标准，以"最弱点点位中误差、最弱边边长相对中误差"作为控制网的精度指标，以 1 号点的坐标作为位置基准，分别以方位角 α_{12}、α_{13} 为方位基准，并假设采用 TC2003 全站仪（0.5″，1mm+1×10^{-6}×D）精确测得的 D_{12}、D_{13} 为尺度基准，反算获得的各边的方向和边长作为控制网的观测元素，采用不同的起算元素和观测元素组成不同的设计方案，计算结果见表 2-12。

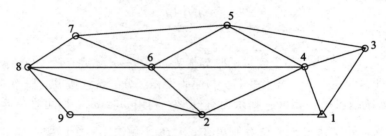

图 2-9　独立控制网略图

表 2-12　　　　　　　　　　　　　　　布设方案及计算结果

方案	起算元素	观测元素	最弱点点位中误差（mm）		最弱边边长相对中误差	
			点名	点位中误差	边名	相对中误差
1	X_1、Y_1、α_{12}、D_{12}	所有方向	7	14.1	2-9	1/115356
2	X_1、Y_1、α_{13}、D_{13}	所有方向	9	26.1	2-9	1/106638
3	X_1、Y_1、α_{12}、D_{12}	所有边长	7	6.0	2-6	1/514952
4	X_1、Y_1、α_{13}、D_{13}	所有边长	9	9.6	2-6	1/514773
5	X_1、Y_1、α_{12}、D_{12}	所有方向、D_{14}、D_{46}、D_{67}	3	9.3	2-9	1/150612
6	X_1、Y_1、α_{12}、D_{12}	所有方向、D_{26}、D_{67}	3	11.4	3-5	1/136767
7	X_1、Y_1、α_{12}、D_{12}	所有边长、方向 1-4-6-7	7	5.0	2-6	1/521525
8	X_1、Y_1、α_{12}、D_{12}	所有方向、所有边长	7	3.5	2-6	1/590882

由表 2-12，方案 1~方案 4 采用了相同个数的起算元素，由于起算元素在控制网中的位置不同，对控制网精度的影响不同，在起算元素相同的情况下，单一测边网的精度高于单一测角网；方案 5~方案 6 采用了同一套起算元素，在测角网的基础上加测了部分边长，由于加测边长的个数和位置不同，对控制网精度的影响不同，前者好于后者；方案 7 在测

边网的基础上加测了部分方向，精度高于单一测边网；方案 8 采用了全边全角网，控制网精度最高。由此可以看出，控制网起算元素位置不同，对控制网精度的影响不同，观测值类型及数量不同，对控制网精度的影响也不同。值得注意的是，在控制网设计中不能一味地追求高精度，还应考虑实际需求和其他的质量要求。

2.4.4 技术设计书的编写

技术设计书对整个工程控制测量工作具有指导和约束作用。技术设计书一经工程主管部门审核批准后，生产单位就应当按照设计书上的有关内容和规定执行，生产单位如果确实需要更改设计书上的有关内容或条款，也应当征得工程主管部门的同意。工程控制测量技术设计书应包括以下一些内容：

①测区的自然条件和地理概况；
②控制测量的目的、任务、精度要求和完成期限；
③测区已有测量资料、控制点成果及标志保存情况，对已有成果的分析和利用情况；
④控制测量依据的任务书、规范、规程及有关的技术标准；
⑤控制网坐标系统和高程系统的选择、布设方案的分析和比较、控制点标志图等；
⑥观测方案(包括仪器设备、观测纲要等)的论证；
⑦现场踏勘报告；
⑧人员组织、作业计划、上交成果和经费预算；
⑨有关技术问题(如设计书中的细节、方案实施中遇到的问题等)的说明；
⑩工程主管部门的审批意见。

2.5 控制点的选埋

2.5.1 实地选点

在控制网的图上设计中，已经阐述了平面控制点和高程控制点点位选择的基本要求，能否按照图上设计的点位位置进行实地布点，除了与所用地形图的精度有关外，还与地形图的成图时间、该地区的经济建设情况、实地的地质条件等有关，因此必须通过实地选点来实现。如果实际情况与地形图的表示差异较大，则应根据实际情况确定点位，对图上设计作修改。

由于平面控制网的布设形式、等级等不同，控制点的点间距离也有较大差异，控制点实地选点的难度差别很大，总体上讲，控制点的点间距离越短，越易于实地选点，由于GPS 网不严格要求点间通视，因此比常规网的实地选点要容易许多。高程控制点没有通视的要求，实地选点相对容易，但应满足相应等级点的布点要求和上述的基本要求。

实地选点时，应携带设计好的网图和已有的地形图，携带望远镜、通信工具、清障工具、花杆(或竹竿)、小红旗、木桩等。点位在实地选定后，打下木桩作为简易标志，四等及以上的控制点应绘制点之记(见图 2-10)，其他等级的控制点视实际情况和需要而定，以便于日后寻找。点之记上应填写点名、等级、所在地，绘制点位略图，标注与本点有关的特征点(物)的方向和距离，并尽可能提出对建标、埋石的建议。

点名	万家街	等级	三等 （按工测规范）	标志类型	水泥现浇资质标志
点号	2			觇标类型	预应力钢筋混凝土寻常标
所在地	南坪市万庄公社幸福二队			交通路线	山本市开往清河口的长途汽车路经幸福二队站
与本点有关的方向及距离				点 位 略 图	

与本点有关的方向及距离 / 点位略图区域：

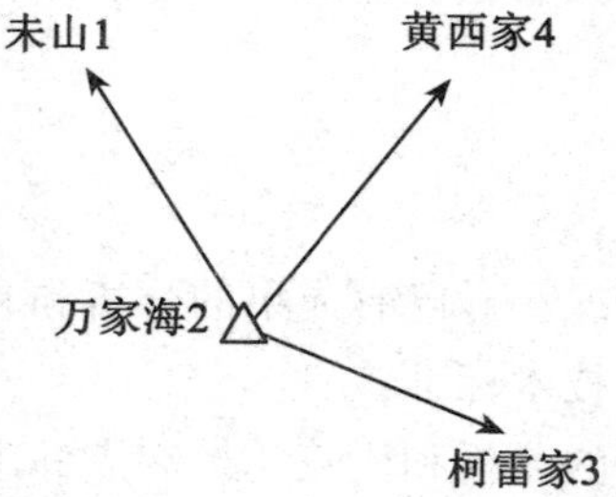

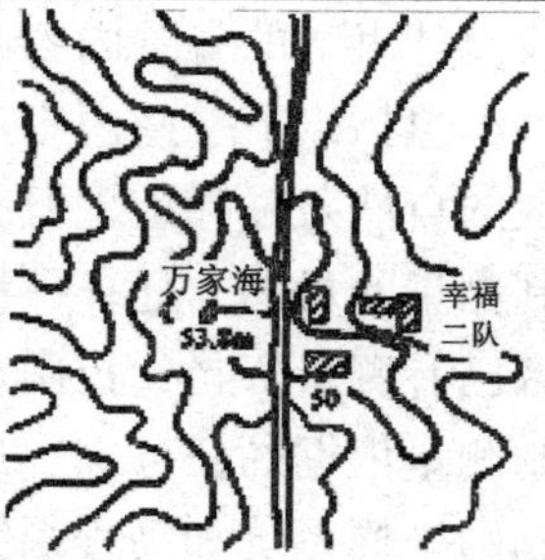

$1:25000$

有关问题 说　明	本点属 1960 年旧网点位，但旧网标志、觇标均已破坏，现重埋、重选。

图 2-10　控制点点之记示意图

2.5.2　标志形式与埋设

1. 平面控制点标志形式与埋设

平面控制点的标志通常由金属材料或磁质材料制成，顶部通常设计为带有垂直十字线的球冠或平面，并以垂直十字线的交叉点作为标志的中心，也是控制点的中心，通常所说的控制点坐标就是指标志中心的坐标，所有控制测量的成果都是以标志中心为准的。

二、三等控制点的标石一般由两块组成，如图 2-11(a)所示，下面一块叫盘石，上面一块叫柱石，盘石和柱石一般用钢筋混凝土预制，盘石与柱石之间填充 0.5～10cm 厚的粗砂，盘石和柱石中央埋有中心标志(见图 2-11(b))。预制时，应在柱石顶面印字注明埋设单位及时间。运到实地埋设时，应使盘石和柱石上的标志位于同一铅垂线上。如果控制点上需要建标，标石的埋设一般在建标工作完成后随即进行，而且要使标志中心与觇标照准圆筒中心尽可能位于同一铅垂线上。四等控制点可以不埋盘石，但柱石的高度应适当加大。

四等及以下等级的控制点经常采用顶部刻有十字交叉线的钢筋作为标志，标志与中心标石紧密结合并一同埋设，中心标石一般用钢筋混凝土预制，也可以用石料加工或者用钢筋混凝土现场浇制，形状常设计成正四棱台形，尺寸大小可以按照控制网的等级执行有关规范的规定和要求，也可以根据测区地质条件和工程实际要求进行自行设计。中心标石应坚固耐用和埋设稳定，其埋设深度与控制网的等级和测区地质条件有关，可参照有关规范或自行设计。一、二级控制点的标石规格和埋设结构如图 2-12 所示。

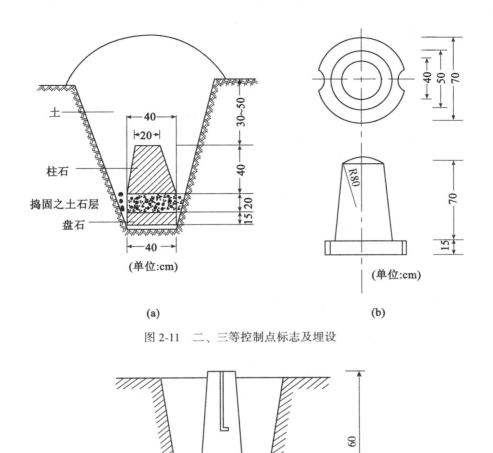

(a)   (b)

图 2-11　二、三等控制点标志及埋设

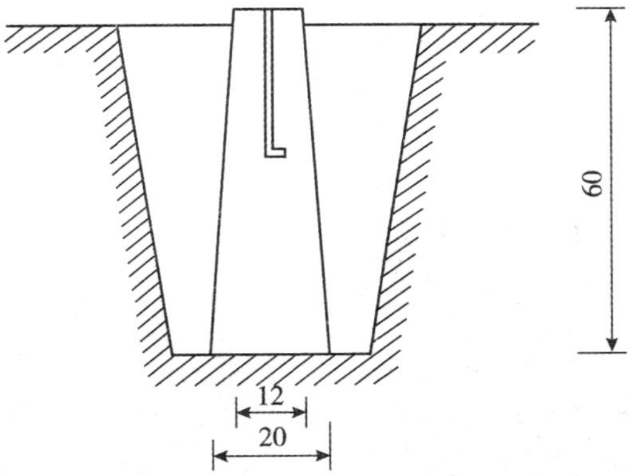

（单位：cm）

图 2-12　一、二级平面控制点标志及埋设

在精密工程施工控制网或变形监测控制网的布设中，经常采用安置在钢筋混凝土观测墩顶部的不锈钢强制对中装置（主要为底盘，也称为基座）作为平面控制点的标志，强制对中底盘中央圆孔的中心即为标志中心，也是平面控制点的中心。仪器通过连接螺丝与圆孔连接，连接螺丝的直径比圆孔的直径小 0.1～0.2mm，这样可使对中误差小到忽略不计。观测墩由底座和墩身组成，如图 2-13 所示，底座通常为正四棱柱形，墩身通常为正四棱柱形或正四棱台形，底座和墩身的规格可参照有关规范或根据实际情况自行设计，但地表以上的墩身高度一般不低于 1.2m。观测墩通常采用钢筋混凝土现场浇制而成，混凝土标号一般为 300#。通常情况下，底座建立在基岩上，当地表覆盖层较厚时，可开挖或钻孔至基岩，条件困难时，可埋设在土层下，一般要求开挖至地面下 1.8m 或冻土层以下

0.5m，这时底座的尺寸应适当加大，最好在底座下埋设三根以上的钢管，以增加观测墩的稳定性。浇制墩身时，应使墩身基本呈垂直状态，安装强制对中装置时，应使底盘基本呈水平状态。

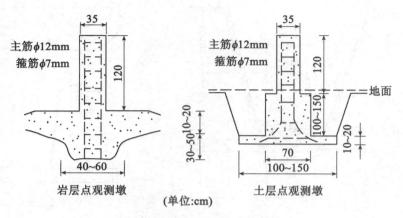

图 2-13　钢筋混凝土观测墩及埋设

当观测墩高度较高时，应采用角钢和钢板等材料在其周围安装外架，外架与观测墩分离，同时具有支撑观测人员的上下和保护观测墩的作用。控制点标志受法律保护，应在控制点上印字或在控制点附近建立警示标牌，如"测量标志，破坏违法"，加强人们对控制点标志的保护意识。埋设工作全部完成后，应绘制点之记，并与当地有关单位和人员办理托管手续。图 2-14 所示为某实际工程施工控制网所建造的观测墩外观。

图 2-14　观测墩外观

2. 高程控制点标志形式与埋设

水准点的高程是指嵌设在水准标石上面的水准标志顶面相对于高程基准面的高度。水准标志顶面设计为球冠状，标志与水准标石紧密结合并一同埋设，水准标石一般用钢筋混凝土预制，也可以用石料加工或者用钢筋混凝土现场浇制。水准点标石的制作材料、规格和埋设要求在《国家一、二等水准测量规范》中都有具体的规定和说明。工程控制测量中，二、三等水准点的水准标石通常由盘石和柱石两部分组成，标石规格和埋设深度如图 2-15（a）所示，在冻土地区，标石规格和埋设深度应适当放大。水准标志通常用铜材或不锈钢金属制成，其规格如图 2-15(b)所示。

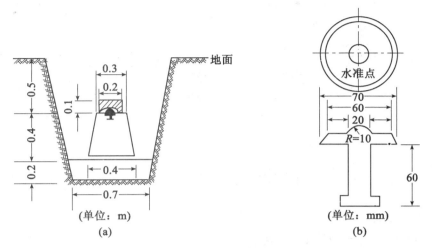

图 2-15　二、三等水准点标志及埋设

　　工程控制测量中，四等水准点标志也可与四等平面控制点标志共用，如果要埋设专用的四等水准点标志，标石的规格和埋设深度可参照图 2-16。

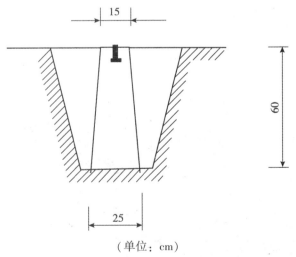

图 2-16　四等水准点标志及埋设

　　墙上水准标志一般嵌设在地基已经稳固的永久性建筑物的基础部分，水准测量时，水准标尺安放在标志的突出部分。墙上水准标志的规格及埋设方式如图 2-17 所示。
　　精密工程施工控制网或变形监测控制网的布设，对水准基点的稳定性要求特别高，根据测区的地质条件和测量精度的要求，还可以采用下列几种标志形式：

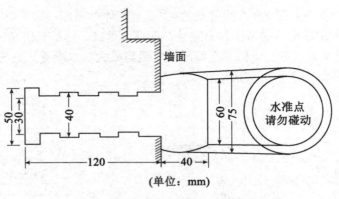

图 2-17 墙上水准标志及埋设

(1)地面岩石标

如图 2-18 所示,岩石标用于地面土层覆盖很浅的地方,一般可直接埋设在露头的岩石上。

(2)深埋钢管标

如图 2-19 所示,钢管标用于覆盖层很厚的平坦地区,采用钻孔穿过土层和风化岩层,达到基岩时埋设钢管标志。

(3)深埋双金属标

如图 2-20 所示,双金属标用于常年温差很大的地方,通过钻孔在基岩上深埋两根长度基本相同而膨胀系数不同的金属管,如一根为钢管,另一根为铝管,因为两根金属管所受地温的影响相同,因此通过测定两根金属管高程差的变化值,可求出温度改正值,从而可消除由于温度影响所造成的误差。

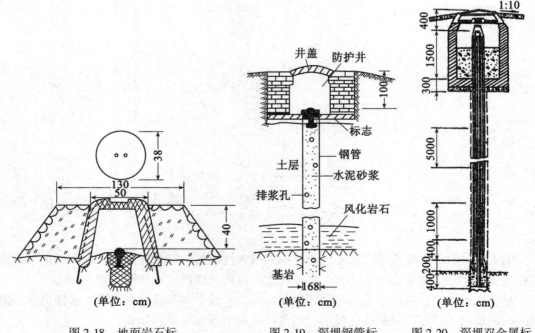

图 2-18　地面岩石标　　　图 2-19　深埋钢管标　　　图 2-20　深埋双金属标

2.6 地铁和高铁控制网布设简介

2.6.1 南京地铁 S8 号线区间平面控制网布设

1. 控制网布设的目的

328 国道雍庄至龙池段的道路需要改造，该工程位于已经投入运营的南京地铁 S8 号线葛塘站—雄州站区间，途经长芦站、化工园站、六合开发区站、龙池站，路线全长 11.31km。该工程紧邻地铁区间西侧，与 S8 号线相关的工程结点主要包括 1 座主线高架桥、2 座匝道桥和 4 座人行天桥，其中，主线高架桥和龙池互通 D 型匝道桥位于龙池站—雄州站区间，长 534m，桥梁上部采用预应力混凝土连续箱梁，桥梁下部采用 H 型桥墩和承台分离式桥台，桥梁基础采用钻孔桩。

主线高架桥和龙池互通 D 型匝道桥对应段属长江冲积平原河漫滩地貌，总体地形平坦，地表普遍为发育填土，上部以粉土为主，未见基岩出露。主线高架桥承台与 S8 号线的最小水平距离为 6.2m，与龙池站 1 号出入口的最小水平距离为 6.5m，龙池互通 D 型匝道桥承台与 S8 号线左线的最小水平距离为 5.5m，与右线的最小水平距离为 4.8m。为了保证地铁的运营安全，在龙池站—雄州站区间的地上下建立一个系统统一的平面控制网，一是为地上桥墩和承台的施工放样提供平面控制基准，二是为该小区域地上下对照图的测量提供地下控制点，三是为该区间地铁的水平位移监测提供监测基准。

2. 控制网布设的形式

如图 2-21 所示(实线表示在地上，虚线表示在地下)，在龙池站出入口附近选埋控制点 B_1、B_2，在雄州站出入口附近选埋控制点 B_3、B_4，将 $B_1 \sim B_4$ 与已知的 GPS C 级点 A_1、A_2 构成首级平面控制网，采用 GPS 静态定位方法，按四等平面控制网的技术要求进行观测和平差，获得 $B_1 \sim B_4$ 点的平面坐标。

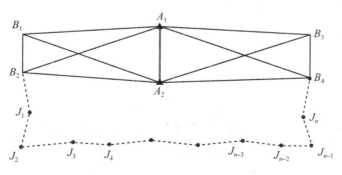

图 2-21　地铁区间平面控制网

在龙池站地下一层、二层分别选埋控制点 J_1、J_2，在地下二层所在的轨道面上选埋控制点 J_3、J_4，B_2 与 J_1 之间通过该站的出入口进行连接；在雄州站地下一层、二层分别选埋控制点 J_n、J_{n-1}，在地下二层所在的轨道面上选埋控制点 J_{n-2}、J_{n-3}，B_4 与 J_n 之间通过该站的出入口进行连接；根据需要，在 J_4 与 J_{n-3} 之间选埋若干个控制点，在龙池站—雄州站区间构成一条地下附合导线，对附合导线按一级导线的要求进行观测，以 $B_1 \sim B_4$ 作为已知点进行导线平差，获得各导线点的平面坐标。

2.6.2 石武高铁邢台段 CPⅢ控制网的布设

1. 我国高铁平面控制网的布设要求

我国高铁平面控制网在框架控制网（CP0）基础上分三级布设，即基础平面控制网（CPⅠ）、线路平面控制网（CPⅡ）、轨道控制网（CPⅢ）。

框架控制网（CP0）是高速铁路平面控制测量的起算基准。CP0 采用 GPS 方法统一测量，整体平差。控制点一般沿线路走向每 50km 左右布设一个点，在线路起点、终点或与其他线路衔接地段应至少有一个 CP0 控制点。当国家既有 GPS 控制点的精度和位置满足 CP0 控制网要求时，应将其纳入高速铁路 CP0 控制网中。

CPⅠ为第一级平面控制网，在 CP0 的基础上沿线路附近布设，主要为勘测、施工、运营维护提供坐标基准。CPⅠ沿线路走向布设，并附合于 CP0 控制网上，控制点宜设在距线路中心 50~1000m 范围内，兼顾桥梁、隧道及其他大型建（构）筑物的位置。CPⅠ按二等 GPS 测量要求，采用边联式构网，形成由三角形或大地四边形组成的带状网。CPⅠ控制网应与沿线的国家或城市三等及以上平面控制点联测，一般每 50km 联测一个平面控制点，全线联测平面控制点的总数不宜少于 3 个，特殊情况下不得少于 2 个。

CPⅡ为第二级平面控制网，在 CPⅠ的基础上沿线路附近布设，为勘测、施工阶段的线路平面测量和轨道控制网测量提供起算基准。CPⅡ是线路定测放线和线下工程施工测量的基础，沿线路布设，并附合于 CPⅠ控制网上，控制点宜选在距线路中线 50~200m 范围内。CPⅡ可采用 GPS 测量或导线测量方法进行，在线路起点、终点及不同测量单位衔接地段，应联测 2 个及以上 CPⅡ控制点作为共同点。

CPⅢ为第三级平面控制网，是轨道铺设和运营维护的基准。CPⅢ沿线路布设，起闭于 CPⅠ或 CPⅡ控制点上。

各级平面控制网的布设如图 2-22 所示，各级平面控制网设计的主要技术要求如表 2-13 所示。

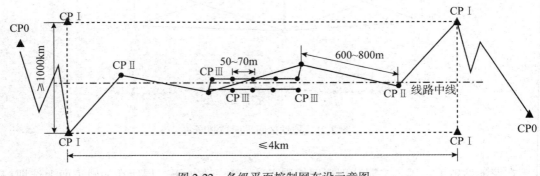

图 2-22 各级平面控制网布设示意图

表 2-13 **高铁平面控制网设计的主要技术要求**

控制网名称	测量方法	测量等级	点间距	相邻点相对中误差（mm）	备注
CP0	GPS	—	50km	20	
CP I	GPS	二等	≤4km 一对点	10	点间距≥800m
CP II	GPS	三等	600～800m	8	
	导线	三等	400～800m	8	附合导线网
CP III	自由设站边角后方交会	—	50～70m 一对点	1	

2. 我国高铁高程控制网的布设要求

我国高铁高程控制网分两级布设，即线路水准基点控制网、轨道控制网。

线路水准基点控制网是第一级高程控制网，为高铁工程勘测设计、施工提供高程基准。沿线路布设成附合路线或闭合环，一般每 2km 布设一个水准基点，重点地段（大桥、长隧及特殊路基结构）增设水准基点，点位距线路中线 50～300m 为宜。水准基点也可与平面控制点共用。在地表沉降不均匀及地质不良地区，每 10km 设置一个深埋水准点，每 50km 设置一个基岩水准点。线路水准基点控制网应全线一次布网，按二等水准测量要求施测，一般每隔 150km 与国家一、二等水准点联测，最长不应超过 400km。水准测量确有困难时，可采用精密光电测距三角高程测量。

轨道高程控制网 CP III 为第二级高程控制网，与平面控制网 CP III 共用控制点标志，为高速铁路轨道施工、运营维护提供高程基准。

各级高程控制网设计的主要技术要求如表 2-14 所示。

表 2-14　　　　　**高程控制网设计的主要技术要求**

控制网名称	测量等级	点间距
线路水准基点控制网	二等	≤2km
轨道控制网 CP III	精密水准	50～70m

3. 石武高铁邢台段 CP III 网的布设

CP III 控制点沿线路方向成对布设，以线路中线对称，相邻 CP III 点的纵向间距 60m 左右，大致等高，且高于设计轨道面 0.3m。在路基段，CP III 点一般布设在专门的混凝土立柱上，待基础稳定后，再使用快干砂浆或锚固剂埋设 CP III 标志预埋件；在桥梁处，CP III 点一般布设在防护墙上，距梁端 0.5m；在隧道处，CP III 点一般布设在电缆槽顶面以上 30～50cm 的边墙内衬上。图 2-23 为路基段 CP III 点布设示意图，图 2-24 所示为控制点标志形式。

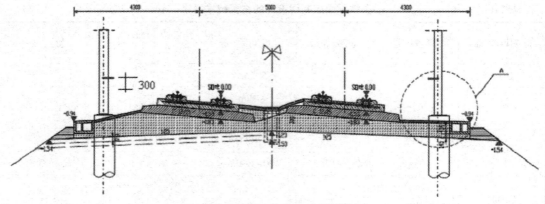

图 2-23 路基段 CPⅢ点布设示意图

图 2-24 CPⅢ点标志形式

同一条线路上，采用统一的控制点标志预埋件，采用统一的 CPⅢ棱镜组件(如图2-25 所示)，预埋件采用强制对中装置，能在上面安置和整平棱镜，能通过水准测量准确地获得控制点的高程。

图 2-25 棱镜组件

CPⅢ平面控制网标准网形如图 2-26 所示。采用 Leica TCA2003、TCRP1201 等自动全站仪和自由设站边角交会法进行 CPⅢ平面控制网的测量，自由设站间距约为 120m，自由设站到 CPⅢ点的最远观测距离一般不大于 180m，每个 CPⅢ点至少保证有 3 个不同测站的方向和距离观测量。CPⅢ平面控制网每隔 600m（400~800m）左右与 1 个 CPⅠ或 CPⅡ控制点联测，联测工作在自由设站测量的同时进行，并保证有三个自由设站点能够与同一个 CPⅠ或 CPⅡ控制点联测。

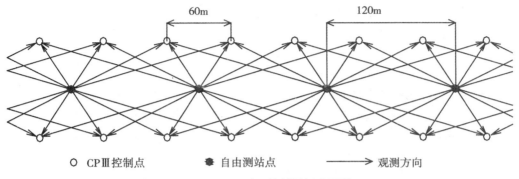

○ CPⅢ控制点　　　　　● 自由测站点　　　　　——→ 观测方向

图 2-26　CPⅢ平面控制网标准网形

　　如图 2-27 所示，CPⅢ高程控制网以矩形作为标准网形进行构网，因为每两对 CPⅢ控制点就可近似形成一个矩形，测量出两对 CPⅢ控制点之间的高差，就可以形成一个高差闭合环。如图 2-28 所示，测量时，将精密数字水准仪安置在每个矩形的几何中心，依次在每个 CPⅢ控制点上竖立精密编码标尺，照准、测量并记录标尺上的读数。假定从左向右为水准路线前进方向，为了提高第一个矩形环观测值的可靠性，该环的四个高差设两次测站进行测量，然后将测站设在相邻的第二个矩形环中，由于该环左边的两个 CPⅢ点的高差已经在前一个矩形环中测出，此测站只观测另外 3 个高差的读数，观测顺序与第一个环相同，然后再将测站迁至下一个矩形环中，以此类推直至观测结束。

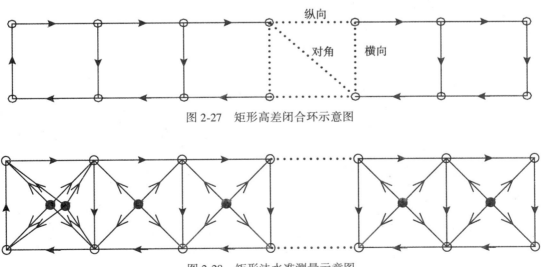

图 2-27　矩形高差闭合环示意图

图 2-28　矩形法水准测量示意图

思 考 题

1. 我国大地控制网建立所依据的基准面是什么？坐标系统和高程系统有哪些？

2. 我国大地测量控制网为什么要采用分级布网、逐级控制的原则建立？

3. 国家平面控制点觇标上仪器台、照准圆筒的作用是什么？与控制点标志中心是什么关系？

4. 工程控制网的布设原则有哪些？

5. 工程首级控制网的精度和密度如何确定？

6. 工程平面控制网和高程控制网的布设形式有哪些？观测元素分别是什么？

7. 什么叫独立控制网和非独立控制网？举例说明。

8. 控制点成果包括哪些内容？收集控制点成果时应注意哪些关键信息？

9. 进行平面控制网和高程控制网的图上点位设计时应注意什么？

10. 控制网优化设计分为哪几类？各解决哪方面的设计问题？

11. 控制网的质量标准有哪些？局部精度指标主要包括哪些？

12. 工程控制测量技术设计书应包括哪些基本内容？

13. 控制点实地选点时应携带哪些基本资料和工具？

14. 控制点点之记应包括哪些基本信息？

15. 钢筋混凝土观测墩设计和埋设时应注意什么？

16. 在地铁龙池站—雄州站区间建立地上下系统一致的平面控制网有什么作用？

17. 我国高铁的平面控制网和高程控制网分几级布设，各级的名称和作用是什么？

18. 高铁的 CPⅢ控制点一般布设在什么位置？

19. 如何理解全站仪自由设站测量的基本原理？

20. 高铁控制测量采用统一的 CPⅢ棱镜组件有什么意义？

第3章 水平角测量

3.1 水平角测量原理

3.1.1 光学经纬仪测角原理

目前，水平角测量仪器有光学经纬仪、电子经纬仪以及集电子测角测距为一体的全站仪。从测角精度(一测回方向值测量中误差)划分，一类仪器测角精度小于等于1″，二类仪器测角精度为1″~2″，三类仪器测角精度为2″~6″。我国精密光学经纬仪主要分为DJ_{07}、DJ_1、DJ_2等几个等级，国外尤以 Wild T3、Wild T2 为代表，测角精度分别为1″和2″。

Wild T3 是瑞士 Wild 公司生产的精密光学经纬仪，仪器的外观如图 3-1 所示。望远镜长度为 260mm，放大倍率为 40 倍，物镜有效口径为 60mm，视场角为 1.7°，最短视距为4.6m，圆水准器分划值为 8′~10′/2mm，照准部水准管分划值为 7″/2mm，竖盘指标水准管分划值为 12″/2mm，仪器重量为 11kg。度盘及读数系统都由光学玻璃组成，具有精密的对径测微读数系统。考虑到 Wild T3 垂直度盘设计的特殊性，本节对垂直度盘的读数方法也进行简单阐述。

1. 水平度盘读数方法

新款 Wild T3 经纬仪的水平度盘直径为 140mm，水平度盘最小格值为 4′，对径分划线相对移动一格为 2′，测微器全程分划值为 120″。

图 3-2 为经纬仪水平度盘的读数窗。望远镜精确照准目标后，转动测微螺旋，使度盘正、倒像分划线重合，从读数指标线左侧正像度盘分划线读出度数 $N°$(图中为354°)，读取 $N°$ 与其右侧倒像对径分划线 $N° \pm 180°$(图中为 174°)之间的格数 n(图中$n = 9$)，一格为 2′，所以度盘读数为 354°18′，不满 2′ 的分值和秒值从测微器上读取，测微器的最小格值为 0.2″，图中测微器读数为 0′59.6″，所以完整读数为 354°18′59.6″。方向观测时，需进行两次对径分划重合读数，两次重合读数之差符合要求后，取其平均作为最后结果。

Wild T2 和 DJ_2 的水平度盘格值为 20′。图 3-3(a)是从读数显微镜里看到的一种 DJ_2 水平度盘的影像，其中，读数窗中右上窗显示度盘的度值和 10′ 的整倍数值，左小窗为测微器，用以读取 10′ 以下的分、秒值，共 600 小格，每格 1″，可估读到 0.1″，窗中左边的注字为分值，右边的注字为 10″ 的倍数值，右下窗为对径分划线影像。DJ_2 采用对径分划重合法读数，转动测微螺旋，当对径分划线精确重合后(见图 3-3(b))，先读取上窗中央或中央左边的度值和小框中 10′ 的倍数值，再读取测微器上小于 10′ 的分值和秒值，估读到0.1″，最后将读得的数相加，得到整个读数，图中的水平度盘读数为 150°01′54.0″。方向观测时，同样需要进行两次对径分划重合读数，两次重合读数之差符合要求后，取其平均

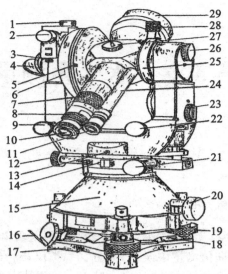

1—竖盘水准器符合棱镜；2—竖盘水准器；3—竖盘水准器校正螺丝；4—竖盘反射镜；

5—竖盘护盖螺丝；6—竖盘盒；7—物镜调焦环；8—目镜调焦环；9—竖盘水准器微动螺旋；

10—望远镜目镜；11—读数显微镜；12—照准部制动螺丝；13—水平度盘丁字形棱镜和透镜架止头螺丝；

14—照准部制动及微动架二半片连接螺丝；15—水平度盘盒；16—水平度盘反射镜；17—基座底板；

18—弹性压板；19—安平螺丝；20—度盘变位螺旋护盖；21—照准部微动螺旋；22—望远镜微动螺旋；

23—度盘换像钮；24—读数显微镜；25—望远镜制动及微动螺旋；26—测微器手轮；

27—十字丝照明转轮；28—望远镜制动螺旋；29—望远镜物镜

图 3-1　精密光学经纬仪 Wild T3

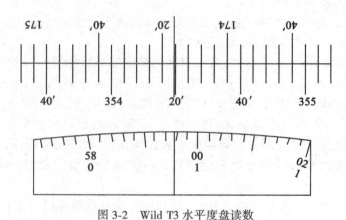

图 3-2　Wild T3 水平度盘读数

作为最后结果。

2. 垂直度盘读数方法

Wild T3 的垂直度盘如图 3-4 所示，垂直度盘直径为 95mm，垂直度盘最小格值为 8′，每 2°作 1°注记。垂直度盘的分划注记从 55°到 125°，对径分划注记相同，视准轴水平时，不论盘左、盘右，其读数均为 90°，需要注意的是，度盘分划的注记为实际角度的 1/2，

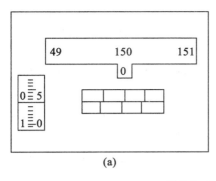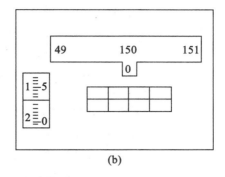

(a)   (b)

图 3-3   DJ$_2$水平度盘读数

图中90°与125°分划之间对应的角度不是35°，而是70°。垂直度盘的读数方法与水平度盘类似。

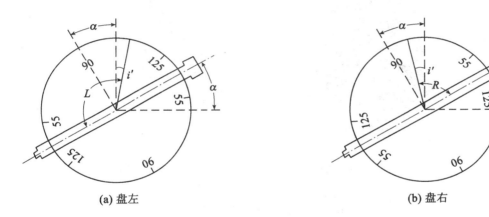

(a) 盘左   (b) 盘右

图 3-4   Wild T3 的垂直度盘

Wild T2 和 DJ$_2$的垂直度盘读数窗及其读数方法与水平度盘相同，不再赘述。

采用 Wild T3 测量垂直角时，假设盘左、盘右的读数分别为 L、R，垂直角 α 和垂直度盘指标差 i 分别按式(3-1)、式(3-2)进行计算：

$$\alpha = L - R \tag{3-1}$$

$$i = (L + R) - 180° \tag{3-2}$$

采用 Wild T2 和 DJ$_2$ 测量垂直角时，假设盘左、盘右的读数分别为 L、R，垂直角 α 和垂直度盘指标差 i 分别按式(3-3)、式(3-4)进行计算。

$$\alpha = \frac{R - L - 180°}{2} \tag{3-3}$$

$$i = \frac{L + R - 360°}{2} \tag{3-4}$$

3.1.2   全站仪测角原理

全站仪由机械、光学、电子等元件组合而成，在电子经纬仪的基础上增加了电磁波测距，可以同时进行角度和距离测量。仪器配置电子计算机的微处理机和系统程序，具有对测量数据进行存储、计算、输入、输出等功能，有的全站仪还带有 Windows 操作系统，并能自动识别和跟踪目标，大幅度提高了工作效率。生产全站仪的厂家众多、型号各异，但其工作原理和操作方法具有一定的共性，本节主要以 Leica TCA 2003 全站仪为例，介绍其测角原理，同时对 TOPCON MS05A 全站仪和国产全站仪的测角原理作简单介绍。

1. Leica TCA 2003 测角原理

Leica 公司先后研制了多种型号的全站仪，如 TC 2003、TCA 2003、TM 30、TC 1800、TCRP 1201、TPS 1201 等，其中前三种仪器的测角标称精度为 ±0.5″，后三种仪器的测角标称精度为 ±1.0″。在 Leica 系列全站仪中，自动全站仪 TCA 2003 和 TPS 1201 极具代表性，其外观分别如图 3-5 和图 3-6 所示。

图 3-5　Leica TCA 2003　　　　　图 3-6　Leica TPS 1201

TCA 2003 的构造如图 3-7 所示，其操作面板如图 3-8 所示。仪器的一些技术指标为：测角精度为 ±0.5″，显示分辨率为 0.1″，望远镜放大倍率为 30 倍，物镜直径为 42mm，最短视距为 1.7m，视场角为 1°33′，圆水准器分划值为 4′/2mm，电子水准器分辨率为 2″，仪器重量为 7.5kg。该仪器除了具有目前最高的测角精度外，还达到了很高的测距精度 $±(1mm+1×10^{-6}×D)$，其中 D 的单位为 km。

TCA 2003 具有对视准轴误差、水平轴误差、垂直轴误差、竖盘指标差及地球曲率和大气折光差、度盘偏心差等的自动改正和补偿的功能，另外，仪器还配有马达驱动、导向光照准帮助、自动目标识别（ATR）等功能。由于 TCA 2003 全面的配置和良好稳定的性能以及高度的自动化，在测量界被称为"测量机器人"。

（1）静态度盘扫描技术

TCA 2003 目前主要采用静态度盘扫描技术完成测角，其原理是将度盘分为 128 组不同的伪随机码，如图 3-9 所示，每一个码区宽度相等且对应确定的度盘位置，为确定度盘某一位置的角值，将该编码区投影到 CCD 阵列传感器上（见图 3-10），CCD 阵列传感器由102 组像元组成，由 CCD 阵列传感器获得的信息与度盘编码信息比较，可以获得度盘的准确读数。以图 3-9 为例，度盘的指标线位于第 83 个码区，即 $G=83$，仪器将读数指标线与 83 码区结尾间的信息投影到 CCD 阵列传感器上，共占 $F=63.0$ 组像元，整个传感器为

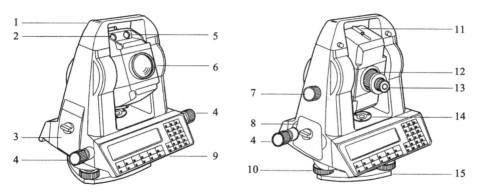

1—提把；2—左闪烁灯；3—储存卡盒；4—照准部微动螺旋；5—右闪烁灯；6—物镜；
7—望远镜微动螺旋；8—电池盒；9—操作面板；10—脚螺旋；11—辅助瞄准器；
12—物镜调焦螺旋；13—望远镜目镜；14—圆水准器；15—底板

图 3-7　TCA 2003 全站仪

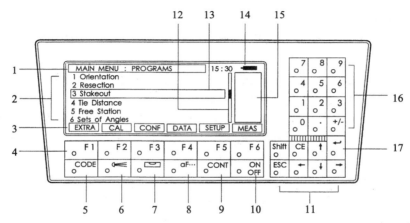

1—标题行；2—滚动显示行；3—可变功能；4—功能键；5—代码输入；6—照明控制；
7—电子水准与激光对中；8—辅助功能；9—输入确认；10—电源开关；11—光标移动；12—滚动条；
13—当前选中光条；14—电池电量；15—状态图标；16—数字键；17—回车键

图 3-8　TCA 2003 操作面板

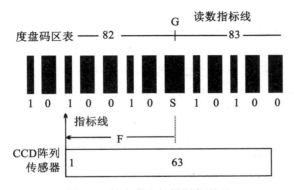

图 3-9　静态度盘扫描测角原理

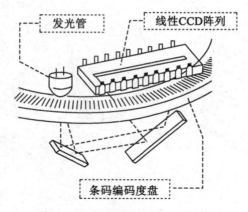

图 3-10   度盘读数的 CCD 传感器

102 组像元(等于一个码区的宽度),因此方向值为

$$R = (G - F/102) \times 360°/128 = (83 - 63/102) \times 360°/128 = 231°42'01.3''$$

度盘读数由一个 8 位的 A/D 转换器读出,一般需捕获至少 10 条编码信息,在实际角度测量中,单次测量包括大约 60 条编码线,通过取平均和内插的方法提高测量精度。目前,不同等级的徕卡测角仪器都采用相同的度盘及其编码技术,不同密度的 CCD 阵列传感器决定不同的测角精度,阵列密度越大,测角精度越高。

静态度盘扫描技术由徕卡公司首先使用于其测量仪器上,目前较多厂家纷纷采用该项技术,如我国的苏一光集团,也在其全站仪上使用静态度盘扫描技术,只是不同厂家度盘的编码方法各有不同,并各自拥有知识产权。

(2)多功能同轴望远镜

全站仪的望远镜不仅具有传统望远镜良好的成像及透光性能,而且将红外测距(IR)、激光测距(RL)和自动目标识别(ATR)三大发射与接收光学系统集成到同一视准轴之中,并对不同作用的光学信号实现了有效的分离,形成"三位一体"的望远镜结构体系。图3-11 为同轴望远镜光路图。

(3)ATR 测角技术

TCA 2003 由马达驱动,在望远镜中安有自动目标识别 ATR 装置,仪器可以对普通棱镜进行角度和距离的自动测量,测量时,只需用辅助瞄准器照准棱镜,启动距离测量时,仪器马达带动仪器自动照准棱镜中心,距离测量完成后,得出棱镜中心处的水平角和垂直角。其基本原理是:内置的 ATR 发射激光束,经过反射后由内置的 CCD 相机接收,计算相对于 CCD 相机中心的接收光点位置,其偏离量用来控制马达转动仪器,使十字丝照准棱镜中心,为了减少测量时间,当望远镜十字丝与棱镜中心剩余微量偏差(≤±5mm)时停止转动仪器,由 ATR 测出的十字丝中心与棱镜中心的偏离量计算水平角与垂直角的改正值并进行改正。所以,测量时可以不考虑十字丝是否精确对准棱镜中心,所得的水平角与垂直角均是对棱镜中心的值。

(4)液态双轴补偿功能

仪器存在三轴误差,即视准轴误差、水平轴倾斜误差、垂直轴倾斜误差,会对水平度盘的读数产生影响,此外还存在垂直度盘指标差,会对垂直度盘的读数产生影响。

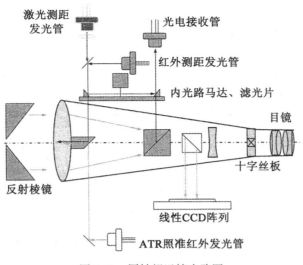

激光测距
发光管

光电接收管

红外测距发光管

内光路马达、滤光片

目镜

反射棱镜

十字丝板

线性CCD阵列

ATR照准红外发光管

图 3-11　同轴望远镜光路图

　　对视准轴误差和水平轴倾斜误差，通常在测前进行相应的检验和校正，当水平方向采用盘左、盘右观测取均值时，其残余误差对方向观测值的影响将得到消除，但在采用单盘位测量的方向观测值中，仍不可避免地存在这些误差的影响。TCA 2003 具有检测这些残余误差并对观测值进行改正的功能，在仪器精确整平以后，按照仪器设定的自检程序对同一个目标进行盘左、盘右观测，仪器会自动地计算这些残余误差的大小，经过两次及以上检测，确认检测出的误差大小正确时，就可以将该误差值存储在仪器内，仪器就能够对方向观测值进行自动改正，仪器的这种自检和改正功能，对希望获得高质量方向观测值的单盘位测量显得尤为重要。同理，采用盘左、盘右对同一个目标进行垂直角观测，可以检测垂直度盘指标差的大小，将垂直度盘指标差存储在仪器内，仪器就能够对垂直角观测值进行自动改正。在工程控制测量中，水平角和垂直角通常采用盘左、盘右观测取均值，在高差较大的情况下更应如此。

　　垂直轴倾斜误差对水平方向观测值的影响是无法依靠观测方法予以消除的。仪器残余的垂直轴倾斜误差主要是由仪器整平误差引起的，TCA 2003 可以采用其液态双轴补偿功能进行补偿。图 3-12 为液态双轴补偿器工作原理图，在水平度盘中心上方的仪器纵轴线上安装液态补偿器，发光二极管发出的光线经分划板反射镜和偏光透镜在补偿器液面下两次反射，通过成像透镜成像于线性 CCD 阵列，并将测得的纵向与横向倾斜量及模拟水准器图形在显示屏上显示出来（见图 3-13），观测者可以通过调节脚螺旋以减小偏离量，剩余的垂直轴倾斜量由仪器通过计算，添加到水平方向值和垂直角角值上。

　　仪器是否整平可以通过电子气泡是否居中来判断，该仪器不仅能显示电子气泡的位置状态，还能利用倾斜传感器测定垂直轴倾斜误差在纵向（视准轴方向）与横向（水平轴方向）上的水平投影分量，并以数字化显示其倾斜量值，仪器在一个方向精确整平后再旋转到其他任意一个方向，都能将垂直轴倾斜的纵向与横向偏差及电子气泡的位置状态在显示屏上显示出来，这一性能也常被用于电子气泡的自身检查。

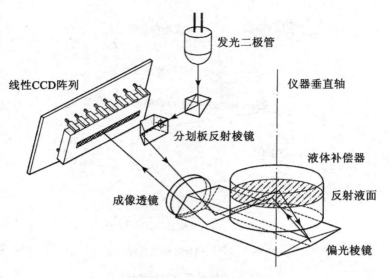

图 3-12　倾斜传感器工作原理

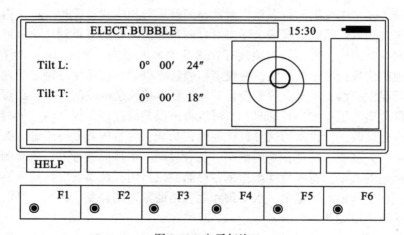

图 3-13　电子气泡

2. TOPCON MS05A 测角原理

TOPCON 公司研制的全站仪有多种型号,高精度的仪器如 MS05A、GTS750 等,前者的测角标称精度为±0.5″,后者的测角标称精度为±1.0″。MS05A 和 GTS750 的外观分别如图 3-14 和图 3-15 所示。

MS05A 的一些技术指标为:测角精度为±0.5″,显示分辨率为 0.1″,望远镜放大倍率为 30 倍,最短视距为 1.3m,仪器重量为 7.6kg。MS05A 应用独创的自主角度校正系统(IACS),采用绝对编码度盘技术和数字处理技术,实现了目前业界最高的测角精度。该仪器具有以下几方面的功能:

(1)同轴指示激光

望远镜视准轴与电磁波测距光轴完全同轴,红色指示激光也是电磁波测距光源,所以激光指示点就是测量目标点,即所谓的"所指即所测"。

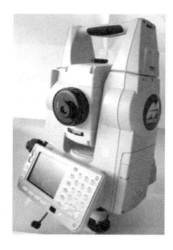

图 3-14　TOPCON MS05A

图 3-15　TOPCON GTS750

（2）液态双轴补偿

安装有倾斜补偿器，具有双轴补偿功能，补偿范围为±4′。

（3）自动照准和自动跟踪

安装与望远镜同轴的光学成像 CCD 感应器，能够进行目标的自动照准和自动跟踪。可以自动识别与照准反射棱镜或反射片（半型反射片除外），实现无人值守的自动化测量，单个棱镜自动照准的范围为1000m，对多棱镜，能够根据自动识别运算法则，保证在周期性观测中自动照准预先设定的棱镜目标。能牢牢锁定并跟踪100m外90km时速或者20m外18km时速移动的棱镜目标，进行移动目标的连续测量，如隧道盾构机的位置和姿态的测量。

（4）目标照明功能

使用内置在望远镜上的白色 LED 照明灯光，可很方便地在黑暗中发现并瞄准棱镜或反射片，可以选择照明方式和照明亮度。

（5）Windows CE 操作系统

内置 Windows CE 5.0 操作系统，超大 TFT 彩色 LCD 显示器，可提供触摸屏，图标可激活操作。

（6）背光式键盘

显示器和数字字母键盘同时被照亮，方便在夜间或其他昏暗光线条件下操作仪器。

（7）多种数据存储方式

内置 1M 数据内存，支持 CF 卡、SD 卡（需要 CF 卡适配器）和 U 盘等存储器。

（8）环境适应能力强

工业级 IP64 防尘防水性能，使用外部电池或 RS232C 数据连接电缆，仍能保持 IP64 防护等级。工作温度正常范围为−10 ~+50℃。

MS05A 除了具有优良的性能，能达到目前最高的测角精度，还具有极高的测距精度。若采用反射片，测程在 1.3 ~200m 内，测距精度达±$(0.5mm+1 \times 10^{-6} \times D)$；若采用单棱镜，

测程在 $1.3 \sim 3500\mathrm{m}$ 内,测距精度达$\pm(0.8\mathrm{mm}+1\times10^{-6}\times D)$;当无协作目标时,测程在 $0.3 \sim 100\mathrm{m}$ 内,测距精度达$\pm(1\mathrm{mm}+1\times10^{-6}\times D)$。

3.1.3 国产全站仪简介

1. 苏-光 RTS010 全站仪

苏州一光仪器有限公司研制的全站仪有多种系列和型号,RTS010 系列的测角标称精度为$\pm1.0''$,测距标称精度为$\pm(1\mathrm{mm}+1\times10^{-6}\times D)$,其外观和构造分别如图 3-16 和图 3-17 所示。

图 3-16　RTS010 的外观

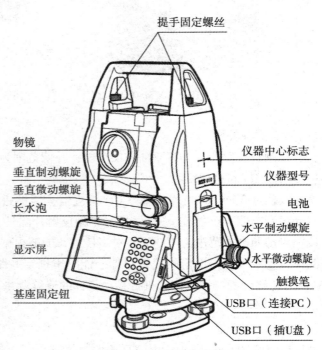

提手固定螺丝

物镜
垂直制动螺旋
垂直微动螺旋
长水泡
显示屏
基座固定钮

仪器中心标志
仪器型号
电池
水平制动螺旋
水平微动螺旋
触摸笔
USB口（连接PC）
USB口（插U盘）

图 3-17　RTS010 的构造

RTS010 的一些技术指标:测角精度为$\pm1''$,显示分辨率为 0.1″,望远镜放大倍率为 30 倍,物镜有效孔径为 45mm,视场角为 1°30′,最短视距为 1.0m,补偿器的有效补偿范围为$\pm4'$,连续测量时间为 10 小时,仪器重量为 5.5kg,工业级 IP55 防尘防水性能,工作温度正常范围为$-20 \sim +50\mathrm{℃}$。RTS010 采用绝对编码度盘技术和数字处理技术,改进的止微动机构设计能够使照准更精确,密珠式轴系设计能够消除轴系间隙对测量精度的影响,四探头绝对编码读数系统设计能够有效消除偏心误差,智能发光键盘设计能够根据背景光亮度自动开启和关闭,半透半反 TFT 彩色 LCD 显示器设计可提供触摸屏,内置全新的 Windows CE 操作系统和应用软件。

全站仪的显示屏和操作面板如图 3-18 所示,可以使用触摸笔或手指点击屏幕上的按钮进行操作,也可以通过点击面板上的按键进行仪器操作。面板上各按键的功能如表 3-1 所示。

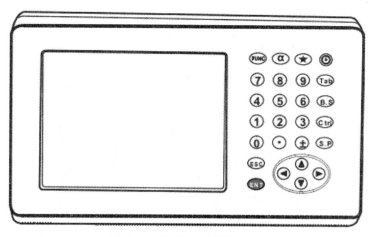

图 3-18   RTS010 的操作面板

表 3-1 RTS010 面板按键功能

按键	名称	功　　能
0~9	数字键	输入数字
A~!	字母键	输入字母符号
α	字符切换键	切换输入状态为数字、小写或大写字母
★	星键	用于若干仪器常用设置的操作
Tab	Tab 键	光标右移或下移一个字段
BS	回退键	输入数字或字母时，光标向左删除一位
Ctrl	Ctrl 键	同计算机 Ctrl 键功能，组合使用快捷键
S. P	空格键	输入空格
ENT ↵	回车键	确认当前的选项或输入项
ESC	退出键	退回到前一个显示屏或前一个模式
FUNC	功能键	执行由软件定义的具体功能
◄▲▼►	方向键	上下左右移动光标
⊙	电源键	控制仪器电源的开/关

仪器开机后，其内置系统主界面如图 3-19 所示。点击"基本测量"按钮，可进入测角、测距、坐标测量、参数设置等功能模块，其中，测距模块还包含悬高测量和线高测量，坐标测量模块包括导线测量、角度偏心测量、距离偏心测量、平面偏心测量、圆柱偏心测量等；点击"标准测量"按钮，可进入项目管理、导入导出、设站定向、前视测量、后视测量、侧视测量、横断面测量、定线放样、导线平差、数据查询与编辑等功能；点击"工程测量"按钮，进入用户定制程序专区，用户可根据具体的工程应用向公司定购专用测量程序；点击"仪器设置"按钮，用户通过输入密码可对仪器进行非常用设置，或对仪器各项

指标进行检查校正；点击"关于信息"按钮，用户可查看仪器版本信息；点击"退出"按钮，退出全站仪应用程序。

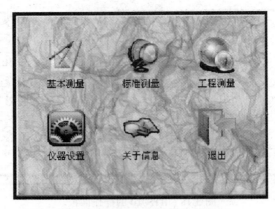

图 3-19　RTS010 系统主界面

　　仪器在使用过程中，可以按★键进入星键模式，在图 3-20 所示的界面下，可以点击相应按钮对仪器的常用设置进行检查和改变。其中，点击"补偿"按钮，可以显示电子水泡界面以及设置补偿方式；点击"气象"按钮，可以设置仪器温度、气压、湿度以及与测距相关的一些改正数；点击"目标"按钮，可以设置目标类型、开启指向光和激光对点器；点击"电池"按钮，可以开启分划板照明、显示电池电量以及设置蓝牙等。

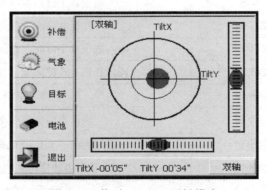

图 3-20　苏-光 RTS010 星键模式

2. 南方 NTS-391R 全站仪

　　NTS-391R 是南方测绘仪器有限公司研制的全站仪系列产品之一，测角标称精度为 ±1.0″，测距精度达 ±$(1mm+1\times10^{-6}\times D)$，其外观及构造如图 3-21 所示。在测角方面，采用绝对编码四探头采样测角技术，有效降低度盘偏心和刻划误差；竖轴系统采用 150 粒钢珠无间隙滚动，公转轨迹不重合，保证定向精度；横轴系统采用一体直窬式横轴系统，保证几何精度，提升竖直角测量精度；微动系统采用国内最短螺距 0.25mm 微动系统，保证瞄准精度。在测距方面，光路采用独特五同轴测距光路设计，充分隔离发射和反射光，提升测距精度；机械系统采用新型内外光路转换装置，不改变各光路的光程，减少抖动误差；电路采用 150MHz 超高测距载波频率，提高测尺精度；自主研发前置宽带放大器，优化 PCB 布局，提高信噪比。在人性化设计方面，采用 640 ×480 高清高亮 3.5 英寸触摸显示屏，强光下清晰可见；采用 Windows CE6.0 操作系统，标配 CLASS 2 蓝牙模块，支持蓝牙虚拟串口，能与手簿、GPS 联测；WIFI 无线传输，支持 FTP（PC 通过 WIFI 直接访问仪器），多模式 USB 功能（OTG 功能、同步传输、映射存储），方便用户实时交互。

图 3-21　NTS-391R 的外观及构造

全站仪的操作面板和系统主界面如图 3-22 所示，可以使用触摸笔或手指点击屏幕上的按钮进行操作，也可以通过点击面板上的按键进行仪器操作。面板上各按键的功能如表 3-2 所示，仪器的性能指标如表 3-3 所示。

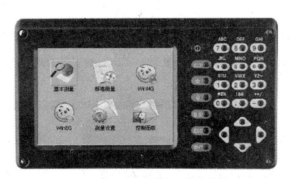

图 3-22　NTS-391 面板和系统主界面

表 3-2　　　　　　　　　　　　　　　　　　**NTS-391R 面板按键功能**

按键	名称	功　　能
⊙	电源键	控制电源的开/关
0~9	数字键	输入数字，用于预置数值

续表

按键	名称	功　　能
A~/	字母键	输入字母
⊡	输入面板键	显示输入面板
★	星键	用于仪器若干常用功能的操作
a	字母切换键	切换到字母输入模式
B. S	后退键	输入数字或字母时，光标向左删除一位
ESC	退出键	退回到前一个显示屏或前一个模式
ENT	回车键	数据输入结束并认可时按此键
◀▲▼▶	光标键	上下左右移动光标

表 3-3　　　　**NTS-391R 性能指标**

仪器型号		NTS-391R10
距离测量(有合作目标)		
测程*	单棱镜	5000m
	反射片(60mm×60mm)	1000m
精度		±（1mm+1×10^{-6}·D）
测量时间		精测0.3秒、跟踪0.1秒
免棱镜距离测量(无合作目标)		
测程（柯达白，90%反射率）*		1000m
精度		±（3mm+2×10^{-6}·D）
测量时间		0.3~3秒
角度测量		
测角方式		绝对编码测角技术
码盘直径		79mm
最小读数		0.1″/1″ 可选
精度		1″
探测方式		水平盘：四路探测 竖直盘：四路探测
望远镜		
成像		正像
镜筒长度		154mm
物镜有效孔径		有效孔径：48mm
放大倍率		30X
视场角		1°30′
分辨率		3″
最小对焦距离		1.2m
系统综合参数		
补偿器		双轴液体光电式电子补偿器(补偿范围：±4′，分辨率：1″)
气象修正		温度气压传感器自动改正
棱镜常数修正		输入参数自动改正
水准器		
管水准器		30″/2mm
圆水准器		8′/2mm
光学对中器/激光对中可选		
成像		正像
放大倍率		3X
调焦范围		0.5m~∞
视场角		5°
操作系统		
类型		Windows CE 6.0中文操作系统
CPU		Intel PXA310 处理器,最高主频806MHZ
内存		128MB DDR、512MB NANDFLASH
数据通讯及传输		
WIFI		支持FTP（PC机通过WIFI直接访问仪器）
USB		多模式USB功能：OTG功能、同步传输、映射存储
SD卡		支持外扩32G
显示部分		
屏幕类型		640×480点阵高清高亮触摸屏
屏幕尺寸		3.5英寸彩色
数字显示		最大：99999999.9999 最小：0.1mm
机载电池		
电源		可充电锂电池，3100mAH
电压		直流7.2V
连续工作时间		6小时
尺寸及重量		
尺寸		196mm×192mm×360mm
重量		6.2Kg

*良好天气：阴天、微风、无雾、能见度约40km

3.2 水平角观测

3.2.1 观测方法

工程控制测量中，水平角观测一般采用方向观测法进行观测。如图 3-23 所示，观测方法及其步骤为：在测站上安置仪器，完成仪器的对中和整平；使仪器处于盘左位置，选择成像清晰的方向作为起始方向(也称零方向，如方向 1)，先照准零方向并读取水平度盘读数，然后顺时针转动照准部，依次对各个方向逐一观测，最后闭合到起始方向 1，完成上半测回测量；转动照准部和望远镜，将仪器变换到盘右位置，同样，从起始方向 1 开始观测，然后逆时针转动照准部，依次对各个方向逐一观测，最后闭合到起始方向 1，完成下半测回测量。这种方法也称为全圆方向观测法，当观测方向数大于 3 个时，应采用这种方法；当观测方向数不大于 3 个时，上下半测回可以不闭合到起始方向，采用通常所说的测回法进行观测。

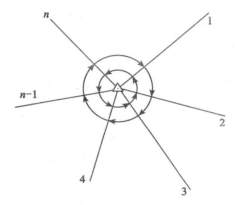

图 3-23　方向观测法

在实际作业中，有时测站上观测方向较多，各个方向的目标不一定能同时成像稳定和清晰，如果要一起观测，往往要等待较长时间。勉强一起观测，不仅有损观测质量，而且会延长一测回的观测时间。因此，规范规定：当观测方向数多于 6 个时，可以分为两组，采用分组观测法。分组时，一般将成像清晰情况大致相同的方向分在一组，每组内所包含的方向数大致相等。为了将两组方向观测值化成以同一零方向为准的方向值，两组都要联测两个共同的方向，其中一个为零方向。两组都采用方向观测法分别进行观测，观测完成后，应对两组共同方向之间的联测角进行检核，联测角之差不应大于同等级测角中误差的 2 倍。

采用方向观测法观测水平角时，为了减弱偶然误差对观测值的影响，应测量多个测回，测回数根据所测控制网的等级和仪器的类型确定，如表 2-2 所示。为了减弱度盘刻画不均匀、测微器刻画不均匀等误差的影响，不同测回观测时，应重新配置度盘和测微器的位置。度盘和测微器位置的变换公式为

$$\sigma = \frac{180°}{m} \cdot (j-1) + i \cdot (j-1) + \frac{\omega}{m} \cdot \left(j - \frac{1}{2}\right) \tag{3-5}$$

式中，σ 为度盘和测微器位置变换值(°′″)；m 为测回数；j 为测回序号；i 为度盘最小间隔分划值；ω 为测微盘分格值。对于全站仪，由于不同厂家、不同型号的仪器度盘分划格值、细分技术等不同，一般不作测微器配置的严格规定，只要求按度数均匀配置度盘。

野外观测记录手簿记载着测量的原始数据，是需要长期保存的重要测量资料，应认真地按照规定的格式进行完整的记录，记录的数据必须真实，不得有任何涂改现象。如果采用电子手簿或者全站仪的存储卡进行记录，应保存电子格式的观测记录表，必要时进行输

出和打印。表3-4为采用精密光学经纬仪和全圆方向观测法进行水平角观测的记录示例，如果采用全站仪观测，不需两次读数，其余的记录和计算与表3-4相同。

表3-4 <center>水平角观测记录</center>

天气：阴　　　　测站：东堤　　　　等级：二等　　　　时间：2008.2.12，9:00
仪器：T3　　　　成像：清晰　　　　观测：王龙　　　　记录：赵燕

方向编号及名称	读数								2c	(L+R)/2	方向值
	盘左				盘右				"	"	
	°	′	″	″	°	′	″	″		(10.65)	° ′ ″
1 牛山	0	00	06.8	06.6	180	00	13.0	12.8	-6.2	09.70	0 00 00.00
			06.4				12.6				
2 黄岗	45	10	44.2	44.1	225	10	52.0	51.7	-7.6	47.90	45 10 37.25
			44.0				51.4				
3 北堤	87	42	35.0	34.9	267	42	41.3	41.0	-6.1	37.95	87 42 27.30
			34.8				40.7				
4 南楼	124	45	46.3	46.1	304	45	53.8	53.9	-7.8	50.00	124 45 39.35
			45.9				54.0				
1 牛山	0	00	08.3	08.1	180	00	14.8	15.1	-7.0	11.60	
			07.9				15.4				

3.2.2 测站限差要求

为保证控制网成果的质量，首先应保证测站成果的质量，在水平角观测的实施过程中，记录员应实时地计算并检核测站上的各项误差是否符合规范规定的限差要求。如果误差在规定的限差范围内，则测站观测数据就是合格的，否则就是不合格的，应舍去并进行重测。

采用精密光学经纬仪和全圆方向观测法测量水平角时，对每一个目标都要利用测微器进行两次对径分划重合读数，读数之差称为两次重合读数差，当两次重合读数差符合规范规定的限差要求时，取两次读数的平均值作为一个盘位的方向观测值。如果采用全站仪进行水平角观测，则不受此限差的限制。

全圆方向观测时，首先要选择一个清晰的方向作为零方向，上半测回开始时对零方向进行了一次方向观测，结束时又对零方向进行了一次方向观测，零方向上得到了两个方向值，同理，下半测回观测完成后，零方向上也得到了两个方向值，不管是上半测回还是下半测回，零方向上的两个方向值之差都称为半测回归零差。在每半测回观测结束时，应立即计算半测回归零差，以检查其是否满足限差规定。

当一测回观测结束和半测回归零差满足要求后，应计算各方向盘左、盘右的读数之差，即根据式(3-16)计算各方向的 $2c$ 值，各方向 $2c$ 值相互之差称为一测回 $2c$ 互差，如果各方向的 $2c$ 值互差符合限差规定，则取各方向盘左、盘右读数的平均值作为这一测回中的方向观测值。对于零方向，有起始照准和闭合照准两个方向值，取其平均值作为零方向在这一测回中的最后方向观测值。将每个方向的方向观测值减去零方向的方向观测值，就得到归零后各方向的方向观测值，此时零方向归零后的方向观测值为 $0°00′00.0″$。

在一个测站上对相同的方向进行多测回测量时,每个测回观测结束后,都要进行方向观测值的归零计算,同一方向在不同测回中归零后的方向观测值之差称为不同测回同一方向值之差,其差值应小于规定的限差。

测站限差主要是根据仪器的等级决定的,既要考虑偶然误差的影响,也要考虑系统误差的影响。表3-5为《工程测量规范》对水平角观测的测站限差要求。

表3-5 水平角观测测站限差要求

等级	仪器等级	两次重合读数差(″)	半测回归零差(″)	一测回2c互差(″)	不同测回同一方向值之差(″)
四等及以上	1″	1	6	9	6
	2″	3	8	13	9
一级及以下	2″	—	12	18	12
	6″	—	18	—	24

3.2.3 超限成果的取舍与重测

为了保证观测成果的质量,避免观测结果中包含系统误差的不良影响和粗差的存在,所以制定有关的测站限差规定,观测中应认真检查各项误差是否符合限差要求,如果观测成果超过限差规定,则必须重新观测。决定哪个测回或哪个方向应该重测是一个关系到最后平均值是否接近客观真值的重要问题,应仔细地分析,合理地取舍,切不可盲目重测,以免造成观测结果的混乱。对重测对象的判断,有些较明显,有些则要求观测员结合当时当地的实际情况进行具体分析和判断,客观原因如仪器、目标成像、水平折光等,主观原因如操作、照准、读数、观测时间的选择等。超限成果的取舍与重测一般遵循如下原则:

①下半测回归零差超限,应重测该测回;

②零方向的2c互差超限,应重测该测回;

③一测回中2c互差超限,应重测超限方向,并联测零方向;

④不同测回同一方向的方向值之差超限,应重测超限方向,并联测零方向,原则上应重测方向值最大或最小的那个测回;

⑤碰动仪器、气泡偏离过大、对错度盘、测错方向、读错记错、上半测回归零差超限时,可立即重测当前测回,且不计重测数;

⑥一测回中超限的方向数超过方向总数的1/3时,应重测该测回;

⑦一个测站上重测的方向测回数超过测站上方向测回总数的1/3时,应重测该站的全部测回。

设测站上的观测方向数为n,基本测回数为m,则测站上方向测回总数为$(n-1)m$。重测方向测回数的计算方法是:在基本测回观测结果中,重测一个方向,算作一个重测方向测回;一个测回中有2个方向重测,算作2个重测方向测回;因零方向超限而全测回重测,算作$n-1$个重测方向测回。

3.2.4 偏心观测与归心改正

国家三角点之间的边长一般较长,为解决相互通视问题,需要在埋设的控制点上方建造觇标，用于建立观测台和照准圆筒。觇标建造和控制点标志埋设时，尽管十分注意使照准圆筒的中心、观测台中心与控制点标志中心位于同一条铅垂线上，但往往是不可能完全做到的，再加上标架年久变形，照准圆筒中心、观测台中心实际上总是偏离控制点标志中心，当仪器安置在某个控制点上对另一个控制点上的照准圆筒进行观测时，观测值中就存在照准点偏心的影响。在水平角观测时，通常是将仪器直接安置在地面控制点上，以控制点的标志中心进行仪器的对中、整平，并完成观测，但由于觇标的橹柱等对观测视线的影响，往往需要将仪器安置在观测台上进行观测，这样，观测值中就存在测站点偏心的影响。目前，在工程控制测量中已经不再建立这样的觇标，但如果控制网与国家三角点联测，还会遇到测站点偏心观测和照准点偏心观测的问题，还需要进行归心改正计算，将实测方向值化为以控制点标志中心为准的方向值。

1. 测站点偏心观测与归心改正

图 3-24 表示测站点偏心观测。图中，B 为控制点标志中心；Y 为仪器中心；T 为照准点标志中心；s 为测站点与照准点间的距离；e_Y 为测站偏心距；θ_Y 为测站偏心角，是以仪器中心为顶点、以偏心距 e_Y 为起始方向，顺时针转到测站零方向的角度；c 为实测方向值 M_{YT} 与正确方向值 M_{BT} 之间相差的一个角度，即测站点归心改正数。将实测方向值 M_{YT} 加上 c 后，就等于正确的方向值 M_{BT}。

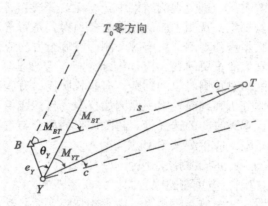

图 3-24 测站点偏心观测

在 $\triangle BYT$ 中，根据正弦定理可得

$$\sin c = \frac{e_Y}{s}\sin(\theta_Y + M_{YT}) \tag{3-6}$$

当 c 为小角时，上式可写为

$$c'' = \frac{e_Y}{s}\sin(\theta_Y + M_{YT})\rho'' \tag{3-7}$$

对于同一个测站上的各个观测方向，由于测站点与照准点间的距离、方向值各不相同，所以各个方向的归心改正数也各不相同，利用式(3-7)计算归心改正数时，e_Y 与 s 的单位应一致，$\rho = 206265$。

2. 照准点偏心观测与归心改正

图 3-25 表示照准点偏心观测。图中，B 为测站点标志中心；B_1 为照准点标志中心；

T_1 为照准目标(如照准圆筒)中心；s 为测站点与照准点间的距离；e_{T_1} 为照准点偏心距；θ_{T_1} 为照准点偏心角，是以照准目标中心 T_1 为顶点，以偏心距 e_{T_1} 为起始方向，顺时针转到照准点的零方向的角度；M_1 为照准点的零方向顺时针转到改正方向的角度；r_1 是实测方向值 M_{BT_1} 与正确方向值 M_{BB_1} 之间相差的一个角度，即照准点归心改正数。将实测方向值 M_{BT_1} 加上 r_1 后，就等于正确的方向值 M_{BB_1}。

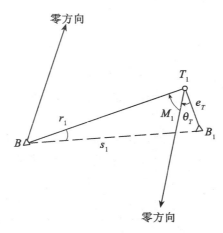

图 3-25　照准点偏心观测

在 $\triangle BB_1T_1$ 中，根据正弦定理可得

$$\sin r_1 = \frac{e_{T_1}}{s_1}\sin(\theta_{T_1}+M_1) \tag{3-8}$$

由于 r_1 为小角，上式可写成

$$r_1'' = \frac{e_{T_1}}{s_1}\sin(\theta_{T_1}+M_1)\rho'' \tag{3-9}$$

计算一个测站上不同照准点的归心改正数时，根据各个照准点相应的 e_{T_1}、θ_{T_1}、M 和 s，按式(3-9)分别计算。利用式(3-9)计算归心改正数时，e_T 与 s 的单位应一致。

当一个测站既存在测站点偏心，又存在照准点偏心时，实测方向值 M_{YT} 加上总改正数 $c''+r''$ 才是正确的方向值。上述的 e_Y、θ_Y 称为测站点归心元素，e_{T_1}、θ_{T_1} 称为照准点归心元素。计算归心改正数之前，应设法测定这些元素，其测定方法可参考其他有关文献。

要使归心改正数的计算不影响水平角观测精度，必须保证归心元素的测定精度，例如，有关规范规定：如果采用投影法求解归心元素，示误三角形的最长边长对于仪器中心和标志中心应小于 5mm，对于照准目标中心应小于 10mm，或按式(3-10)和式(3-11)控制归心元素的测定精度。

$$m_e \leqslant \frac{1}{3090}m_\beta s \tag{3-10}$$

$$m_\theta \leqslant \frac{1}{54\times e}m_\beta s \tag{3-11}$$

式中，m_e、m_θ 为归心元素的测量中误差；m 为相应等级控制网的测角中误差；s 为边长，单位为 km。

3.3 角度测量误差来源

3.3.1 仪器误差的影响

1. 仪器三轴误差的影响

（1）视准轴误差

仪器的视准轴与水平轴不垂直所产生的误差，称为视准轴误差。产生视准轴误差的重要原因是仪器受热不均导致视准轴位置发生变化，另外，望远镜十字丝分划板安置不正确、望远镜调焦镜运行时晃动、气温变化引起仪器相关部件胀缩等，也会导致视准轴误差的产生。

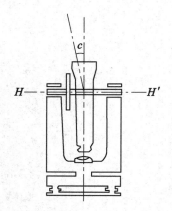

图 3-26　视准轴误差

如图 3-26 所示，视准轴不与水平轴垂直而产生了视准轴误差 c，c 对水平方向观测值的影响为

$$\Delta c = \frac{c}{\cos\alpha} \tag{3-12}$$

式中，α 为照准目标的垂直角。Δc 除了与 c 的大小有关外，随目标垂直角的增大而增大，当 $\alpha=0$ 时，$\Delta c=c$。

规定视准轴偏向竖盘一侧时，c 为正值，反之 c 为负值。假设盘左、盘右的方向观测值分别为 L、R，正确的方向观测值分别为 L_0、R_0，则有

$$\begin{cases} L_0 = L - \Delta c \\ R_0 = R + \Delta c \end{cases} \tag{3-13}$$

取盘左、盘右读数的中数，得

$$A = \frac{1}{2}(L+R) \tag{3-14}$$

可以看出，由于视准轴误差 c 对盘左、盘右水平方向观测值的影响大小相等、符号相反，取盘左、盘右实际读数的中数，就可以消除视准轴误差的影响。但应注意，这个结论只有当 c 值在盘左、盘右观测时段内不变的条件下才是正确的。

当用方向法进行水平方向观测时，除计算盘左、盘右读数的中数以取得一测回的方向观测值外，还必须计算盘左、盘右读数的差值。如不顾及盘左、盘右读数的常数差180°，则由式（3-13）可得

$$L - R = 2\Delta c \tag{3-15}$$

由式（3-12）可知，当观测目标的垂直角 α 较小时，$\cos\alpha \approx 1$，故 $\Delta c \approx c$，则有

$$L - R = 2c \tag{3-16}$$

假如测站上各观测方向的垂直角相等或相差很小，外界因素的影响又较稳定，则由各方向所得的 $2c$ 值应相等或相差很小，实际上，由于 $2c$ 值受到照准和读数误差以及温度变化等影响，一测回中各方向的 $2c$ 值并不会相等，如果认为一测回中各方向的观测条件没有发生较大变化，则 $2c$ 互差的大小就在较大程度上反映了观测值的质量。规范规定：对于 DJ_1、DJ_2 型仪器，一测回中各方向的 $2c$ 互差分别不得超过 $9''$、$13''$。c 对水平方向观测

值的影响虽然可以通过盘左、盘右观测取均值的方法得到抵消，但 c 值本身也不宜过大，所以规范规定：对于 DJ_1、DJ_2 型仪器，c 值应分别不大于 $10''$、$15''$，否则应进行校正。

（2）水平轴倾斜误差

经纬仪水平轴与垂直轴不正交所产生的误差，称为水平轴倾斜误差。产生水平轴倾斜误差的主要原因是仪器左、右两端支架不等高或水平轴两端轴径不相等。如图 3-27 所示，当仪器垂直轴垂直、水平轴不水平时，就产生了水平轴倾斜误差 i，规定水平轴在竖盘一侧下倾时 i 角为正值，反之 i 角为负值。i 对水平方向观测值的影响 Δi 为

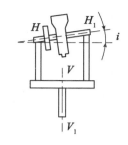

图 3-27　水平轴倾斜误差

$$\Delta i = i \tan\alpha \tag{3-17}$$

式中，α 为照准目标的垂直角。Δi 除了与 i 的大小有关外，还随 α 角的增大而增大，当 $\alpha = 0$ 时，$\Delta i = 0$。

假设盘左、盘右的方向观测值分别为 L、R，正确的方向观测值分别为 L_0、R_0，则有

$$\begin{cases} L_0 = L - \Delta i \\ R_0 = R + \Delta i \end{cases} \tag{3-18}$$

取盘左、盘右读数的平均值，得

$$A = \frac{1}{2}(L + R) \tag{3-19}$$

可以看出，水平轴倾斜误差对水平方向观测值的影响可以通过盘左、盘右观测取均值的方法予以消除，但是 i 值本身也不宜过大，规范规定：对于 DJ_1、DJ_2 型仪器，i 值应分别不大于 $10''$、$15''$，否则应进行校正。

事实上，水平方向观测值受 c 和 i 的共同影响，盘左、盘右读数之差可以表达为

$$L - R = 2\Delta c + 2\Delta i \tag{3-20}$$

即

$$L - R = 2\frac{c}{\cos\alpha} + 2i\tan\alpha \tag{3-21}$$

当 $\alpha = 0$ 时，$L - R = 2c$。随着 α 角的增大，i 的影响会明显增大，因此在比较各方向的 $2c$ 互差时，应考虑不同方向垂直角的大小，所以规范规定：当照准目标的垂直角超过 $\pm 3°$ 时，该方向的 $2c$ 值可以不与同测回其他方向的 $2c$ 值作比较，而与该方向相邻测回的 $2c$ 值进行比较。

视准轴误差和水平轴倾斜误差可采用高低点法进行检验，即在水平视线上、下的对称位置各设置一个照准标志，水平视线上方的标志为高点，水平视线下方的标志为低点，分别用盘左、盘右观测高点和低点的水平方向值，同时测出其垂直角，由于高点和低点都满足式(3-21)，可以利用两式相加求得 c 的大小，利用两式相减求得 i 的大小。

（3）垂直轴倾斜误差

仪器的设计和制造满足照准部水准管轴垂直于垂直轴的条件，如果仪器没有严格整平，垂直轴就会偏离铅垂线一个微小的角度 v，这就是垂直轴倾斜误差。如图 3-28 所示，当水平轴绕铅垂的垂直轴旋转时，扫出的面是水平面，当水平轴绕倾斜的垂直轴旋转时，扫出的面是倾斜的平面，当水平轴处于两个面的交线时，水平轴水平；当水平轴处于两个

面交线的垂直方向时，水平轴倾斜量等于纵轴的倾斜量；当水平轴处于任意位置时，水平轴的倾斜量为

$$i_v = v\cos\beta \tag{3-22}$$

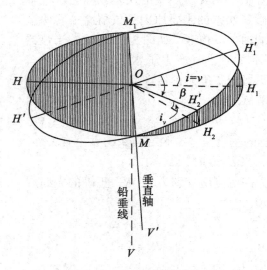

图 3-28　垂直轴倾斜误差

顾及水平轴倾斜对水平度盘读数的影响，则 v 对水平度盘读数的影响为

$$\Delta v = v\cos\beta\tan\alpha \tag{3-23}$$

可以看出，Δv 随观测目标的垂直角增大而增大，并且与照准目标的方位有关。当仪器安置完成后，垂直轴倾斜的大小和方向就不变了，当盘左、盘右观测时，垂直轴倾斜引起的水平轴倾斜也不发生变化，因此采用正倒镜观测取均值的方法无法消除垂直轴倾斜误差的影响。为减小垂直轴倾斜误差及其影响，测量前，应进行水准管轴的检验与校正，测量时，应使照准部水准管气泡居中，测回间，可视气泡偏离情况重新整平仪器。采用光学经纬仪进行精密测角时，可以考虑在仪器水平轴上安装水准管，根据水准管气泡的偏离量及水准管分划值计算水平轴的倾斜，再计算水平方向值的改正数。目前的电子测角仪器都装有液态补偿器，当垂直轴倾斜误差控制在一定范围内时，可以使垂直轴倾斜误差的影响得到有效的补偿。

2. 仪器其他误差的影响

(1) 照准部旋转引起基座的扭转

当照准部转动时，垂直轴与基座轴套之间的摩擦使仪器基座产生弹性扭转，因而引起与基座相连的水平度盘产生方位变化，这种变化主要产生于照准部开始转动的一瞬间，因为需要克服轴套间较大的静摩擦力，而转动时的动摩擦力相对较小。观测时，当照准部顺时针旋转时，度盘会随基座顺转一个微小的角度，使读数变小；当照准部逆时针旋转时，度盘会随基座逆转一个微小角度，使读数变大，从而对观测结果带来系统性的误差。

观测时，如果在半测回中保持照准部向一个方向转动，各方向值的误差符号相同，由方向值组成的角度误差可以得到消减。在一测回中，如果上、下半测回按相反的次序旋转

照准部，并依次照准各方向，采用盘左、盘右观测取均值的方法可有效消除其系统性误差的影响。

（2）照准部旋转不正确的影响

如果照准部的垂直轴与基座轴套间间隙过大，当照准部旋转时，垂直轴会在轴套中晃动，导致照准部旋转不正确，进而造成垂直轴倾斜、照准部偏心及测微器行差的变化，照准部偏心的误差可以通过对径分划重合法读数得到消除。

（3）望远镜调焦镜运行不正确的影响

当观测距离不等的目标时，为看清目标，需进行物镜的调焦。如果调焦透镜在望远镜镜筒内运行时出现晃动，则会导致视准轴发生变化，产生测角误差。为减弱该项误差的影响，针对国家等级控制网边长大致相等的情况，规范要求：一测回中照准各目标时，不允许重新调焦。

对于工程控制网，虽然也要求控制网边长大致相等，但由于要兼顾实际作业的需要，边长会有较大变化，若严格按照不得重新调焦的规定，反而会产生较大的照准误差，为了限制调焦镜运行不准确的影响，可以改变观测顺序，即对同一目标调焦后进行正倒镜观测，完成后，再对下一个目标进行重新调焦并进行正倒镜观测，直至一个测回观测结束，在下一个测回的观测中，改变照准目标的次序，并依次照准各个方向进行正倒镜观测。

（4）水平微动螺旋作用不正确的影响

水平微动螺旋控制照准部在水平面内小范围的旋转。旋进时，螺杆的压力推动照准部旋转；旋出时，弹簧的弹力推动照准部旋转。如果弹簧老化或受到润滑油油污等因素的影响，弹簧弹力就会减弱，微动螺旋旋出时，其顶端就会出现空隙，而在读数过程中，弹簧又会逐渐伸张减小空隙，导致照准部产生微小的转动，引起视准轴偏离照准方向而产生观测误差。为避免该项误差的影响，观测时，应采用旋进微动螺旋的方法完成目标的最后照准，并注意使用微动螺旋的中间部分进行操作。

（5）垂直微动螺旋作用不正确的影响

垂直微动螺旋控制望远镜在垂直面内小范围的俯仰。旋转垂直微动螺旋时，水平轴会受到制动臂的影响，由于水平轴与轴套间存在空隙，垂直微动螺旋的运动方向与弹簧反力的方向不在一条直线上，产生的附加力矩会使水平轴一端发生位移，引起视准轴偏离照准方向而产生观测误差。因此，水平角观测时，应尽量用手动望远镜的方式瞄准目标，少用或不用垂直微动螺旋。

（6）测微器隙动差和行差的影响

这主要是针对配有测微器和采取对径分划重合法读数的精密光学经纬仪而言的，测前应对测微器的隙动差和行差进行检查，尤其是行差，它会给观测值带来系统性误差的影响，必要时应对水平方向值进行行差改正。

3.3.2 观测误差的影响

观测误差主要包含照准误差和读数误差。照准误差主要受外界条件的影响，如目标成像不稳定、目标背景与目标对比度小等，都会加大照准误差。应选择有利的观测时间，提高照准精度。

光学经纬仪在进行对径分划重合法读数时，其读数误差主要表现为重合误差。读数误差受外界条件的影响比较小，观测时，应注意读数窗的采光，调节好测微器目镜，减小读数误差。

照准误差和读数误差具有偶然误差的性质，为了提高观测值的质量，还可以采用多余观测的方法减弱这些误差的影响，例如，对同一个目标采用两次重合法读数和多于一个测回的观测。

3.3.3 外界条件的影响

1. 大气层密度与大气透明度对目标成像的影响

观测目标的成像质量直接影响照准精度，成像稳定、清晰，照准精度就高；成像跳动、模糊，照准精度就低。目标成像是否稳定，取决于视线通过的近地大气层密度的变化，即取决于太阳对地面的热辐射强度以及地面覆盖物的分布特征，视线通过时，如果大气密度不发生剧烈变化，成像就稳定。目标成像是否清晰取决于视线通过的近地大气层的透明度，即取决于大气中对光线起散射作用的物质，如果大气中没有太多的水蒸气和灰尘，成像就清晰。事实上，由于受到日照、地面热辐射、空气对流等因素的影响，大气密度和大气透明度总是存在着不同程度的变化。

为了获得既稳定又清晰的目标成像，应选择有利的观测时段进行观测。晴天，日出1小时后到10:00、15:00到日落前1小时，最适宜观测；阴天，由于大气的温度和密度变化较小，全天适宜观测；夜间，大气稳定，适宜观测，但观测的难度会显著加大。

2. 水平折光的影响

光线通过密度不均匀的空气介质时，经连续折射形成一条曲线，并向密度大的一侧弯曲。如图 3-29 所示，AB 方向的左侧空气密度大，来自目标 B 的光线进入望远镜时，望远镜所照准的方向是曲线 BdA 的切线 Ab，这个方向显然与正确方向 AB 不一致，它们之间存在一个微小的夹角，称为微分折光。微分折光在水平面上的投影分量称为水平折光，微分折光在铅垂面上的投影分量称为垂直折光。产生水平折光的原因是大气在水平方向上的密度不均匀分布，产生垂直折光的原因是大气在垂直方向上的密度不均匀分布。水平折光影响水平方向观测值，垂直折光影响垂直角观测值。

水平折光的影响极其复杂，为减弱其影响，选点时，应避免视线与河流、坡体平行，避免视线通过高大建筑物和散热体，无法避开时，可适当增加视线高度，选择白天有利的观测时间，或选择白天和夜间进行对称观测。

3. 照准目标的相位差

如果照准目标为圆柱形实体，在阳光的照射下会产生阴影，使圆柱出现明暗两部分，如图 3-30 所示。远距离照准目标时，如果目标的背景亮，就会照准圆柱较暗部分的中心线；如果目标背景暗，就会照准圆柱较亮部分的中心线，从而引起照准误差，这种误差称为相位差。相位差的影响随太阳照射方向的变化而变化，上午、下午太阳位置对称，相位差影响的符号相反，所以分成上午、下午两个时段观测取均值，能有效减弱该项误差影响。在工程控制测量中，如果边长较短，照准的目标采用棱镜或觇牌，照准目标的相位差可以不考虑。

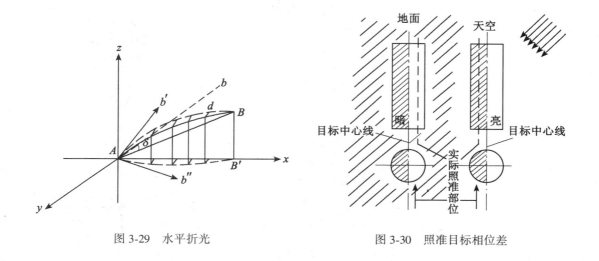

图 3-29 水平折光   图 3-30 照准目标相位差

3.4 外业成果整理与分析

3.4.1 资料的检查与分析

水平角观测外业资料和成果是控制测量的原始资料，为确保原始资料的完整和正确无误，必须进行全面的检查和分析。

1. 记录手簿的检查

①检查手簿的记录格式是否统一，是否完整，包括表内的数字和表头部分；

②检查记录的原始数据是否清晰，有无涂改现象，数字的改动是否符合规范的要求；

③检查度盘位置是否正确，检查照准目标及记录的顺序是否正确；

④检查一测回中数据的计算是否正确，取位是否合理；

⑤检查各项误差是否满足限差要求，取舍和重测的决定是否合理；

⑥检查重测方向或测回的记录是否符合上述要求。

电子记录手簿也应该进行相应的检查，可以在计算机上进行检查，也可以将数据输出打印后进行检查。

2. 方向观测值摘录的检查

①方向观测值摘录是为有关计算和分析做准备，一般要求由两人独立摘录两份，并互相核对检查；

②对照记录手簿，检查每个测回和测站上方向观测值的摘录是否正确；

③对重测方向或测回的标注是否清楚，重测数据的摘录是否正确。

表 3-6 为方向观测值摘录的示例，可作参照。

表 3-6　　　　　　　　　　　　　　　方向观测值

测站：印北

手簿编号：No. 11　　　　　　　　　　　　　　　　　　　　觇　标　类　型：8m 钢标
仪　　　器：T3、No. 41218　　　　　　　　　　　　　　仪器至标石面高：8.15m
观测者：张山　　　　　　　　　　　　　　　　　　　　　记录者：刘向东

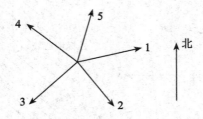

北

方向编号	方向名称	平差方向值 ° ′ ″	c+r	改正后方向值	备注
1	牛山	0　00　00.0			
2	农业站	61　26　13.2			
3	云楼	140　36　44.9			
4	方山	238　53　24.9			
5	西坝	301　05　05.7			

测回	1. 牛山 ° ′ 0　00 ″	2. 农业站 ° ′ 61　26 ″	3. 云楼 ° ′ 140　36 ″	4. 方山 ° ′ 238　53 ″	5. 西坝 ° ′ 301　05 ″
1	00.0	14.0	45.6	25.1	06.9
2	00.0	12.5	46.0	25.0	05.9
3	00.0	11.6	45.0	23.4	04.7
4	00.0	11.4	46.3	26.0	05.3
5	(00.0)	09.2	41.8	23.0	(00.8)
6	00.0	15.0	43.1	24.1	04.7
7	00.0	(17.1)	44.0	26.2	06.6
8	00.0	13.0	44.5	—	16.7
9	00.0	14.8	45.2	24.8	05.5
重 5	00.0	13.2	44.7	24.4	04.9
重 7	00.0	12.9			
重 8	00.0			25.3	
中数	00.0	13.2	44.9	24.9	05.7

3. 归心元素确定的检查

①归心投影纸的检查，包括仪器的安置位置是否恰当，投影点和线是否清楚，相关的注记是否齐全，示误三角形的大小是否满足限差要求；

②检查归心元素的量取是否正确，量取的精度是否合理；

③如果采用直接测量或解析的方法获取归心元素，应对相应的记录手簿和计算过程进行检查。

3.4.2　测站平差

测站平差是根据测站上各测回的观测成果，计算各方向的测站平差值，计算一测回方向观测值的中误差和测站平差值的中误差。

1. 测站上观测方向平差值的计算

设测站上有 n 个观测方向，观测了 m 个测回，每个测回每个方向归零后的方向值分别为 a_i，b_i，$\cdots$，$n_i(i=1,2,\cdots,n)$，测站上各观测方向的平差值分别为 A，B，$\cdots$，N，则有

$$\begin{cases} A = \dfrac{[a]}{m} \\ B = \dfrac{[b]}{m} \\ \cdots \\ N = \dfrac{[n]}{m} \end{cases} \tag{3-24}$$

2. 测站观测精度评定

测站观测精度通常用近似式来计算，其一测回方向观测值中误差为

$$\mu = \pm 1.253 \frac{\sum |v|}{n\sqrt{m(m-1)}} \tag{3-25}$$

测站观测方向平差值的中误差为

$$M = \pm \frac{\mu}{\sqrt{m}} \tag{3-26}$$

式中，n 为测站数；m 为测回数。测站观测精度一般不作为评定整个控制网观测精度的指标。

3.4.3　控制网测角精度评定

对三角形网、导线网，当水平角观测完成后，应计算三角形闭合差或方位角闭合差等，并检查其最大闭合差是否满足相应等级网的限差要求，如果不满足要求，则应进行具体分析，并决定重测哪一个角度，此外，还应计算测角中误差，对网的测角精度进行评定。

三角形网测角中误差的计算公式为

$$m_\beta = \pm \sqrt{\frac{[WW]}{3n}} \tag{3-27}$$

式中，m_β 为测角中误差；W 为三角形闭合差；n 为三角形个数。

导线网测角中误差的计算公式为

$$m_\beta = \pm \sqrt{\frac{1}{N}\left[\frac{f_\beta f_\beta}{n}\right]} \qquad (3\text{-}28)$$

式中，f_β 为附合导线或闭合导线环的方位角闭合差；N 为附合导线或闭合导线环的个数；n 为计算 f_β 时的测站数。

3.4.4 水平方向值归算

对常规工程测量控制网特别是三角形网，当水平角观测完成后，应根据需要进行水平方向值的归算。《工程测量规范》要求：当进行高山地区二、三等三角形网的水平角观测时，如果垂线偏差和垂直角较大，其水平方向观测值应进行垂线偏差的修正；当测区需要进行高斯投影时，四等及以上等级的水平方向观测值，应进行方向改化计算。

1. 实测方向值化至椭球面的归算改正

将经过测站平差和归心改正后的水平方向观测值归算到椭球面上，理论上应包括垂线偏差改正、标高差改正和截面差改正，其中，截面差改正只有对一等三角形网才考虑，垂线偏差改正、标高差改正通常对二等三角形网才考虑，但是当垂线偏差分量 ξ、η 大于 10″ 时，三、四等三角形网应考虑垂线偏差改正，当照准目标的大地高大于 2000m 时，三、四等三角形网应考虑标高差改正。垂线偏差改正的计算公式为

$$\delta''_u = -(\xi_1 \sin A_{12} - \eta_1 \cos A_{12})\tan\alpha_{12} \qquad (3\text{-}29)$$

式中，ξ_1、η_1 为测站点上的垂线偏差在子午圈和卯酉圈上的分量；A_{12} 为测站点至照准点的大地方位角；α_{12} 为照准点的垂直角。可以看出，垂线偏差改正的大小主要与测站点上的垂线偏差和观测方向的垂直角大小有关。对二等网，垂线偏差改正的计算取至 0.001″，对三、四等网，垂线偏差改正的计算取至 0.01″。

对于 ξ、η，如果有测区范围内的垂线偏差图，可根据三角点的坐标在图上直接查取；如果没有垂线偏差图，则可采取不同的方法进行计算。

对有天文观测资料（天文经纬度）的全部三角点，按下式求垂线偏差分量：

$$\begin{cases} \xi = \varphi - B \\ \eta = (\lambda - L)\cos\varphi \end{cases} \qquad (3\text{-}30)$$

式中，λ、φ 为天文经度和纬度；L、B 为大地经度和纬度。

对有重力资料的三角点，按下式求垂线偏差分量：

$$\begin{cases} \xi = \xi_p + \delta_\xi \\ \eta = \eta_p + \delta_\eta \end{cases} \qquad (3\text{-}31)$$

$$\begin{cases} \delta_\xi = \dfrac{\sum(\xi^0 - \xi_p^0)}{n} \\[3mm] \delta_\eta = \dfrac{\sum(\eta^0 - \eta_p^0)}{n} \end{cases} \qquad (3\text{-}32)$$

以上两式的含义及计算请参考有关天文和重力测量文献。

2. 椭球面上方向值高斯投影后的方向改化

椭球面上的大地线投影到高斯平面上仍然是曲线，将高斯平面上的曲线改为直线，就

应该加上方向改正数,方向改正数的大小就是曲线和直线之间的夹角。

对于三、四等三角形网,方向改正公式为

$$\begin{cases} \delta_{ab} = \dfrac{\rho''}{2R^2} y_m (x_a - x_b) \\ \delta_{ba} = -\dfrac{\rho''}{2R^2} y_m (x_a - x_b) \end{cases} \tag{3-33}$$

对于二等三角形网,方向改正公式为

$$\begin{cases} \delta_{ab} = \dfrac{\rho''}{2R^2} y_m (x_a - x_b)(2y_a + y_b) \\ \delta_{ba} = -\dfrac{\rho''}{2R^2} y_m (x_a - x_b)(2y_b + y_a) \end{cases} \tag{3-34}$$

思 考 题

1. 我国精密光学经纬仪分为哪几个等级? DJ 的下标是什么含义?

2. 如何读取 Wild T3 和 DJ_2 的水平度盘读数?

3. Leica TCA2003 有哪些显著的优点和性能?

4. 全站仪 ATR 测角技术的基本原理是什么?

5. 如何理解全站仪的液态双轴补偿功能?

6. 苏-光 RTS010 和南方 NTS-391R 有哪些先进的设计和制造技术?

7. 苏-光全站仪 RTS010 在星键模式下可以完成哪些操作?

8. 全圆方向观测法的观测步骤是什么?

9. 全圆方向观测法的测站限差主要有哪几项,如何表述?

10. 什么叫测站点偏心观测和照准点偏心观测,如何进行方向观测值的归心改正?

11. 归心元素是如何定义和测定的?

12. 什么叫仪器的三轴误差,对方向观测值各有什么样的影响规律?

13. 什么叫水平折光和垂直折光,选点时应该注意什么?

14. 水平角观测外业资料和成果的检查主要包括哪几个方面?

15. 怎样理解工程控制测量中的方向值归算问题?

第4章 距离测量

4.1 测距仪器的分类

在工程控制测量中,用于距离测量的电子仪器主要有测距仪和全站仪。目前,除了特殊距离测量的需要,单一的测距仪已经很少采用,而主要采用以光波中的红外光和激光作载波源的中、短程全站仪。不管是测距仪还是全站仪,都是利用某种载波和调制波进行距离测量的,这些载波可以统称为电磁波,其测距的方法可以统称为电磁波测距。

电磁波测距的基本公式为

$$D = \frac{1}{2}vt \tag{4-1}$$

式中,D 为待测距离;v 为电磁波在大气中的传播速度;t 为电磁波在待测距离上往返一次所用的时间。

显然,只要测定了时间 t,待测距离 D 即可获得。按测定 t 的方法,电磁波测距仪器主要分为两种类型:

①脉冲式测距仪器:是通过直接测定仪器发出的脉冲信号往返于被测距离的传播时间,进而按上式求得距离的一类测距仪器。

②相位式测距仪器:是通过测定仪器发射的测距信号往返于被测距离的相位变化来间接推算信号的传播时间,进而求得所测距离的一类测距仪器。

设 f 为测距调制信号的频率,φ 为相位移,由式(4-1)可以推得

$$D = \frac{1}{2}v \cdot \frac{\varphi}{2\pi f} = \frac{v\varphi}{4\pi f} \tag{4-2}$$

对式(4-1)和式(4-2),如取 $v = 3 \times 10^8 \text{m/s}$,$f = 15\text{MHz}$,当要求测距误差小于 1cm 时,如果用脉冲法测距,计时精度需达到 $\frac{2}{3} \times 10^{-10}\text{s}$;而如果用相位法测距,测定相位角的精度只需达到 $0.36°$。目前,欲达到 10^{-10}s 的计时精度有较大困难,而达到 $0.36°$ 的测相精度则易于实现,因此,电磁波测距仪器中按照相位式测距的居多。

对于电磁波测距仪器,可以按照上述测定时间的方法分类,按照其测程分类(如长程、中程、短程),按照其载波源分类(如激光、红外光、微波),按照其载波数分类(如单载波、双载波、三载波),按照其反射目标分类(如非协作目标、协作目标),还可以按照仪器测距精度分类(如Ⅰ、Ⅱ、Ⅲ级)。

电磁波测距仪器的精度(测距中误差)表达式为

$$m_D = \pm(a + b\text{ppm}D) \tag{4-3}$$

式中,a 代表固定误差,单位为 mm,它主要由仪器加常数的测定误差、对中误差、

测相误差等引起，与测量的距离大小无关，这部分误差一般为 1~5；$b$ppm$D$ 代表比例误差，它主要由仪器频率误差、大气折射率误差引起，与测量的距离大小有关，其中 $b$ppm 为比例误差系数，b 的值由生产厂家在用户手册里给定，用来表征比例误差中比例的大小，是个固定值，一般为 1~5mm，ppm 表示百万分之一（10^{-6}），D 的单位为 km，它是一个变化值，根据用户实际测量的距离确定。

固定误差与比例误差绝对值之和构成了仪器的测距精度。当测距长度为 1km 时，《工程测量规范》定义仪器的测距精度分别为：Ⅰ级，$m_D \leqslant 5$mm；Ⅱ级，5mm$<m_D \leqslant 10$mm；Ⅲ级，10mm$<m_D \leqslant 20$mm。

4.2 相位法测距

4.2.1 相位法测距原理

1. 基本原理与公式

相位式测距仪器的工作原理如图 4-1 所示。

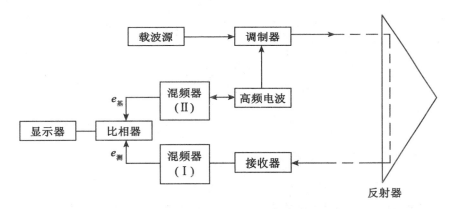

图 4-1 相位法测距原理

由载波源产生光波，经调制器被高频电波调制（调幅或调频），成为连续调制信号，该信号经测线到达反射器，经反射后被接收器接收，再进入混频器（Ⅰ）变成低频（或中频）测距信号 $e_测$。另外，在高频电波对载波进行调制的同时，仪器发射系统还产生一个高频信号，此信号经混频器（Ⅱ）混频后，成为低频（或中频）基准信号 $e_基$。$e_测$ 和 $e_基$ 在比相器中进行相位比较，由显示器显示出调制信号在被测距离上往返传播所产生的相位移，或者直接显示出被测距离值。

如图 4-2 所示，在 A 点安置仪器，在 B 点安置反射器，$A \rightarrow B$ 为光波的往程，$B \rightarrow A'$ 为光波的返程。设发射的调制波信号为

$$e_1 = e_m \sin \omega t \tag{4-4}$$

式中，e_m 为调制波的振幅；ω 为调制波的角频率；t 为变化的时间。经过 t_{2D}（调制波往返于测线所经历的时间）后，接收器接收到的反射波信号为

$$e_2 = e_m \sin(\omega t - \omega t_{2D}) \tag{4-5}$$

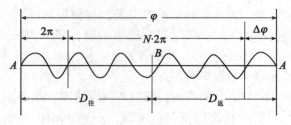

图 4-2 信号往返一次的相位差

发射波与反射波之间的相位差为

$$\varphi = \omega t_{2D} \tag{4-6}$$

则

$$t_{2D} = \frac{\varphi}{\omega} \tag{4-7}$$

将式(4-7)代入 $D = \frac{1}{2} v t_{2D}$ 得

$$D = \frac{1}{2} v \frac{\varphi}{\omega} = \frac{1}{2} v \frac{\varphi}{2\pi f} = \frac{v}{4\pi f} \varphi \tag{4-8}$$

由图 4-2 可得

$$\varphi = 2N\pi + \Delta\varphi \tag{4-9}$$

将式(4-9)代入式(4-8)得

$$D = \frac{v}{4\pi f}(2N\pi + \Delta\varphi) = \frac{v}{2f}\left(N + \frac{\Delta\varphi}{2\pi}\right) = \frac{\lambda}{2}(N + \Delta N) \tag{4-10}$$

通常用 u 代表 $\frac{\lambda}{2}$,则有

$$D = u(N + \Delta N) \tag{4-11}$$

式(4-11)就是相位法测距的基本公式。这种测距方法就相当于用一把长度为 u $\left(\text{即} \frac{1}{2}\lambda\right)$ 的尺子(称为测尺或电子尺)来丈量被测距离, N 表示"整尺段"数,而 $\Delta N \times u$ 则为"余长"。在相位法测距中,一般只能测定 $\Delta\varphi$(或 ΔN),无法测定整波数 N,因此距离 D 存在"多值性"的问题。只有正确确定 N 的值,才能唯一确定距离 D。

2. N 值的确定

由式(4-11)可以看出,当测尺长度 u 大于距离 D 时, $N = 0$,此时可求得确定的距离值 $D = u \frac{\Delta\varphi}{2\pi} = u\Delta N$。因此,为了扩大单值解的测程,就必须选用较长的测尺,即选用较低的调制频率。根据 $u = \frac{\lambda}{2} = \frac{v}{2f}$,取 $v = 3 \times 10^5 \text{km/s}$,可算出与测尺长度相应的测尺频率(即调制频率)列于表 4-1。由于仪器的测相误差(一般可达 10^{-3})对测距误差的影响也将随测尺长度的增大而增大,因此,为了解决扩大测程与提高精度的矛盾,采用一组测尺共同测距,用长测尺(又称粗测尺)保证测程,用短测尺(又称精测尺)保证精度,从而也解决了"多值性"的问题。

表 4-1		测尺频率、测尺长度、测距精度的关系			
测尺频率	15MHz	1.5MHz	150kHz	15kHz	1.5kHz
测尺长度	10m	100m	1km	10km	100km
精度	1cm	10cm	1m	10m	100m

假设仪器中采用了两把测尺配合测距,其中,精尺频率为 f_1,相应的测尺长度为 $u_1 = \dfrac{v}{2f_1}$,粗尺频率为 f_2,相应的测尺长度为 $u_2 = \dfrac{v}{2f_2}$。若用两者测定同一距离,则由式(4-11)可写出方程组

$$\begin{cases} D = u_1(N_1 + \Delta N_1) \\ D = u_2(N_2 + \Delta N_2) \end{cases} \tag{4-12}$$

由上式可得

$$N_1 + \Delta N_1 = \frac{u_2}{u_1}(N_2 + \Delta N_2) = K(N_2 + \Delta N_2) \tag{4-13}$$

式中,$K = \dfrac{u_2}{u_1} = \dfrac{f_1}{f_2}$,称为测尺放大系数。若已知 $D < u_2$,则 $N_2 = 0$。因为 N_1 为正整数,ΔN_1 为小于 1 的小数,等式两边的整数部分和小数部分应分别相等,所以有 $N_1 = K\Delta N_2$ 的整数部分。为了保证 N_1 值正确无误,测尺放大系数 K 根据 ΔN_2 的测定精度来确定。对相位式测距仪器来说,如果要扩展单值解的测程,并保证精度不变,就必须增加测尺数目。

由表 4-1 还可以看出,当测程较长时,各调制频率值相差很大,这就会造成电路上的放大器、调制器难以实现对各种测尺频率具有相同的增益及相移稳定性。因此,一般测程大的相位式测距仪器都不采用上述直接与测尺长度相对应的粗测尺频率,而采用一组数值上比较接近的间接测尺频率,并利用其差频频率作为粗测尺频率。采用这种方式,各间接测尺频率值非常接近,因而在中、远程测距仪器中使用时,仍能使放大器对各个测尺频率都能有相同的增益和相移稳定性。目前,多种型号的精密激光测距仪就是采用这种频率方式,一些微波测距仪也是按间接测尺频率方式工作的。

4.2.2 Mekometer ME 5000 测距仪测距

1. ME 5000 测距流程

瑞士 Kern 公司在 20 世纪 60 年代曾生产过 ME 3000 光波(氙灯)测距仪,后又研制成功 ME 5000 精密激光测距仪。ME 5000 的主要技术指标:精度为 ±(0.2mm+0.2×10^{-6}×D),显示分辨率为 0.01mm;单棱镜测程约为 4km,三棱镜测程约为 8km;重量约为 11kg;光源为 He-Ne 激光器,波长为 0.6328μm;调制频率约为 500MHz;作业温度为 -10~+40℃。

ME 5000 测距流程如图 4-3 所示。由 He-Ne 激光器 1 连续发射波长为 0.6328μm 的激光,经偏振光片 2 变成偏振光。此光通过光线分离器 3 后仍为同方向振动的偏振光(即偏振方向不改变)。当其进入调制解调器 4 后,被来自石英合成器 7 的高频信号(经放大器 9 放大)所调制,变成频率约为 500MHz 的调制信号。再经过 λ/4 波片 5 射到反射器 6 上。反射信号经 4 解调,当解调信号与上述来自 7(经 9 放大)的高频信号同相时,就不会有光信号经 3 进入光电探测器 10,则出现零点。此时所测距离正好为调制波半波长的整数倍。

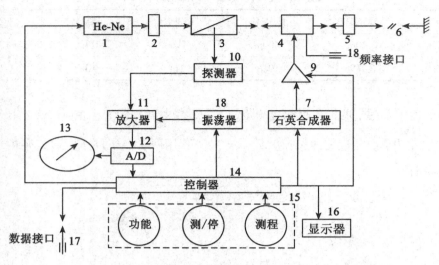

图 4-3 ME 5000 测距流程

可见，正确地确定零点位置和零点数是非常重要的。为此，振荡器 8 产生一个 2kHz 的调制信号，并具有 ±5kHz 和 ±25kHz 的可变范围，当在调谐的情况下（即出现零点时），频率为 4kHz 的光信号进入光电探测器 10。光电探测器的信号强度由信号强度指示器 13 指出，当此信号强度低于某一特定值时，测量过程自动中断。由相邻零点的频率差即得到距离观测值。

2. ME 5000 测距步骤

图 4-4 为 ME 5000 的操作面板，其测距步骤如下：

①准备工作。安置仪器，对中、置平，寻找与照准反光镜。

②检查电池电压。将功能旋钮由"OFF"拨向"电池"（BATTERY），该仪器使用 DC 12V，电表上每格代表 2V（注：此时显示器上显示出中心频率值）。

③将功能旋钮拨向"遥控"（REMOTE），稍等，直到显示器上出现"S"（在此之前，图短暂显示"8. 8. 8. 8. 8. 8. 8. 8. "）。

④将功能旋钮拨向"测量"（MEASURE）。

⑤根据欲测距离选置测程旋钮位置：低（LOW），20～1000m；高（HIGHT），50～8000m。稍等，直到显示器上出现"LAS"。

⑥精确照准反光镜，寻求最大接收信号。

⑦按"测量/停止"（START/STOP）按钮，启动测量程序。

⑧再次按"测量/停止"按钮，仪器显示器上先显示"LAS"，而后显示斜距值。一次测距时间约 1 分多钟。

⑨测量完成后，将功能旋钮拨向"OFF"，使仪器处于关闭状态。对于跟踪（TRACKING）测量，可以在 15s 时间间隔内显示距离值。

3. ME 5000 所测距离的气象改正

设在参考大气状态下的折射率为 n_s，未经气象改正的斜距为 d_s，测距时大气折射率为 n_t，经气象改正后的斜距为 d_t，则

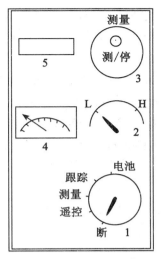

1—功能旋钮(分5挡)；2—测程旋钮(分2挡)；3—测量/停止按钮；4—信号指示器(检流表)；5—显示器

图 4-4　ME 5000 操作面板

$$d_t = \frac{n_s}{n_t} \cdot d_s \qquad (4\text{-}14)$$

式中，$n_s = 1.000284514844$；d_s 由仪器测定；n_t 按欧温斯(OWENS)公式计算，欧温斯公式的简化形式为

$$
\begin{aligned}
n_t = 1 + \{ & 80.87638002 \times P_D/T [\ 1 + P_D(57.90 \times 10^{-8} - 9.3250 \times 10^{-4}/T + \\
& 0.25844/T^2)] + 69.09734271 \times P_W/T(1 + 3.7 \times 10^{-4} P_W)(-2.37321 \times \\
& 10^{-3} + 2.23366/T - 710.792/T^2 + 77541.1/T^3) \} \times 10^{-6}
\end{aligned} \qquad (4\text{-}15)
$$

式中，T 为绝对温度，单位为 K(开尔文)，$T = t + 273.15$，其中 t 为干温，单位为℃；P_D 为干燥空气分压，单位为 mbar，$P_D = P - P_W$；P_W 为水气分压，单位为 mbar，$P_W = \dfrac{1013.25}{760}$

$\times e = \dfrac{1013.25}{760} \times \left[10^{\frac{at'}{b+t'}+c} - C(t - t')\dfrac{P}{755} \right]$，其中 t' 为湿温，单位为℃，e 为湿度，单位为 mmHg，在水面上取 $a = 7.5$，$b = 237.3$，$c = 0.6609$，$C = 0.5$。

4.2.3　Leica 全站仪测距

当前，全站仪已经发展到高精度、高稳定性、自动化、智能化的先进水平，在工程控制测量及其他许多方面得到使用，极大地推动了测量技术和方法的发展，也极大地减轻了测量工作者繁重的体力和脑力劳动。市场上可供选择的全站仪品种和规格很多，如瑞士 Leica 公司的 TC/TCA/TCR/TPS 系列、德国 Zeiss 公司的 Elta R/C/S 系列、日本 TOPCON 公司的 GTS/GPT 系列、中国苏光公司的 RTS 系列和南方公司的 NTS 系列，等等。现以 Leica 全站仪为例，介绍其测距的主要技术。

1. 高频测距

由表 4-1 可以看出，在测相精度一定的情况下，测距仪器的测距频率越高，其测距精度越高，但在测相器分辨率和精度有限的情况下，在全站仪电路噪声和背景噪声等原因干扰下，大幅度提高测距频率有一定难度。Leica 系列全站仪中，早期较为先进的产品 TC 2000 的精测频率只有 5MHz，到 20 世纪 90 年代末达到 50MHz，1998 年后投入市场的一系列全站仪，其精测频率已经达到 100MHz。

TCA 2003 是 Leica 系列全站仪的典型代表，其测距精度达 $\pm(1mm+1\times10^{-6}\times D)$，显示分辨率为 0.01mm，其测距精度基本上是目前所有全站仪中最高的，加之最高的测角精度（0.5″）和合理的测程（圆棱镜（GPR1），2500m；360°棱镜（GRZ4），1300m；微型棱镜（GMP101），900m；反射片 60mm×60mm，200m），在工程控制网的建立和某些精密工程测量中已得到广泛使用，但是该仪器为英文菜单显示，使用不够方便，价格较高。

Leica 系列全站仪中，测距精度能够达到 $\pm(1mm+1\times10^{-6}\times D)$ 的还有多种，如 TC 2003、TCRP 1201+等，其中 TC 2003 的测角测距精度与 TCA 2003 相同，但没有马达驱动功能，TCRP 1201+具有 TCA 2003 的所有功能，中文菜单显示，使用非常方便，但测角精度（1.0″）低于 TCA 2003。

2. 动态频率校正

测距频率的稳定与否直接关系到测距仪器的测尺长度和比例误差的大小。测距频率由石英晶体振荡器产生，其频率稳定度一般只能达到 5×10^{-5}。实际测距时，环境条件特别是温度的变化，将直接影响晶体振荡器频率的稳定性。如果测距频率发生偏离或漂移，测尺就会不准，产生比例误差，从而降低测距精度。Leica 全站仪创造性地采用了动态频率校正技术，这种技术不仅有很强的环境适应能力，而且计算频率精确，从而保证和提高了测距精度。

Leica 全站仪具有三种不同类型的精测频率：

①标称频率：即仪器标称的精测频率，该频率由生产厂家设计并确定，是其他两种频率设计的基础，被用于粗略地计算精测尺长。

②实际频率：即晶体振荡器发射的调制频率，晶体一旦选定，其频率也就确定，该频率受温度影响而产生的变化可以通过光电转换装置配合频率计进行测试。

③计算频率：即通过计算产生的频率，用来对实际的发射频率进行修正，但这种修正不是直接作用于实际频率，而是通过自动测相环节的计算过程来实现。采用这种动态频率校正技术，能够适时提取仪器内的温度变化参数，提供相应的计算频率代表实际发射频率进行距离解算。

Leica 全站仪的工作原理如图 4-5 所示。测距时，晶体振荡器受到外界环境温度、自身元器件运作时的发热等影响，发射频率必然会产生变化，仪器内部的温度传感器能适时地测出此时晶体附近的温度，将其送往 CPU 对频率进行修正，得出该温度状态下的计算频率和测尺长进行最终的距离解算。由于这一过程与发射、接收过程同步进行，因此有效地保证了计算的准确性，提高了距离测量的精度。

3. IR、RL、ATR、GPS 集合

Leica 全站仪将相位法红外测距（IR）、相位法激光测距（RL）和自动目标识别（ATR）集合起来，可用于协作目标（反射镜等）的距离测量，也可以用于非协作目标的距离测量。

TCA 2003 将红外测距（IR）、马达驱动、自动目标识别（ATR）集合起来，当有协作目

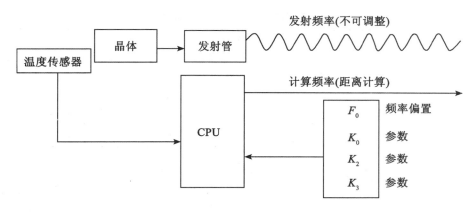

图 4-5　动态频率校正

标时，可借助马达驱动和 ATR 功能进行目标的自动寻找和准确照准及测距，即望远镜自主发射红外光，仪器对棱镜返回信号加以分析后，驱动照准部和望远镜精确照准棱镜中心进行测量，在对多个目标重复测量时，ATR 的高效率将得到充分体现。

TCRP 1201+将红外测距（IR）、激光测距（RL）、马达驱动、自动目标识别（ATR）、导向光集合起来，当有协作目标时，可借助马达驱动和 ATR 功能进行目标的自动寻找、准确照准及测距，还能借助导向光对目标进行判别或人工照准。

TCR 1201R 400+/R 1000+同样采用了高频率的相位法激光测距（RL）技术，同样采用了动态频率校正技术，当无协作目标测距时，可借助仪器发射的可见红色激光束及其光斑照准目标，距离为 100m 时，激光点大小约为 12mm×40mm；距离 20m 时，激光点大小约为 7mm×14mm；距离小于 20m 时，光斑更小，特别适用于对拐点、边缘等特征位置的测量，这种方法经常被用在具有不易安置反射镜、不易到达、危险性较大等特点的工程测量中，距离测量的标称精度达 $2mm+2×10^{-6}×D$，但实际测量精度受距离远近、目标的介质及明暗程度、入射角的大小等影响较大，所以一般不用于工程控制测量。

目前，Leica 公司已经开发了系列化的全站仪产品，其高端产品 TPS 1200+系列更说明其技术创新：①在全站仪的操作方式中首次实现多语种切换，无需重装操作系统，就可方便地把英文显示转换为中文显示；②可靠的实时操作系统 RTOS，图形化显示界面，仪器操作直观方便；③新型 PinPoint 免棱镜测量技术，抗干扰目标的能力强，免棱镜测程可达 500m 以上，有棱镜测程也有所提高；④可见指示激光和测距激光为同一光束的免棱镜测量方式，光斑小，所见即所得；⑤ATR 的 CCD 频率成倍提高，抗干扰光能力强；⑥PowerSearch超级搜索功能的智能设置，进一步提高了目标识别与跟踪的性能和效率；⑦通过系统集成和可上载方式，向用户开放了更多（约 12 个）的应用测量程序；⑧内置调制解调器的 RX1200 镜站无线遥控设备，可构成简洁的单人操作系统；⑨与 GPS 1200 具有相同的操作系统和数据库，任何一台 TPS1200+都可方便地升级为新型测量仪器 Smart-Station。可以说，Leica 系列全站仪集快速、精确、易使用、高可靠于一身，有多种型号和规格可供选择，可完成多种不同的测量任务。表 4-2 为 TPS1200+系列全站仪的一些技术指标。

表 4-2		**TPS1200+系列全站仪技术指标**					

型号与选项

	TC	TCR	TCRM	TCA	TCP	TCRA	TCRP
角度测量	✓	✓	✓	✓	✓	✓	✓
距离测量（IR）	✓	✓	✓	✓	✓	✓	✓
PinPoint 无棱镜测距（RL）	—	✓	✓	—	—	✓	✓
马达驱动	—	—	✓	✓	✓	✓	✓
自动目标识别与照准（ATR）	—	—	—	✓	✓	✓	✓
超级搜索（PS）	—	—	—	—	✓	—	✓
导向光（EGL）	可选	可选	可选	✓	✓	✓	✓
遥控单元/集成电台提把	可选	可选	可选	可选	可选	可选	可选
GUS74 激光指向	—	—	—	可选	—	可选	可选
超站仪（ATX1230 GG）	可选	可选	可选	可选	可选	可选	可选

角度测量

类 型		1201+	1202+	1203+	1205+
精度（标准偏差，ISO17123-3），测量方法	Hz，V	1″	2″	3″	5″
	显示分辨率	0.1″			
	绝对编码，连续、对径测量				
	设置精度	0.5″	0.5″	1.0″	1.5″
补偿器	补偿范围	4′			
	方式	竖轴中心电子双轴补偿器			

距离测量（IR）

	圆棱镜（GPR1）	3000m
测程（一般气象条件）	360°棱镜（GRZ4）	1500m
	小棱镜（GMP101）	1200m
	反射片（60mm×60mm）	250m
	最小测程	1.5m
精度/测量时间（标准偏差，ISO17123-4）	＊标准模式	$1mm+1.5\times10^{-6}D$ / 一般为 2.4s
	快速模式	$3mm+1.5\times10^{-6}D$ / 一般为 0.8s
	跟踪模式	$3mm+1.5\times10^{-6}D$ / 一般 <0.15s
	显示分辨率	0.1mm
测量方法		相位测量（同轴、不可见红外激光）
＊配合徕卡 GPHIP 精密棱镜		

PinPoint R400／R1000 无棱镜距离测量（RL）		
测程（一般气象条件）	PinPoint R400	400m/200m（柯达灰度卡：90%反射/18%反射）
	PinPoint R1000	1000m/500m（柯达灰度卡：90%反射/18%反射）
	最短测量距离	1.5m
	圆棱镜（GPR1）长测程	1000～7500m
精度/测量时间（标准偏差，ISO17123-4）（目标在阴影中，阴天）	无棱镜<500m	$2mm+2\times10^{-6}D$／一般为 3-6s，最大 12s
	无棱镜>500m	$4mm+2\times10^{-6}D$／一般为 3-6s，最大 12s
	长测程	$5mm+2\times10^{-6}D$／一般为 2.5s，最大 12s
激光点大小	20m 处	约 7mm×14mm
	100m 处	约 12mm×40mm
测量方法	PinPoint R 400／R 1000 系统分析器（同轴、可见红色激光）	
马达驱动		
最大速度	旋转角速度	45°/s
自动目标识别与照准（ATR）		
ATR/LOCK 工作范围（一般大气条件）	圆棱镜（GPR1）	1000m/800m
	360°棱镜（GRZ4）	600m/500m
	微型棱镜（GMP101）	500m/400m
	反射片（60mm×60mm）	55m
	最短测量距离	1.5m/5m
精度/测量时间（标准偏差，ISO17123-3）	ATR 测角精度 Hz，v	1″
	定位精度	±1mm
	测量圆棱镜时间	3～4s
最大速度（LOCK 模式）	切向跟踪速度（标准模式）	100m 处，25m/s；20m 处，5m/s
	径向跟踪速度（跟踪模式）	4m/s
工作原理	数字图像处理（激光束）	
超级搜索（PS）		
范围（一般气象条件）	圆棱镜（GPR1）	300m
	360°棱镜（GRZ4）	300m（很好地对准仪器）
	微型棱镜（GMP101）	100m
	最短距离	5m
搜索时间	典型搜索时间	<10s
最大速度	旋转角速度	45°/s
工作原理	数字图像处理（激光束）	

导向光（EGL）		
范围（一般气象条件）	5~150m	
精度	定向精度	100m 处：5cm

综合数据	
望远镜	放大倍数 30，物镜孔径 40mm，视场角 1°30′，调焦范围 1.7m 至无穷远
激光对点器	对中精度 1.5m 处 1.5mm，激光点直径 1.5m 处 2.5mm
无限位微动螺旋	1 个水平/1 个垂直
圆水准器	灵敏度 6′/2mm
电池（GEB221）	锂电池，电压 7.4V，容量 3.8Ah，操作时间一般为 5~8h
显示屏	1/4VGA（320×240 像素），彩色，图形 LCD，可照明，触摸屏
键盘	34 键（12 功能键，12 字符键），可照明
键盘配置	单面（面Ⅰ）标配/第 2 面（面Ⅱ）选配
重量	全站仪 4.8~5.5kg，电池 0.2kg，基座 0.8kg
角度显示	360°′″，360°十进制，400gon，6400mil，V%
距离显示	m，int. ft，int. ft/inch，US ft
数据存储	仪器内存 64MB，存储量 1750/MB，CF 存储卡（64MB 和 256MB），接口 RS232
工作环境	工作−20~+50℃，储存−40~+70℃，防尘防水 IP54，湿度 95%无冷凝

遥控单元（RX1250T/Tc）	
通讯控制单元	内置无线调制解调器，触摸屏，62 键，可照明，接口 RS232
电池（GEB211）	电压 7.4V，容量 1.9Ah，操作时间 RX1250T 一般为 9h，RX1250Tc 一般为 8h
重量	控制单元 RX1250T/Tc0.8kg，电池（GEB211）0.1kg，对中杆适配器 0.25kg
工作环境	工作−30~+65℃，储存−40~+80℃，防尘防水 IP67，短时水下 1m

4.2.4 苏-光 RTS010 全站仪测距

全站仪 RTS010 除了具有优良的性能和很高的测角精度（1″），还具有极高的测距精度。采用新型的测距光路设计，能获得超小远场光斑尺寸；采用 800MHz 载波频率设计，能使距离测量更精确。若采用反射片，最大测程为 1200m，测距精度达 $\pm(1mm+1\times10^{-6}D)$；若采用单棱镜，最大测程为 6000m，测距精度达 $\pm(1mm+1\times10^{-6}D)$；无协作目标时，最大测程为 1000m，测距精度达 $\pm(2mm+2\times10^{-6}D)$。

仪器在使用过程中，可以按★键进入星键模式，点击相应按钮可对仪器的常用设置进行改变。在安置仪器时，可以通过进入电子水泡界面来整平仪器，同时，在补偿设置界面下可以设置补偿器的开启和关闭（可单独设置其中一个方向）。如图 4-6 所示，按★键后，默认进入的界面就是电子水泡显示界面，如果要进入其他界面，则点击"补偿"按钮进入。电子水泡界面显示仪器倾斜情况，一般当水泡处于中间小圆内即可正常工作，点击右下角

"双轴"按钮,可切换补偿器的工作状态,按钮显示内容为当前选择的补偿器。

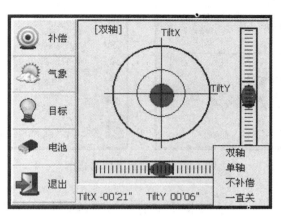

图 4-6 电子水泡界面

如图 4-7 所示,按★键后,点击"气象"按钮,可进入气象修正(PPM)、棱镜常数(PSM)的设置。气象修正方式共有两种,一种是通过仪器自带的温度气压传感器来得出实时的 PPM 改正值,另一种是通过手工输入温度和气压,仪器自动换算成 PPM 值。如果点击选择"手工"选项,仪器显示的温度、气压以及 PPM 输入框解锁,可以输入数值;如果点击选择"自动"选项,则温度、气压以及 PPM 输入框屏蔽,无法输入数值,仪器通过温度气压传感器来实现气象条件的修正。在输入各项数值后,点击"保存"按钮,保存修改后的状态,点击"OK"按钮确认。输入 PPM 值的时候,只要输入温度以及气压,仪器即可自动计算;输入 PSM 值的时候,要根据具体使用的棱镜类型而定,一般情况下,PSM的值为 0mm 或者−30mm。棱镜常数的设置仅对目标类型为"棱镜"或"远程棱镜"时才会对测距结果产生影响,目标设置为"免棱镜"和"反光片"时,默认始终为 0。

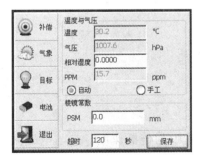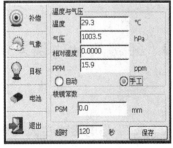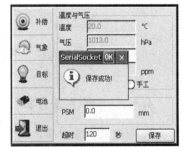

图 4-7 PPM、PSM 的设置

如图 4-8 所示,按★键后,点击"目标"按钮,可进行测距目标类型的选择、回光信号检测、指示光的开启和调节。直接点选目标类型下的各选项,可选择对应的目标类型;点击"回光信号强度"栏里的"On"按钮,可显示当前瞄准目标后的测距回光信号的强度;点选"激光对点器"栏里的各选项,可调节激光对点器的亮度,当选择"Off"时,激光对点器始终关闭;点选"指向光"栏里的各选项,可开启或关闭激光指向。

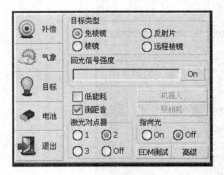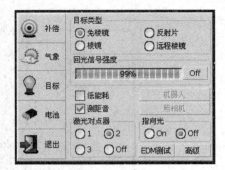

图 4-8　测距目标类型的选择

　　距离测量前，应先设置和更改测距的模式。如图 4-9 所示，先进入"基本测量"界面，再点击"距离测量"，在距离测量界面下点击"模式"按钮，仪器弹出四种测距模式供选择，点击并确定即可，如选择"N 次精测"模式，应在右侧的计数框内输入测距的次数。距离测量时，先进入"基本测量"界面，照准目标点后，点击"测距"按钮，仪器进入距离测量模式并开始测距，测距完成后，仪器显示测量结果，如图 4-10 所示。

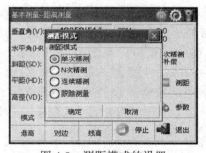

图 4-9　测距模式的设置

图 4-10　测量结果的显示

4.3　距离测量的误差来源

4.3.1　测距误差分析

　　在相位法测距计算公式(4-2)中，v 是电磁波在大气介质中的传播速度，它与电磁波在真空中的传播速度 c、大气折射率 n 的关系为

$$v = \frac{c}{n} \tag{4-16}$$

　　在气象学中，大气折射率是大气介质的气体成分、温度 T、压力 P、湿度 e 以及波长 λ 等的函数，可以表达为

$$n = f(\lambda,\ T,\ P,\ e) \tag{4-17}$$

　　由此可见，大气气象状况不同，大气折射率的大小也不同，对电磁波传播速度的影响也不同。

利用测距仪器测量距离时，观测值中还包含仪器常数（包括加常数和乘常数）的影响，其中，加常数主要是由于仪器和反光镜（棱镜）的电子中心与其机械中心不重合而形成的，乘常数主要是由于仪器的测距频率偏移而产生的。如图 4-11 所示，设 D_0 为 A、B 两点间的实际距离，D' 为距离观测值，则有简单关系式

$$D_0 = D' + K_i + K_r = D' + K \tag{4-18}$$

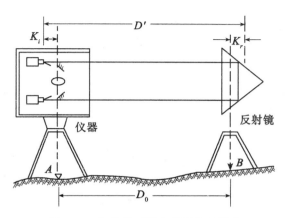

图 4-11　加常数对距离观测值的影响

加常数 K 包含仪器加常数 K_i 和反光镜常数（棱镜常数）K_r，尽管在测距仪器的调试中使 K_i 非常接近于零，但不可能严格为零，即存在剩余值，所以 K_i 又称为剩余加常数，如果 K_i 小到可以忽略不计，则 k 主要体现为 K_r。当测距仪器和反光镜构成固定的一套仪器设备后，其加常数 K 便可设法精确测定。

通过上述分析，式(4-2)可以表达为

$$D = \frac{c\varphi}{4\pi n f} + K \tag{4-19}$$

对式(4-19)全微分并转换成中误差形式为

$$m_D^2 = \left[\left(\frac{m_c}{c}\right)^2 + \left(\frac{m_n}{n}\right)^2 + \left(\frac{m_f}{f}\right)^2\right]D^2 + \left(\frac{\lambda}{4\pi}\right)^2 m_\varphi^2 + m_K^2 \tag{4-20}$$

式中，λ 为调制波的波长 $\left(\lambda = \dfrac{c}{f}\right)$；$m_c$ 为真空中光速值的测定中误差；m_n 为折射率求定中误差；m_f 为测距频率中误差；m_φ 为相位测定中误差；m_K 为加常数测定中误差。此外，由于仪器内部信号的串扰产生的周期误差也对距离观测值产生影响，设其测定的中误差为 m_A，测距时还不可避免地存在对中误差 m_g，因此测距中误差可以综合表示为

$$m_D^2 = \left[\left(\frac{m_c}{c}\right)^2 + \left(\frac{m_n}{n}\right)^2 + \left(\frac{m_f}{f}\right)^2\right]D^2 + \left(\frac{\lambda}{4\pi}\right)^2 m_\varphi^2 + m_K^2 + m_A^2 + m_g^2 \tag{4-21}$$

式(4-21)中的测距误差可分为两部分：一部分是与距离 D 成比例的误差，即光速值误差、大气折射率误差和测距频率误差；另一部分是与距离无关的误差，即测相误差、加常数误差、对中误差。周期误差有其特殊性，它与距离有关但不成比例，仪器设计和调试时可严格控制其数值，实用中如发现其数值较大而且稳定，可以对测距成果施加周期误差改正。根据式(4-21)，测距仪器的精度可以用式(4-3)的形式表达。

4.3.2 测距精度估算

1. 仪器的测距精度估算

测距精度是电磁波测距仪器的重要质量指标，采用一定的方法对仪器的测距精度进行估算是非常必要的。衡量仪器的测距精度，一般注重两种指标，即内符合精度和外符合精度。

内符合精度是指仪器对同一段未知距离进行多次测量，其观测值之间的符合程度。精度可以用一次测定中误差 m、平均值中误差 M 和相对中误差 $M/\overline{D}$ 来描述，计算公式为

$$m = \pm\sqrt{\frac{[v_i v_i]}{n-1}} \tag{4-22}$$

$$M = \pm\frac{m}{\sqrt{n}} \tag{4-23}$$

式中，$v_i = D_i - \overline{D}(i=1, 2, \cdots, n)$；$D_i$ 为加入各项改正后的平距观测值；$\overline{D}$ 为观测值的平均值；n 为测量次数。内部符合精度主要反映了仪器的测相误差以及外界大气条件的影响，而仪器的加常数、乘常数、周期误差、对中误差的影响是反映不出来的，因而算出的精度一般偏高。

外符合精度是指用测距仪器测量已知长度的基线，将观测值与基线值比较而求得的精度指标。每台仪器出厂时，必须通过检验给出这一精度指标。例如，ME 5000 为 $\pm(0.2mm+0.2\times10^{-6}D)$、TCA 2003 为 $\pm(1mm+1\times10^{-6}D)$ 等。假如用一台仪器对已知基线 D_0 测量了 n 次，观测值为 $D_i(i=1, 2, \cdots, n)$，则真误差 $\Delta_i = D_i - D_0$，测距中误差为

$$m = \pm\sqrt{\frac{[\Delta_i \Delta_i]}{n}} \tag{4-24}$$

为了客观地评定测距精度，一些测量工作者进行了大量的研究，在实践的基础上提供了一些方法，也得出了一些结论，例如，前苏联学者曾用四种电磁波测距仪在数年内进行了 100 多次实测，通过资料分析，认为按内符合精度所求得的中误差比按外符合精度所求得的中误差平均缩小了 0.4 倍；无论是固定误差，还是比例误差，都是偶然误差居主导地位，可视为相互独立的，因而可采用 $m = \pm\sqrt{a^2+(b\times10^{-6}D)^2}$ 进行精度估算，a、b 可根据误差源及试验结果进行推求；仪器的标称精度一般以 $m=a+bppmD$ 的形式给出，可以在基线上用仪器测量出多组数据，先对观测值进行系统误差(加、乘常数)的改正，再用改正后的观测值与相应的基线值进行比较，用回归法求出 a、b 的值。

2. 控制网的测距精度估算

电磁波测距受到一系列误差源的影响，其实际测距精度如何也是令人关注的问题。导线网、边角网等控制网的边长观测完成后，可以对实际的测距精度进行计算和评定。测距的单位权中误差为

$$\mu = \sqrt{\frac{[P\Delta_d \Delta_d]}{2n}} \tag{4-25}$$

式中，Δ_d 为各边往返测距离之差；n 为测距的边数；P 为各边距离测量的先验权，其值为 $1/\sigma_D^2$，σ_D 为测距的先验中误差，可按测距仪的标称精度计算。

84

对控制网中的任意一条边，其实际的测距中误差为

$$m_{D_i} = \mu \sqrt{\frac{1}{P_i}} \qquad (4-26)$$

式中，P_i 为第 i 边距离测量的先验权。

当网中的边长相差不大时，计算平均测距中误差的公式为

$$m_D = \sqrt{\frac{[\Delta_d \Delta_d]}{2n}} \qquad (4-27)$$

4.3.3 加常数和乘常数的测定

测距仪器在投入工程应用之前，应进行全面的检查和检验，包括：仪器各组成部分的功能检查、轴系正确性的检校、测程的检测、内/外符合精度的检验、发光管相位均匀性（照准误差）的测定、加常数和乘常数的测定、周期误差的测定、幅相误差的测定，等等。仪器的各项检验大多是在一定条件下进行重复观测，通过观测值的离散程度来分析各项误差影响的大小，其中，加常数和乘常数、周期误差属于仪器的主要系统误差，涉及距离观测值的改正，必须进行认真检验。

当仪器和反光镜构成固定的一套设备后，可采用多种方法测定其加常数和乘常数，如果仪器设备存在明显的加常数，则应在测距成果中加入加常数改正。关于仪器的乘常数，由相位法测距的原理可知

$$u = \frac{\lambda}{2} = \frac{v}{2f} = \frac{c}{2nf} \qquad (4-28)$$

设 $f_标$ 为标准频率（假定无误差），$f_实$ 为实际工作频率，令频率偏差 $\Delta f = f_实 - f_标$，$u_标$ 为 $f_标$ 相应的尺长，$u_实$ 为 $f_实$ 相应的尺长，则

$$u_标 = \frac{c}{2n(f_实 - \Delta f)} = \frac{c}{2nf_实}\left(1 - \frac{\Delta f}{f_实}\right) \qquad (4-29)$$

令 $\dfrac{\Delta f}{f_实} = R$，则有

$$u_标 = u_实(1-R) \qquad (4-30)$$

假设用 $u_标$ 测得的距离值为 $D_标$，用 $u_实$ 测得的距离值为 $D_实$，则 $D_标 = D_实(1-R)$。由此可见，所谓乘常数就是当频率偏离其标准值时而引起一个计算改正数的乘系数，也称为比例因子。乘常数可通过一定检测方法求得，如果有小型频率计直接测定 $f_实$，进而求得 Δf，就可以对距离观测值进行乘常数改正。

1. 用六段解析法测定加常数

如图 4-12 所示，在平坦的地面上设置一条长度约几百米的线段，在起点上安置全站仪并对中、整平，在终点上安置棱镜，并对中、整平，先用全站仪十字丝竖丝精确照准棱镜中心，再采用直线定线的方法将整个线段分为 n 段，用全站仪精确地测出水平距离 D 和各分段的水平距离 $d_i (i = 1, 2, \cdots, n)$。

设加常数为 K，则有

$$D + K = (d_1 + K) + (d_2 + K) + \cdots + (d_n + K) = \sum_{i=1}^{n} d_i + nK \qquad (4-31)$$

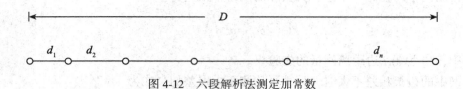

图 4-12　六段解析法测定加常数

$$K = \frac{D - \sum_{i=1}^{n} d_i}{n - 1} \tag{4-32}$$

对式(4-32)全微分并表示成中误差形式，假定测距中误差均为 m_d，则加常数测定精度的计算公式为

$$m_K = \pm \sqrt{\frac{n+1}{(n-1)^2}} \cdot m_d \tag{4-33}$$

由式(4-33)可见，分段数 n 的多少取决于测定加常数 K 的精度要求。一般要求加常数的测定中误差不大于该仪器测距中误差的 50%，即 $m_K \leq 0.5 m_d$，若取 $m_K = 0.5 m_d$ 代入式(4-33)，可求得 $n=6.5$，一般取 $n=6$。由此可见，六段解析法是一种不需要预先知道测线的精确长度，而只通过测距仪器本身的测量成果进行平差计算求得加常数的方法。

为提高加常数 K 的测定精度，可采用全组合观测法观测 21 个测段的水平距离，设 D_i 为经过气象、倾斜改正后的水平距离观测值，V_i 为 D_i 的改正数，D_i^0 为水平距离的近似值，V_i^0 为 D_i^0 的改正数，$\overline{D}_i$ 为水平距离的平差值，则有

$$\begin{cases} \overline{D}_i = D_i + V_i + K \\ \overline{D}_i = D_i^0 + V_i^0 \end{cases} \tag{4-34}$$

由式(4-34)可得误差方程式

$$V_i = -K + V_i^0 + D_i^0 - D_i \tag{4-35}$$

设 $l_i = D_i^0 - D_i$，可将式(4-35)写为误差方程式的一般形式

$$V_i = -K + V_i^0 + l_i \tag{4-36}$$

按间接平差的方法可求出加常数 K。具体作业步骤如下：

①将测线分成 6 段，点号取为 0、1、2、3、4、5、6，采用全组合观测法观测 21 个水平距离，计算出经过气象、倾斜改正后的 21 个距离观测值 D_i，并设各个 D_i 对应的改正数为 V_i，共 21 个。

②设第一次组合中，6 个独立分段的近似距离为 D_{01}^0、D_{02}^0、D_{03}^0、D_{04}^0、D_{05}^0、D_{06}^0，对应的改正数为 V_{01}^0、V_{02}^0、V_{03}^0、V_{04}^0、V_{05}^0、V_{06}^0，并计算出 $D_{12}^0 \sim D_{16}^0$、$D_{23}^0 \sim D_{26}^0$、$D_{34}^0 \sim D_{36}^0$、$D_{45}^0 \sim D_{46}^0$、D_{56}^0 的近似值，例如 $D_{12}^0 = D_{02}^0 - D_{01}^0$。

③计算式(4-36)中的常数项 l_i，共 21 个。

④以 D_{01}^0、D_{02}^0、D_{03}^0、D_{04}^0、D_{05}^0、D_{06}^0 及加常数 K 作为未知数，按式(4-36)列出 21 个误差方程式，间接平差求得上述 7 个未知数，同时求得 V_i。

⑤由 V_i 可同时计算测距中误差 m_d 和加常数测定中误差 m_k，计算公式分别为

$$m_d = \pm \sqrt{\frac{[VV]}{n-t}} \tag{4-37}$$

$$m_k = \pm m_d \sqrt{Q_{11}} \qquad (4\text{-}38)$$

式中，n 为观测值个数，$n=21$；t 为未知数个数，$t=7$。

2. 用六段比较法测定加、乘常数

在基线场上，用仪器对已知长度的基线进行观测，将观测值与已知基线值进行比较，从而求得加、乘常数。

设 21 段距离观测值为 $D_{01} \sim D_{06}$、$D_{12} \sim D_{16}$、$D_{23} \sim D_{26}$、$D_{34} \sim D_{36}$、$D_{45} \sim D_{46}$、D_{56}，21 段距离改正数为 $v_{01} \sim v_{06}$、$v_{12} \sim v_{16}$、$v_{23} \sim v_{26}$、$v_{34} \sim v_{36}$、$v_{45} \sim v_{46}$、v_{56}，21 段基线值为 $\tilde{D}_{01} \sim \tilde{D}_{06}$、$\tilde{D}_{12} \sim \tilde{D}_{16}$、$\tilde{D}_{23} \sim \tilde{D}_{26}$、$\tilde{D}_{34} \sim \tilde{D}_{36}$、$\tilde{D}_{45} \sim \tilde{D}_{46}$、$\tilde{D}_{56}$，设 K 和 R 分别为加常数和乘常数，则有

$$\begin{cases} D_{01} + v_{01} + K + D_{01}R = \tilde{D}_{01} \\ D_{02} + v_{02} + K + D_{02}R = \tilde{D}_{02} \\ \cdots\cdots \\ D_{56} + v_{56} + K + D_{56}R = \tilde{D}_{56} \end{cases} \qquad (4\text{-}39)$$

设 $l_{01} \sim l_{06}$、$l_{12} \sim l_{16}$、$l_{23} \sim l_{26}$、$l_{34} \sim l_{36}$、$l_{45} \sim l_{46}$、l_{56} 为基线值与观测值之差，如 $l_{01} = \tilde{D}_{01} - D_{01}$，则有误差方程式

$$\begin{cases} v_{01} = -K - D_{01}R + l_{01} \\ v_{02} = -K - D_{02}R + l_{02} \\ \cdots\cdots \\ v_{56} = -K - D_{56}R + l_{56} \end{cases} \qquad (4\text{-}40)$$

组成法方程式

$$\begin{cases} 21K + [D]R - [l] = 0 \\ [D]K + [DD]R - [Dl] = 0 \end{cases} \qquad (4\text{-}41)$$

解法方程式求出 K 和 R。如需经常重复解算，可将 Q 值算出，按下式解算 K 和 R：

$$\begin{bmatrix} K \\ R \end{bmatrix} = -\begin{bmatrix} Q_{11} & Q_{12} \\ Q_{21} & Q_{22} \end{bmatrix} \times \begin{bmatrix} [l] \\ [Dl] \end{bmatrix} \qquad (4\text{-}42)$$

求出 K 和 R 后，即可算出改正后的距离值 $\overline{D}$ 和残差 $v_i = \tilde{D}_i - \overline{D}_i$，并按下式进行精度评定：

$$\begin{cases} m_d = \pm \sqrt{\dfrac{[vv]}{21 - t}} \\ m_k = \pm \sqrt{Q_{11}}\, m_d \\ m_R = \pm \sqrt{Q_{22}}\, m_d \end{cases} \qquad (4\text{-}43)$$

4.3.4 周期误差的测定

1. 周期误差的概念

周期误差是指按一定的距离为周期重复出现的误差。周期误差主要来源于仪器内部固定的串扰信号，对于自动数字测相的测距仪器，周期误差主要是由于仪器内部电信号的串扰而产生的，如发射信号通过电子开关、电源线等通道或空间渠道的耦合串到接收部分，

从而形成固定不变的串扰信号，此时，相位计测得的相位值就不单是测距信号的相位值，还包含串扰信号的相位值，使测距产生误差。由于测相方式的不同，周期误差的周期也有区别，一般来说，周期误差的周期取决于精测尺长。

如图 4-13 所示，设测距信号为 e_1，串扰信号为 e_2，两者的相位差为 φ，两者的比值为 $K = \dfrac{e_2}{e_1}$。同频串扰时存在下列关系：

$$\tan\varphi_1 = \frac{\sin\varphi}{\cos\varphi + K} \tag{4-44}$$

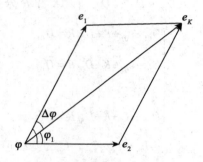

图 4-13　串扰信号对测距信号的影响

由于串扰信号引起的附加相移为

$$\Delta\varphi = \varphi - \varphi_1 = \varphi - \arctan\frac{\sin\varphi}{\cos\varphi + K} \tag{4-45}$$

按式(4-45)可画出图 4-14 所示的曲线。可以看出，附加相移 $\Delta\varphi$ 随距离(φ 与距离有关)的不同按正弦曲线规律变化，其周期为 2π，也就是说，由于串扰信号引起的周期误差的周期为 2π，对应于精测尺长度。$\Delta\varphi$ 与 K 值有关，K 值越大，$\Delta\varphi$ 也越大，因此，要减小周期误差，就必须加大测距信号的强度。

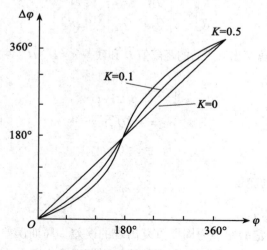

图 4-14　附加相移的变化规律

为了保证仪器的精度，仪器制造中对电子线路进行严格调整，将周期误差的振幅压低到仪器测距中误差的 50% 以内。但由于外界条件、元件参数的变化等，周期误差也会产生不同程度的变化，应该对周期误差进行测定。当周期误差的振幅大于测距中误差的 50% 时，应在测距成果中加入周期误差改正，改正数的计算公式为

$$V_i = A\sin(\varphi_0 + \theta_i) \tag{4-46}$$

式中，V_i 为周期误差改正数，其正负号由正弦函数值决定；A 为周期误差的振幅；φ_0 为初相角；θ_i 为被测距离的尾数相对应的相位角。

2. 周期误差的测定

周期误差的测定主要采用"平台法"。如图 4-15 所示，在室内或室外的一块平坦场地上建立一个平台，平台的长度与仪器的精测尺长度相适应。在平台上标示出标准长度，作为移动反射镜时对准之用。

把仪器安置在平台延长线的一端，离平台 50~100m，仪器高度与反射镜的高度基本一致。观测时，先由近及远移动反射镜在各个位置测距，反射镜每次移动 $\dfrac{u}{40}$（u 为精测尺长，若 $u=20m$，则每次移动 0.5m），序号为 1，2，3，…，39，40。各位置测距后，再由远及近返测。

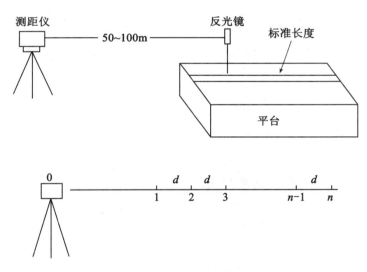

图 4-15　周期误差的测定

设 D_{01}^0 为 0~1 的近似距离，v_{01}^0 为 D_{01}^0 的改正数，d 为反光镜每次的移动量，K 为加常数，D_{iz} 为距离观测值（$i=1$，2，…，40），V_i 为 D_{iz} 的改正数，A 为周期误差的振幅，φ_0 为初相角，θ_i 为测站至反光镜的距离所对应的相位角。可列出下列方程式：

$$\begin{cases} D_{01}^0 + v_{01}^0 = D_{1z} + V_1 + K + A\sin(\varphi_0 + \theta_1) \\ D_{01}^0 + v_{01}^0 + d = D_{2z} + V_2 + K + A\sin(\varphi_0 + \theta_2) \\ \quad\cdots\cdots \\ D_{01}^0 + v_{01}^0 + 39d = D_{40z} + V_{40} + K + A\sin(\varphi_0 + \theta_{40}) \end{cases} \tag{4-47}$$

写成误差方程式为

$$\begin{cases} V_1 = (v_{01}^0 - K) - A\sin(\varphi_0 + \theta_1) + (D_{01} - D_{1z}) \\ V_2 = (v_{01}^0 - K) - A\sin(\varphi_0 + \theta_2) + (D_{01} + d - D_{2z}) \\ \quad \cdots\cdots \\ V_{40} = (v_{01}^0 - K) - A\sin(\varphi_0 + \theta_{40}) + (D_{01} + 39d - D_{40z}) \end{cases} \tag{4-48}$$

式中，

$$\begin{cases} \theta_1 = \dfrac{D_{1z}}{u} \times 360° \\ \theta_2 = \theta_1 + \dfrac{d}{u} \times 360° = \theta_1 + \Delta\theta, \quad u = \dfrac{\lambda}{2} \\ \quad \cdots\cdots \\ \theta_{40} = \theta_1 + 39\Delta\theta \end{cases} \tag{4-49}$$

其中，$\Delta\theta$ 为相应于反射镜移动量 d 的相位差。令

$$\begin{cases} X = A\cos\varphi_0 \\ Y = A\sin\varphi_0 \end{cases} \tag{4-50}$$

则有

$$\begin{cases} A = \sqrt{X^2 + Y^2} \\ \varphi_0 = \arctan\dfrac{Y}{X} \end{cases} \tag{4-51}$$

利用三角函数公式将(4-47)式中的 $A\sin(\varphi + \theta_i)$ 展开，设 $K' = v_{01}^0 - K$（v_{01}^0 和 K 都是未知数），并设

$$\begin{cases} f_1 = D_{01}^0 - D_{1z} \\ f_2 = D_{01}^0 + d - D_{2z} \\ \quad \cdots\cdots \\ f_{40} = D_{01}^0 + 39d - D_{40z} \end{cases} \tag{4-52}$$

整理后，得到误差方程式的最终形式为

$$\begin{cases} V_1 = K' - \sin\theta_1 X - \cos\theta_1 Y + f_1 \\ V_2 = K' - \sin\theta_2 X - \cos\theta_1 Y + f_2 \\ \quad \cdots\cdots \\ V_{40} = K' - \sin\theta_{40} X - \cos\theta_{40} Y + f_{40} \end{cases} \tag{4-53}$$

平差计算求出未知数，进而求得 A 和 φ_0 的值。

4.4　距离测量与归算

4.4.1　测距的实施

1. 仪器及辅助工具的检校

对于新购置的或大修后的测距仪器，应进行全面的检校。包括加常数、乘常数、周期误差、幅相误差、内外符合精度、测程等。对投入工程使用的测距仪器，应按规范要求定期检验，也可以根据仪器的具体使用情况，及时地对加常数等重要参数进行现场检验。

测距使用的气象仪表应经常检查，必要时，应送气象部门按有关规定检测。

在高海拔地区使用空盒气压表时，应送当地气象台（站）校准。

2. 测距边的选择

测距边宜选在地面覆盖物相同或相近的地段，不宜选在散热体的上空。

测线应避开电线等障碍物，四等及以上的测线应离开地面或障碍物 1.3m 以上。

测线应避开强电磁场的干扰。

测距边的测线倾角不宜过大。

3. 测距作业要求

①一级及以上等级控制网的边长应采用中、短程全站仪或电磁波测距仪测距，短程为测程 3km 及以下，中程为测程 3~15km。

②测站对中误差和反光镜对中误差不大于 2mm。

③测距应选择气象条件稳定时进行，当测量高精度边长时，宜选在日出后 1 小时或日落前 1 小时的时间段内进行。

④一测回观测是指照准目标一次读数 2~4 次的过程，当观测数据超限时，应重测整个测回。

⑤四等及以上等级控制网的边长测量时，应读取两端点观测始末的气象元素，并取其平均值进行气象改正的计算，采用全站仪测量距离时，应将两端点气象元素的平均值输入到仪器中，以便仪器进行自动的气象改正。

⑥温度计宜选用通风干湿温度计，气压表宜选用高原型空盒气压表。温度计应悬挂在离地面和人体 1.5m 以外的地方，读数精确到 0.2℃。气压表应置平，指针不应滞阻，读数精确到 50Pa。

⑦当测距边采用电磁波三角高程测定的高差进行倾斜改正时，垂直角的观测和对向观测的较差要求，可按五等三角高程测量的有关规定放宽一倍执行。

⑧每日观测结束后，应对外业观测记录和计算进行检查，如果使用电子记录，应保存原始观测数据，打印输出观测数据和预先设定的各项限差。

4. 测距技术要求

国家有关规范或行业规范对电磁波测距都有明确的技术要求，《工程测量规范》对电磁波测距的主要技术要求列于表 4-3。

表 4-3　　　　　　　　　　　　测距的主要技术要求

平面网等级	仪器精度等级	每边测回数		一测回读数较差（mm）	单程各测回较差（mm）	往返较差（mm）
		往	返			
二、三等	5mm 级	3	3	≤5	≤7	≤2(a+bD)
	10mm 级	4	4	≤10	≤15	
四等	5mm 级	2	2	≤5	≤7	
	10mm 级	3	3	≤10	≤15	
一级	10mm 级	2	—	≤10	≤15	
二、三级	10mm 级	1	—	≤10	≤15	

4.4.2 距离的归算

电磁波测距是在地球自然表面上进行的,所得距离是仪器中心与反射镜中心之间的光波波道弧长,该弧长中包含着一些仪器系统误差和大气折射误差,经过这些误差的改正后才得到正确的弧长,将该弧长先归算为仪器中心与反射镜中心之间的斜距,再将斜距归算为两个控制点平均高程面上的水平距离,如果控制网采用国家坐标系统,则还应将平均高程面上的水平距离归算为参考椭球面上的大地线长度,最后再根据高斯投影的投影比计算公式,将参考椭球面上的大地线长度改化为高斯平面上的水平距离,作为控制网平差所需的距离观测值。

1. 仪器误差的改正

仪器系统误差的改正主要包括加常数改正、乘常数改正和周期误差改正。投入工程控制测量的测距仪器,其加常数 K、乘常数 R、周期误差的振幅 A 和初相角 φ_0 的值通常由专门的仪器质量检定部门检测,测量人员也可以经常地自行检测,动态地掌握仪器的关键性能。对于仪器测得的距离(弧长)初值 d,所加的加、乘常数改正为 $\Delta_1 = K + Rd$,周期误差的改正为 $\Delta_2 = A\sin(\varphi_0 + \theta_i)$。

2. 大气折射误差的改正

前已提及,电磁波在大气介质中的传播速度受大气折射率的影响,进而影响所测量的距离,而大气折射率又是大气的温度、压力等气象元素的函数,因此,大气折射误差的改正也通常称为气象改正。

电磁波测距仪直接显示的距离为

$$d_s = \frac{c}{n_s} \cdot \frac{t_{2d}}{2} \tag{4-54}$$

式中,n_s 为仪器的参考折射率,它是由厂家根据仪器的精测调制波长和精测调制频率设计的固定的折射率,与测距时实际气象条件下的大气折射率 n_t 是不同的。实际的距离应为

$$d_t = \frac{c}{n_t} \cdot \frac{t_{2d}}{2} \tag{4-55}$$

因此,其气象改正为

$$\Delta_3 = d_t - d_s = \frac{ct_{2d}}{2n_s}\left(\frac{n_s - n_t}{n_t}\right) \tag{4-56}$$

式中,括号内分母上的 n_t 可认为是 1,因此气象改正为

$$\Delta_3 = d_s(n_s - n_t) \tag{4-57}$$

大气折射率 n_t 与气象元素之间的关系式一般由厂家提供,因此根据实测的温度、气压等气象元素,就可以计算气象改正 Δ_3。

计算气象改正时,一般采用仪站和镜站折射率的平均值,并没有严格采用全测线折射率积分的平均值,因此产生折射率代表性误差,也称为气象代表性误差,由此引起的距离改正为

$$\Delta_4 = -(k - k^2)\frac{d_s^3}{12R^2} \tag{4-58}$$

式中,R 为沿测线方向的地球平均曲率半径;k 为折光系数,$k = R/r$,r 为波道曲率半

径，对于光波，k 取 0.13。全站仪都具有气象改正功能，测距时，测量仪站和镜站的气象值，取平均后输入到仪器中直接进行气象改正。对工程控制网，Δ_4 是一个微小量，一般不用考虑。经过仪器误差和大气折射误差的改正，已经得到了仪器中心与反射镜中心之间的正确的弧长。

3. 几何改正

（1）弧长归算为斜距

设 d_1 是仪器中心与反射镜中心之间的正确的弧长，d_2 是仪器中心与反射镜中心之间的直线斜距，省略推导过程，有

$$d_2 = d_1 - \frac{d_1^3}{24r^2} \tag{4-59}$$

工程控制网的边长一般较短，此项改正通常忽略不计，可认为 $d_2 = d_1$。

（2）斜距归算为平距

设 d_3 是仪器中心与反射镜中心的平均高程面上的水平距离，h 为仪器中心与反光镜中心之间的高差，则有

$$d_3 = \sqrt{d_2^2 - h^2} \tag{4-60}$$

有时需要将 d_3 归算为测区平均高程面上的水平距离，设 d_4 是测距边所在测区平均高程面上的水平距离，则有

$$d_4 = d_3 \left(1 + \frac{h_\mathrm{p} - h_\mathrm{m}}{R_A} \right) \tag{4-61}$$

式中，h_p 为测区的平均高程；h_m 为测距边两端点的平均高程；R_A 为参考椭球在测距边方向法截弧的曲率半径。

如果距离存在偏心观测，则应进行归心改正。当 $e \leqslant 0.3\mathrm{m}$ 时，仪器偏心和目标偏心的距离归心改正计算公式分别为式（4-62）、式（4-63），两种偏心同时存在时，其改正数为式（4-64）。

$$\Delta_Y = -e_Y \cos\theta_Y \tag{4-62}$$

$$\Delta_T = -e_T \cos\theta_T \tag{4-63}$$

$$\Delta d = \Delta_Y + \Delta_T \tag{4-64}$$

（3）平距归算为椭球面上的弧长

设 d_5 是水平距离 d_3 归算到椭球面上的弧长，ζ 为测区的平均高程异常值，则有

$$d_5 = d_3 \left(1 - \frac{h_\mathrm{m} + \zeta}{R_A + h_\mathrm{m} + \zeta} \right) \tag{4-65}$$

4. 投影改正

上面求出的 d_5 可认为是椭球面上两点间的大地线长度，按照高斯投影法将它投影到高斯平面上仍然是一条曲线，设其长度为 d_6，高斯投影存在投影变形，d_5 到 d_6 的投影改正公式为

$$d_6 = d_5 \left(1 + \frac{y_\mathrm{m}^2}{2R_\mathrm{m}^2} + \frac{\Delta y^2}{24R_\mathrm{m}^2} \right) \tag{4-66}$$

式中，y_m 为测距边两端点横坐标的平均值；R_m 表示按测距边中点的纬度计算的参考椭球面的平均曲率半径；Δy 为测距边两端点横坐标的增量。

控制网平差时，要求边长为高斯平面上两点间的直线距离，由于高斯平面上的投影曲线和直线之间的夹角很小，因此曲线和直线间的长度之差可忽略不计，认为 d_6 就是投影到高斯平面上两点间的水平距离。

思 考 题

1. 测距仪器是如何分类的？
2. 测距仪器的精度表达式是什么？其中各符号的含义是什么？
3. 相位式测距的基本原理是什么？
4. 测距仪器的测尺频率、测尺长度、测距精度之间有什么关系？
5. Leica 高精度全站仪在测距方面具有哪些先进的设计和性能？
6. 苏-光 RTS010 全站仪的星键模式有哪些主要功能？PPM 和 PSM 如何设置？
7. 测距仪器的仪器常数指什么？它主要是什么原因产生的？
8. 电磁波测距的误差来源有哪些？
9. 什么叫测距仪器的内符合精度和外符合精度？
10. 如何用六段解析法测定测距仪器设备的加常数？
11. 什么叫测距仪器的周期误差？如何进行距离的周期误差改正？
12. 选择测距边时应注意什么？
13. 全站仪测距时，如何实施有关的仪器误差和大气折射误差改正？
14. 距离几何改正的高程面有哪些？如何计算？
15. 怎样理解工程控制测量中关于距离的几何改正和投影改正问题？

第 5 章　精密水准测量

5.1　精密水准仪及其使用

一等、二等水准测量称为精密水准测量，能用于精密水准测量的水准仪称为精密水准仪。精密水准仪包括精密光学水准仪和数字(电子)水准仪，精密光学水准仪又包括水准管式(微倾式)水准仪和补偿式自动安平水准仪。与普通光学水准仪相比，精密水准仪的最显著特点是安装了光学测微器装置，借助该测微装置，能精密测定小于水准标尺最小分划线间格值的尾数，从而提高水准测量中的读数精度。我国将精密水准仪分为 DS_{05}、DS_1 两种基本系列，其下标表示每千米往返测高差中数的偶然中误差标称值，单位为 mm。标称精度不低于 DS_{05} 系列的水准仪可用于一等和二等水准测量，标称精度不低于 DS_1 系列的水准仪主要用于二等水准测量，DS_{05}、DS_1 系列水准仪都与长度变形极小的铟瓦水准标尺配套使用。目前，DS_{05}、DS_1 系列水准仪较多，选择其中几种加以介绍。

5.1.1　光学水准仪及其使用

1. Wild N3 水准仪

精密水准仪 Wild N3 的外形如图 5-1 所示。该仪器为微倾式水准仪，望远镜物镜的有效孔径为 50mm，放大倍率为 40 倍，管状水准器格值为 10″/2mm，每千米往返测高差中数中误差可达 ±0.2mm，可用于一等和二等水准测量。N3 水准仪与分格值为 10mm 的铟瓦水准标尺配套使用，标尺的基辅差为 301.55cm。在望远镜目镜的左边有上下两个小目镜(图5-1 中没有表示出来)，它们是观察符合气泡的目镜和测微器读数目镜，在三个不同目镜中所见到的影像如图 5-2 所示。仪器圆水准气泡居中后，转动微倾螺旋，使符合气泡两端符合，则视线精确水平，此时可转动测微螺旋，使望远镜目镜中看到的楔形丝夹准水准标尺上的某一分划线，读出水准标尺上的前 3 位数，单位为 cm，再从测微器目镜中读出测微器分划尺上的后 3 位数，即毫米及以下的两位数，可以估读到 0.01mm。图 5-2 中的读数为 148.653cm。

图 5-3 是 N3 水准仪杠杆式的微倾螺旋装置及其作用示意图。转动微倾螺旋时，通过着力点 D 带动支臂绕支点 A 转动，使其对望远镜的作用点 B 产生微量升降，从而使望远镜绕转轴 C 作微量倾斜。由于望远镜与水准器是紧密相连的，于是，旋转微倾螺旋，就可以使水准轴和视准轴同时产生微量的变化，从而精确地将视准轴整平。在微倾螺旋上一般附有分划盘，可借助于固定指标进行读数，由微倾螺旋转动的格数可以确定视线倾角的微小变化量，其转动范围约为 7 周。借助这种装置，可以测定视准轴微倾的角度值，这在跨越河流等障碍物的水准测量中有重要作用。

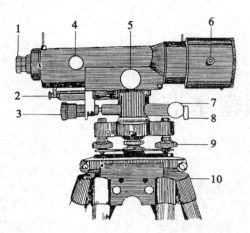

1—望远镜目镜；2—水准气泡反光镜；3—微倾螺旋；
4—调焦螺旋；5—平行玻璃板测微螺旋；
6—平行玻璃板旋转轴；7—水平微动螺旋；
8—水平制动螺旋；9—脚螺旋；10—脚架

图 5-1　Wild N3 水准仪

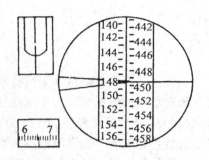

图 5-2　N3 水准仪读数

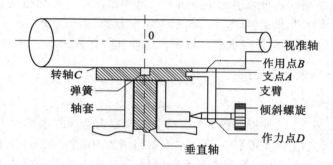

图 5-3　N3 水准仪倾斜螺旋装置

　　由图 5-3 可见，这种仪器的转轴 C 并不位于望远镜的中心，而是位于靠近物镜的一端。由圆水准器整平仪器时，垂直轴并不能精确处于垂直状态，可能偏离垂直位置较大，此时若使用倾斜螺旋精确整平视准轴，将会引起视准轴高度的变化，微倾螺旋转动量越大，视准轴高度的变化就越大，如果前后视精确整平视准轴时，微倾螺旋的转动量不等，就会在高差中带来这种误差的影响。在实际作业中，只有当符合水准气泡两端影像的分离量小于 1cm 时，才可以使用微倾螺旋精确整平视准轴。

　　图 5-4 是 N3 水准仪测微器的测微原理示意图。光学测微器由平行玻璃板、测微器分划尺、传动杆和测微螺旋等部件组成。平行玻璃板传动杆与测微尺相连。测微尺上有 100 个分格，与 10mm 相对应，即每分格为 0.1mm，可估读至 0.01mm。每 10 格有较长分划线和数字注记，每两个长分划线间的格值为 1mm。当平行玻璃板与水平视线正交时，测微尺上的初始读数为 5mm，转动测微螺旋时，传动杆带动平行玻璃板相对于物镜作前俯后仰，并同时带动测微尺作相应移动。若顺转测微螺旋，使平行玻璃板后仰到测微分划尺 0mm 处，水平视线向上平移 5mm；反之，若逆转测微螺旋，使平行玻璃板前俯到测微分

划尺 10mm 处，则水平视线向下平移 5mm。

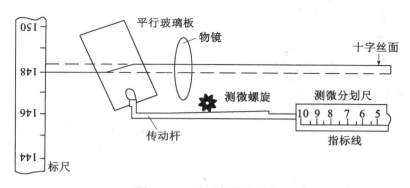

图 5-4　N3 水准仪测微原理

例如，在图 5-2 中，当平行玻璃板与水平视线正交时，水准标尺上读数应为 a，a 在两个相邻分划 148 与 149 之间，此时测微尺上读数是 5mm 而不是 0。转动测微螺旋，平行玻璃板作前俯，使水平视线向下平移，与就近的 148 分划重合，这时，测微尺上的读数为 6.50mm，而水平视线的平移量应为 6.50mm−5mm，最后读数 $a=148cm+6.50mm−5mm$，即 $a=148.650cm−5mm$。由此可知，每次读数中应减去常数（初始读数）5mm，但因在水准测量的高差计算时能自动抵消这个常数，所以在水准测量作业时，读数、记录、计算过程中都可以不考虑这个常数，但如果是单向读数，就必须减去这个初始读数。

Wild 公司近期生产的新 N3 水准仪，其望远镜物镜的有效孔径为 52mm，并有一个放大倍率为 40 的准直望远镜，直立成像，能清晰地观测到离物镜 0.3m 处的水准标尺。光学平行玻璃板测微器可直接读至 0.1mm，估读到 0.01mm。其校验性的微倾螺旋装置，可以用来测量微小的垂直角和倾斜度的变化。

2. Zeiss Ni007 水准仪

精密光学水准仪 Zeiss Ni007 的外形如图 5-5 所示，呈直立圆筒状，视线离地面比一般的卧式水准仪高，因而有利于减弱地面折光对视线的影响。该仪器是补偿式自动安平水准仪，当使用圆水准器将仪器概略整平以后，补偿器会自动将仪器视线精确整平。Ni007 圆水准器的格值为 8′/2mm，补偿器的补偿范围为 ±10′，因此，只要仪器的圆水准气泡偏离中心不超过 2mm，补偿器都能起作用，其补偿精度可达 ±0.15″，但在实际测量中，还是应该使圆水准气泡尽量居中。Ni007 的补偿器采用空气阻尼，稳定所需时间约为 1s。

Ni007 水准仪的标称精度介于 DS_{05} 系列与 DS_1 系列之间，望远镜物镜的有效孔径为 40mm，放大倍率为 31.5 倍，每千米往返测高差中数中误差可达 ±0.5mm，一般用于二等水准测量。该仪器与分格值为 5mm 的铟瓦水准标尺配套使用，标尺的基辅差为 606.50cm。测微器分划尺上刻有 100 分格，相应于标尺上 5mm，因此测微器的最小格值为 0.05mm。分划尺上每 10 个分划注记一个数字（从 0 到 10），单位为 mm，测微器可直接读至 0.1mm，估读到 0.01mm。图 5-6 是望远镜目镜视场和测微器读数显微镜中看到的影像。

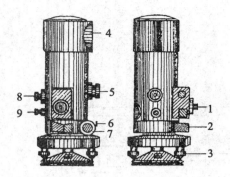

1—测微器；2—圆水准器；3—脚螺旋；
4—保护玻璃；5—调焦螺旋；
6—制动扳把；7—微动螺旋；
8—望远镜目镜；9—水平度盘读数目镜

图 5-5　Zeiss Ni007 水准仪

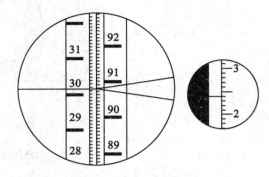

图 5-6　Ni007 水准仪读数

Ni007 的读数方法与其他精密水准仪相同，但是用这种仪器测得的视距和高差比实际情况扩大了 1 倍，所以除以 2 以后才是正确的值。

3. 苏-光 DS_{05} 水准仪

苏州一光仪器有限公司生产的精密光学水准仪 DS_{05} 的外形如图 5-7 所示。该仪器为补偿式自动安平水准仪，仪器物镜的有效孔径为 45mm，望远镜放大倍率为 38 倍，圆水准器灵敏度为 $10'/2mm$，补偿器工作范围为 $\pm15'$，最短视距 1.6m，每千米往返测高差中数中误差可达 $\pm0.5mm$，一般用于二等水准测量。该仪器有如下特点：采用摩擦制动，水平微动采用无限微动机构，仪器两侧均设置了微动手轮；补偿器采用交叉吊丝结构，采用空气阻尼，仪器上设有检查按钮，可随时检查补偿器的工作状态；测微机构由测微平板、测微尺及传动机构组成，并带有测微手轮和读数放大镜。该仪器的测微器分划尺上有 100 个分格，相当于水准尺上的 10mm，测微器分划尺的最小格值为 0.1mm。

DS_{05} 与分格值为 10mm 的因瓦水准标尺（如图 5-8 所示）配套使用，水准标尺上的读数分划线注记到厘米位，水准标尺的基辅差为 301.55cm。测量时，先将圆水准气泡居中，再照准水准标尺，转动测微螺旋使楔形丝准确夹准水准标尺上的读数分划线，读出前 3 位数，单位为 cm，再从测微器分划尺上读出后 3 位数，即毫米及以下的两位数，可以估读到 0.01mm，水准标尺最终的读数为两次读数之和。

苏州一光仪器有限公司新研制了精密水准仪 DS_{03}，该仪器采用自动补偿技术和内置编码器及数字电路处理的测微系统，标尺上前 3 位数字仍采用人工读数，而测微尺读数由显示屏直接显示，直读到 0.02mm，该仪器每千米往返测高差中数中误差可达 $\pm0.3mm$，可用于一等和二等水准测量。

5.1.2　数字水准仪及其使用

精密光学水准仪虽然精度高，但测量时都需人工进行精确照准和读数，易出现读数差错，且劳动强度大，效率低。自 20 世纪 70 年代起，在电子技术发展进步的基础上，人们一直在寻求利用电子技术制造出能自动读数的水准仪。1990 年 3 月，徕卡公司推出了世界上第一台实用的数字水准仪 NA2000，每千米往返测高差中数中误差为 $\pm1.5mm$；1991

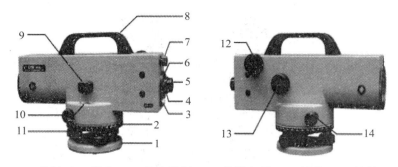

1—基座；2—度盘；3—检查按钮；4—目镜卡环；5—目镜；6—护盖；
7—读数目镜；8—提手；9—圆水准读数棱镜；10—圆水准器；11—安平手轮；
12—测微手轮；13—调焦手轮；14—水平微动手轮

图 5-7　苏-光 DS$_{05}$水准仪

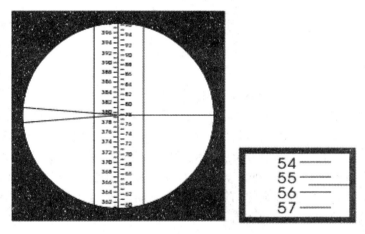

图 5-8　苏-光 DS$_{05}$水准仪读数

年，又推出了精密数字水准仪 NA3000，每千米往返测高差中数中误差为±0.3mm。此后，多家仪器公司都陆续推出了自己的数字水准仪，徕卡公司也推出了第二代高精度数字水准仪 DNA03。数字水准仪融电子技术、编码技术、图像处理技术于一体，具有速度快、精度高、操作简便、减轻作业员劳动强度、易于实现内外业一体化等优点。

数字水准仪与传统水准仪的不同之处主要在于采用编码图像识别处理系统和相应的编码图像标尺。编码标尺的图像如图 5-9 所示，左边是水准标尺的伪随机条码，该条码图像已事先被存储在数字水准仪中作为参考信号；右边是与它对应的区格式分划，为了便于理解，相关读数画在右边；下面是望远镜照准伪随机条码后截取的片段伪随机条码，该片段的伪随机条码成像在探测器上后，被探测器转换成电信号，即为测量信号。数字水准仪的图像识别系统由光敏二极管阵列探测器和相关的电子数字图像处理系统构成，编码图像标尺由宽窄不同和间隔不等的条码组成，所以又称为条码标尺。

当仪器整平并照准条码标尺后，视准线上下一定范围的标尺条码经仪器光学系统成像

图 5-9　编码标尺

在光敏二极管阵列探测器上(图 5-9 的虚线所围部分)。电子数字图像处理系统将阵列探测器接收到的图像转换成数字视频信号，再与仪器内预存的标准代码参考信号进行相关对比，移动测量信号使之与参考信号最佳符合，从而得到视线在标尺上的位置，经数字化后得到读数。比对上下丝的视频信号及条码成像的比例，便可以得到视距。当视距不同时，标尺条码在仪器内的成像大小不同，需放大或缩小视频图像至恰当的比例才能正确地进行对比。为迅速对比，由调焦螺旋的调焦位置提供概略视距。

数字水准仪读数的基本原理如图 5-10 所示。

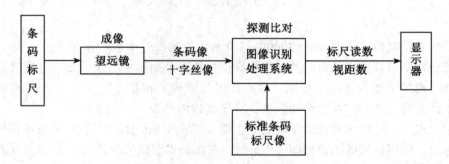

图 5-10　数字水准仪读数原理

1. Leica DNA03 水准仪

Leica DNA03 数字水准仪的外形如图 5-11 所示，键盘的结构如图 5-12 所示。DNA03 水准仪设计时充分使用了 TPS 系列仪器的成功技术，综合了 TPS700 仪器的一体化电池技术(包括充电)、显示、键盘设计、数据存储、数据格式等技术。面板设计与 TPS700 一

100

致，左边是一个 8 行的大屏幕液晶显示器，右边是由数字、字母及功能键组成的键盘，使用通用的公共设备电池和充电设备以及 PCMCIA 卡等，这些对熟悉 TPS 系列仪器的用户掌握 DNA03 水准仪是有利的。DNA03 还充分使用了 NA3003 系列的成功技术，比如，继续使用现行条形码标尺，在光学、机械设计及相关法处理信号上采用与 NA3003 相同的技术，在测量方法、数据存储与处理等方面也是相似的，这些对熟悉 NA3003 系列仪器的用户使用 DNA03 水准仪提供了足够的方便。

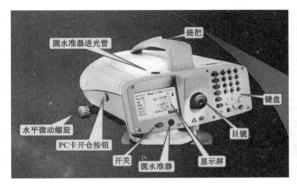

图 5-11　Leica DNA03 水准仪

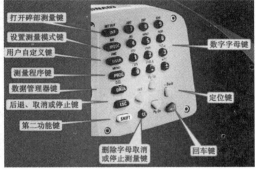

图 5-12　DNA03 键盘结构

DNA03 水准仪在仪器内部使用了磁阻补偿器，这样，地球大磁体对非磁性的仪器补偿系统就没有任何影响。在捕获标尺影像和电子数字读数方面，该仪器采用了一种对可见光敏感的高性能最新 CCD 阵列感应器，大大提高了在微暗光线下进行测量的作业距离和测量灵敏性的稳定度。进入仪器的光线一部分用于光学测量（光路），另一部分用于电子测量（CCD），由于电子测量用到的光谱属可见光范围，因此在黑暗的条件下进行测量时，白炽灯及卤灯等照明设备均可作为照亮标尺的光源。

DNA03 水准仪还有这样一些特点：左侧设计 PC 卡插槽，采用通用的 RS232 接口；右侧的测量键设置在中部，按测量键时可使仪器的晃动减少到最小；仪器的两侧都设置有水平驱动螺旋；圆水准气泡支撑台位于望远镜镜筒的底部，提高了气泡在气温变化下的稳定性。

DNA03 数字水准仪的技术参数：水准测量每千米高差中数中误差为 ±0.3mm；测程为 1.8～110m；距离测量标准差为 5mm；视场角为粗相关 2°/50m，精相关 1.1°，意指在 1° 的视场角范围内不要有任何遮挡，而 1° 范围以外的遮挡则不会影响测量精度。

DNA03 的测量模式有单一测量、平均测量、中间测量和预设标准差的平均测量等，此外，还有重复单一测量模式，即每一次测量都是一个完整的单一测量，使用这种测量模式时，使用者可以随时发现和研究测量环境的变化趋势。

单一测量的时间由三部分组成：①等待，1s 的等待时间是让补偿器稳定下来；②感光，感光时间需持续 0.5s（正常条件）到 1s（较差条件）左右，在这段时间里，仪器可完成 36 次扫描；③粗相关和精相关，粗相关和精相关一般需要 1.5s。因此，单一测量进行一次一般需要 3s，对重复测量模式，在第一次测量以后，每次测量时间会减少 1s，因为不再需要等待补偿器稳定下来。

2. Trimble Dini03 水准仪

Trimble Dini03 数字水准仪外观如图 5-13 所示,该仪器由望远镜、水准器、自动补偿系统、计算存储系统与显示系统组成,仪器的标称精度为每千米往返测高差中数中误差 ±0.3mm,可用于一等和二等水准测量。Dini03 数字水准仪的主要技术参数见表 5-1。

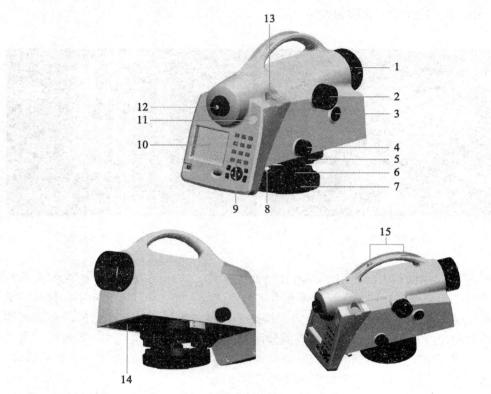

1—望远镜遮阳板;2—望远镜调焦旋钮;3—触发键;4—水平微调;5—刻度盘;
6—脚螺旋;7—底座;8—电源/通信口;9—键盘;10—显示器;11—圆水准气泡;
12—十字丝;13—可以动圆水准气泡调节器;14—电池盒;15—瞄准器

图 5-13 Trimble Dini03 水准仪

表 5-1 **Trimble Dini03 水准仪主要技术参数**

技 术 参 数 项 目	技 术 指 标
1km 往返测高差中数偶然中误差	0.3mm(铟钢条码尺),1.0mm(可折叠条码尺)
测量范围	1.5~100m
20m 距离测量精度	20mm(铟钢条码尺),25mm(可折叠条码尺)
最小显示单位(高程)	0.01mm
水平度盘	刻度值/估读值 1°/0.1°
一次观测时间	3s

技术参数项目	技 术 指 标
望远镜放大倍率	32 倍
物镜自由孔径	40mm
100m 距离视野范围	2.2m
补偿器补偿范围	±15′
整平精度	±0.2″
圆水准仪格值	8′/2mm
内存	约 30000 个测量数据
仪器尺寸	155mm ×235mm ×300mm
仪器重	3.5kg
工作温度	−20 ~+50℃
电池工作时间	3 天(未开照明灯)

图 5-14 所示为 Dini03 水准仪操作面板，水准仪的软件主菜单见表 5-2。可选择测量模式及测量程序，实现测量数据的自动采集、存储、处理和传输等。

1—开关键;2—测量键;3—后退键;4—Trimble 按键;5—α 键;6—导航键;7—回车键;8—退出键

图 5-14　Dini03 水准仪操作面板

在图 5-14 中，按键 1 用于仪器开机和关机；按键 2 用于开始测量；按键 3 用于输入前面输入过的内容；按键 4 用于显示 Trimble 功能菜单；按键 5 用于按键切换，按键情况在显示器上端显示；按键 6 用于通过菜单导航、上下翻页、改变复选框；按键 7 用于确认输入；按键 8 用于回到上一页。

表 5-2　　　　　　　　　　　　**Trimble Dini03 软件主菜单**

主菜单	子菜单	子菜单	描　　述
1. 文件	工程菜单	选择工程	选择已有工程
		新建工程	新建一个工程
		工程重命名	改变工程名称
		删除工程	删除已有工程
		工程文件复制	在两个工程间复制
	编辑器		编辑已存数据、输入数据、查看数据、输入改变代码列表
	数据输入/输出	Dini 到 USB	将 Dini 数据传输到数据棒
		USB 到 Dini	将数据棒数据传入 Dini
		USB 格式化	记忆棒格式化,注意警告信息
	存储器		内/外存储器,总存储空间,未占用空间,格式化内/外存储器
2. 配置	输入		输入大气折射、加常数、日期、时间
	限差/测试		输入水准线路限差(最大视距、最小视距高、最大视距高等信息)
	检验校正	Fosstner 模式	视准轴校正
		Nabauer 模式	视准轴校正
		Kukkamaki 模式	视准轴校正
		日本模式	视准轴校正
	仪器设置		设置单位、显示信息、自动关机、声音、语言、时间
	记录设置		数据记录、记录附加数据、线路测量、单点测量、中间点测量
3. 测量	单点测量		单点测量
	水准线路		水准线路测量
	中间点测量		基准输入
	放样		放样
	断续测量		断续测量
4. 计算	线路平差		线路平差

使用 Dini03 水准仪进行测量之前，需要通过主菜单进入配置菜单，设置时间、日期、测站限差，显示单位等信息，并进行仪器检验校正。仪器配置子菜单见表 5-3。

表 5-3   **Trimble Dini03 配置子菜单**

操　　作	显　　示
选择"配置"菜单	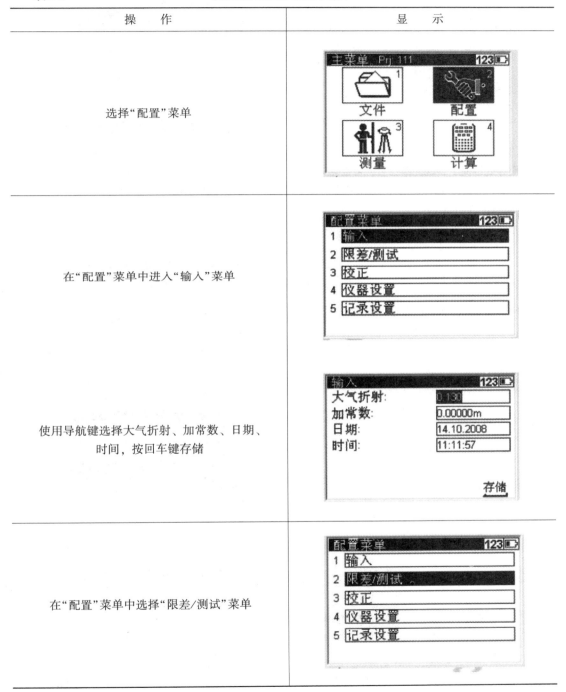
在"配置"菜单中进入"输入"菜单	
使用导航键选择大气折射、加常数、日期、时间，按回车键存储	
在"配置"菜单中选择"限差/测试"菜单	

操作	显示
用导航键选择最大视距、最小视距高、最大视距高，按回车键进入第二页	限差/测试 　　　　123 水准线路限差：　　　　　1/3 最大视距：　　100.000m 最小视距高：　0.00000m 最大视距高：　0.00000m 　　　　　　　　　　第二页
用导航键向下，翻到第二页，可以输入最大限差、选择或清除 30cm 检测	限差/测试 　　　　123 水准线路测试：　　　　　2/3 限差？　　　　一个测站 最大限差　　　0.00100m 30cm检测：　　✓ 　　　　　　　　　　第三页
向下翻到第三页，可以选择单站前后视距差、水准线路前后视	限差/测试 　　　　123 水准线路测试：　　　　　3/3 最大距离限差 单站前后视距差　5.0m 水准线路前后视　50m 　　　　　　　　　　存储
在"配置"菜单中选择"校正"菜单	配置菜单 　　　　123 1 输入 2 限差/测试 3 校正 4 仪器设置 5 记录设置
屏幕显示"旧值"/"新值"，校正时选择"地球曲率改正"和"大气折射改正"开或关，按回车键继续	校正 　　　　123 旧值：　　　　　　　新值： 　　　01.01.1900 　　　00:00:00 c_：　　　0.0" 地球曲率改正：□　　■ 大气折射改正：□　　□ 　　　　　　　　　　继续

106

操作	显示
选择"确定"或"取消"，继续或退出校正	校正 123 旧值 新值 提示 当完成i角校正后 不能继续已有的水准线路 确定 取消 继续
选择校正方法	校正模式 123 1 Forsther模式 2 Näbauer模式 3 Kukkamäki模式 4 Japanese模式
在"配置"菜单中选择"仪器设置"	配置菜单 123 1 输入 2 限差/测试 3 校正 4 仪器设置 5 记录设置
可以设置高度单位、输入单位、显示、自动关机	仪器设置 123 1/2 高度单位: m m 输入单位: m ft 显示(R): 0.00001m in 自动关机: 10分钟 第二页
下翻到第二页，可以选择声音开或关，输入语言、日期、时间	仪器设置 123 2/2 声音: ☑ 语言: Chinese 日期: DD.MM.YY 时间: 24小时 存储

操作	显示
在"配置"菜单中选择"记录设置"	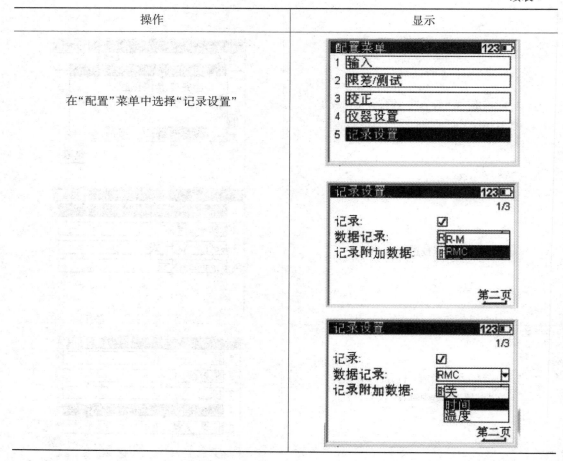

如图 5-15 所示,通过 Dini03 水准仪的按键可以进入图中所示菜单,可以进行多次测量、距离测量、放样等功能的设置。值得注意的是,并不是一次可以获得所有功能,所获功能与选择的程序有关。

Dini03 水准仪使用机械补偿器自动对仪器倾斜进行校正,补偿器的补偿范围为 ±15′,如果超过倾斜补偿范围,则在屏幕上端会显示不居中的气泡,如图 5-16 中的圆圈所示,提示仪器需重新整平。

图 5-15 Trimble 按键功能

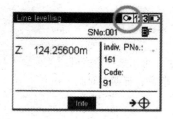

图 5-16 仪器倾斜显示

3. Trimble Dini03 水准仪的使用

数字水准仪的操作步骤基本上与自动安平水准仪相同，分为安置、粗平、瞄准、读数四个基本步骤：

安置：将脚架打开到适合观测的高度，并将螺旋拧紧，撑开脚架，保证架头大致水平，将仪器放在架头上并用中心连接螺旋拧紧。

粗平：调节脚架和脚螺旋，使圆水准器气泡居中。

瞄准：用十字丝竖丝照准条码水准尺中央，旋转调焦螺旋，使条码影像清晰稳定。

读数：按测量键，视距和水准尺中丝读数会自动显示在显示屏上。

使用 Dini03 水准仪可进行单点水准测量、水准路线测量、中间点测量、放样等。

（1）单点测量

如图 5-17 所示，单点测量是安置好仪器后，当不使用已知高时，直接测得水准尺读数和视距。测量时，通过主菜单进入"单点测量"功能，输入点号代码，按测量键开始测量，水准尺读数（R），水平距离（HD）就会直接显示在显示屏上，如图 5-18 所示。

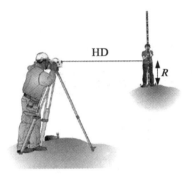

图 5-17　单点测量

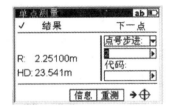

图 5-18　单点测量界面

（2）水准路线测量

如图 5-19 所示，当两固定点距离较长或高差大时，必须采用线路测量方法。单站高差测量出来后，经过累加即为线路高差。当输入起点高程和终点高程时，就可以计算出理论高差与实际高差的差值，即闭合差。

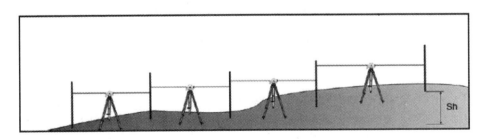

图 5-19　水准路线测量

测量时，通过主菜单进入"水准线路"菜单，设置新线路名称，选择测量模式，如图 5-20（a）所示；按回车键进入下一页，设置新线路起点名称、基准等，如图 5-20（b）所示；

瞄准水准尺，按测量键，则测量结果会显示在显示屏上，如图 5-20(c)所示，其中 Zi 为视线高程，Rb 为后视水准尺读数，HD 为视距；测量过程中，仪器会根据事先设置的限差自动判别，给出超限提示信息，选择"是"或"否"，储存或放弃储存测量数据，如图 5-20(d)所示，仪器同时也会按照事先设置好的测量模式提示观测者在本测站下一个观测的是前尺还是后尺；当所有测站测量完毕，可以选择结束水准路线测量，如图 5-20(e)所示；仪器将给出提示信息，是否闭合到已知高程点，不论选择"是"或者"否"，结束该水准路线后，屏幕都会给出该水准路线所测高差总和(Sh)以及前后视距差(Db、Df)，当选择闭合到已知点的情况下，结果还会包括水准路线闭合差(dz)，如图 5-20(f)所示。

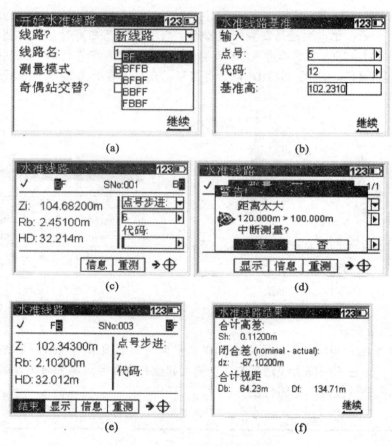

图 5-20 水准路线测量界面

（3）中间点测量

如图 5-21 所示，在已知高程点上的后视标尺测量完毕后，将望远镜瞄准未知点上的前视标尺进行测量，即可得出两点间高差，称为中间点测量。实际操作过程中，需通过主菜单进入"中间点测量"菜单，首先进行已知高程点数据信息的输入，然后瞄准已知高程点进行测量，并选择接受测量数据，之后再进行未知点的测量。

（4）高程放样

如图 5-22 所示，在已知高程点上的后视标尺测量完毕后，将望远镜瞄准放样点上的前视标尺进行测量，并可计算出放样点实测高程和设计高程的差值，依据这个差值可指导伺尺员上下移动水准尺，直到实测高程和设计高程的差值为零，实现高程放样工作。

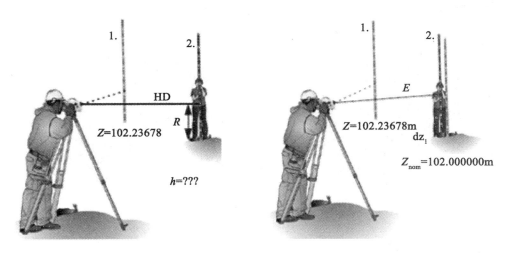

图 5-21　中间点测量　　　　　　　　图 5-22　高程放样

实际操作时，首先通过主菜单进入"放样"菜单，进行放样基准的输入，包括点名、高程等信息，然后瞄准已知高程点上的后视标尺，按测量键并接受测量结果，如图 5-23（a）所示；调用放样点，输入放样点信息，如图 5-23（b）所示，选择"继续"；瞄准放样点上的前视标尺，按测量键，如图 5-23（c）所示，选择"接受"并保存结果，根据偏移量，移动尺子直到 dz 满足要求为止，结束该点的放样工作。

图 5-23　高程放样界面

5.1.3　国产数字水准仪简介

1. 苏-光 EL03 水准仪

苏-光 EL03 是苏州一光仪器有限公司生产的高精度数字水准仪，该仪器每千米往返测高差中数中误差为±0.3mm，可用于一等和二等水准测量。该仪器有如下几个特点：采用了新型的电子读数系统，同时具有电子读数和人工读数功能；具有自动补偿功能，能有效地提高水准测量的效率；中文显示，图形窗口界面，可同时显示前后尺测量数据及差值；较多的数字键及功能键，操作简单；测量速度快，单次测量时间在 1s 左右；测程远，实际测程可达 110m 以上；内置 4G 数据存储卡，外带 4G SD 卡；可选蓝牙遥控器，或使用智能手机进行遥控测量；支持单点测量、多种线路测量、中间点测量、放样、连续测量、线路平差等功能，后处理软件可用于水准网平差。苏-光 EL03 数字水准仪如图 5-24 所示。

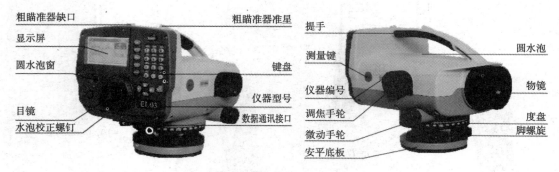

图 5-24　苏-光 EL03 水准仪

苏-光 EL03 的主要技术参数如下：

高程测量精度（每千米往返标准偏差）：电子读数（铟瓦条码标尺），±0.3mm；电子读数（普通条码标尺）±1.0mm；光学读数，±1.5mm。

测距精度：$D \leq 10m$，$< \pm 10mm$；$10m < D \leq 50m$，$\pm 0.1\% \times Dmm$；$D > 50m$，$\pm 0.15\% \times Dmm$。

有效测程：$2 \sim 110m$。

测量时间（单次）：1s。

最小显示：高差，0.01mm；距离，1mm。

望远镜：放大倍率为 30 倍，有效孔径为 45mm，视场角为 1°30′，分辨率为 3.75″。

补偿器：补偿范围为 ±14′，补偿误差为 0.2″，安平误差 0.3″。

圆水准器：8′/2mm。

水平度盘：360°/400G。

显示器：背景光，6 行中文显示，可同时显示读数、距离、高差。

内置数据存储：内置 4G，外带 SD 卡（4GB）。

重量（含电池）：小于 3.1kg。

通讯接口：RS-232。

防尘防水标准：IP54（含电池）。

工作温度：$-20 \sim +50$℃。

存储温度：$-40 \sim +70$℃。

电源系统：充电电池，工作 12h 以上。

EL03 数字水准仪采用点阵液晶显示屏（LCD），可以显示 6 行中文，仪器系统功能的显示随界面的不同而变化，各界面显示的主要功能如图 5-25 所示。

EL03 数字水准仪的操作面板上有数字键及功能键共 24 个，其主要功能如表 5-4 所示。

主菜单屏幕　　　　　　　　配置菜单屏幕

功能键屏幕　　　　　　　　文件管理屏幕

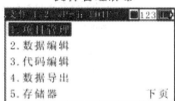

距离测量屏幕　　　　　　　线路测量屏幕

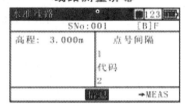

图 5-25　各界面显示的主要功能

表 5-4　　　　　　　　　　　　　　面板按键的功能

按键	第一功能	第二功能
POWER	电源开/关	
ESC	退出各种菜单功能	
MEAS	开始测量	
Shift	按键切换、按键情况在显示器上端显示	
Bs	删除前面的输入内容	
Func	显示功能菜单	
↵	确认输入	
,	输入逗号	输入减号
.	输入句号	输入加号
0~9	输入相应的数字	输入对应字母以及特殊符号
▲▼◄►	通过菜单导航	上下翻页改变复选框

　　使用 EL03 数字水准仪进行测量之前，需要通过软件主菜单进入各个子菜单，对测量文件及有关信息进行设置，选择所需的水准测量模式。软件主菜单和子菜单如表 5-5 所示。

表 5-5 　　　　　　　　　　　　苏-光 EL03 软件菜单

主菜单	子菜单	子菜单	描　　述
1. 文件	项目管理	选择项目	选择已有项目
		新建项目	新建一个项目
		项目重命名	改变项目名称
		删除项目	删除已有项目
	数据编辑	数据浏览	查看数据、编辑已存数据
		数据输入	输入数据
		数据删除	删除数据
		数据导入	数据从 PC 到仪器
	代码编辑		输入改变代码列表
	数据导出		仪器数据导出到 PC
	存储器		内/外存储器切换，格式化内存储器
	项目输出转换		选择项目直接转换成 CSV 格式
	USB		用 USB 数据线直接读取内存储器内容
2. 配置	输入		输入大气折射、加常数、日期、时间
	限差/测试		输入水准线路等级(一等到四等，自定义)，限差(最小视距、最大视距、最小视距高、最大视距高)，水准路线测试限差、最大限差、单站前后视距差、线路前后视距差
	校正		校正视准轴
	仪器设置		设置单位、显示信息、自动关机、声音、日期、时间格式、语言、蓝牙
	记录设置		记录、数据记录、记录附加数据、线路测量、单点测量、中间点测量、起始点号、点号递增
	蓝牙设置		蓝牙搜索、配对
3. 测量	单点测量		单点测量
	水准线路		水准线路测量
	中间点测量		基准输入
	放样		放样
	连续测量		连续测量
4. 计算	线路平差		线路平差

2. 南方 DL03 水准仪

南方 DL03 是国产高精度数字水准仪，该仪器每千米往返测高差中数中误差为 ±0.3mm，可用于一等和二等水准测量。该仪器采用徕卡优良的水准仪补偿模式，关键部件采用进口材料，并带温度补偿，在全温度范围内能够达到较高的补偿精度，还具有密封防尘、操作简便、结构紧凑、外形美观等特点，丰富的内置软件可满足水准测量数据处理的需要。DL03 的外观如图 5-26 所示。

图 5-26　南方 DL03 水准仪

南方 DL03 数字水准仪的主要技术参数如下：

高程测量精度（每千米往返标准偏差）：铟瓦条码标尺，±0.3mm；普通条码标尺，±1.0mm；光学读数，±2.0mm。

测距精度：$D<10m$，$<±10mm$；$D>10m$，$±0.001×D$mm；标准偏差，5mm/10m。

测距范围：电子，1.8~110m；光学，≥0.6m。

测量时间（单次）：3s。

最小显示：高差，0.01mm；距离，1cm。

测量模式：单次、重复、均值、中值。

测量程序：BF、BBFF、BFFB、往返测、单程双转点、沉降观测。

编码：标注、自由编码。

数据存储：点号，递增/自定义；接口，USB；外部存储 SD 卡采用 FAT32 格式，4G。

数据备份：Micro SD 卡。

望远镜：放大倍率为 32 倍，有效孔径为 40mm，视场角为 1°20′。

补偿器：磁阻尼补偿器，补偿范围>10′，补偿误差为 0.2″。

圆水准器：8′/2mm。

显示器：LCD，带照明，160×96 像素，可以显示 8 行汉字。

外形尺寸：230mm×146mm×210mm。

重量（含电池）：2.7kg。

工作温度：−20~+50℃。

存储温度：−40~+70℃。

防尘防水标准：IP54。

使用时间：标配电池 1400mAh，工作 10h。

5.2 精密水准仪和水准标尺的检验

精密水准仪和水准标尺使用一段时间以后，各部件性能及相互间的关系都会发生不同程度的变化，如果这些变化不能被及时发现，将对精密水准测量成果的质量产生影响。因此，为了保证水准测量成果的质量，应按《国家一、二等水准测量规范》的要求，对所用的精密水准仪和水准标尺进行定时和定期的检验，掌握水准仪和水准标尺所含误差的大小和性质，分析其影响规律，从而在水准测量中采取相应的措施，消除和减弱这些误差对水准测量成果的影响。

5.2.1 水准仪检验

精密水准仪检验的项目较多，按《国家一、二等水准测量规范》规定，作业前，应对以下几个项目进行检验：①水准仪检视；②圆水准器检校；③光学测微器隙动差和分划值的测定；④水准仪 i 角误差和交叉误差的检校；⑤双摆位自动安平水准仪（如 Zeiss Ni002）摆差 $2C$ 的测定。对于新购置的精密水准仪，检验项目还包括：调焦透镜运行误差的测定，微倾螺旋隙动差、分划误差和分划值的测定，自动安平水准仪补偿误差和磁致误差的测定。用于跨河水准测量的水准仪，还应进行符合水准器分划值的测定。下面选择其中几个项目，介绍其检验方法，其他项目的检验方法可参考相关文献。

1. 水准仪检视

水准仪检视是指对其外观进行检查和评价，检视内容包括：各部件是否清洁，有无碰伤、污点、脱胶等现象；各部件有无松动，各转动部件是否转动灵活，制动螺旋的功能是否正常；望远镜目镜和物镜的调焦性能是否正常，视场是否明亮、清晰；测微器分划尺的刻画和数字注记是否清晰；自动安平水准仪的补偿器是否正常，有无粘摆现象；仪器附件和备用零件是否齐全。

2. 圆水准器检校

圆水准器的检校方法是：用脚螺旋将水准气泡调到中央，旋转仪器 180°，此时若气泡偏离中央，则用脚螺旋改正偏差的一半，用水准器校正螺丝改正另一半，使气泡回到中央。如此反复，直到仪器无论旋转到任何方向，气泡始终处于居中位置。

3. i 角误差和交叉误差的检校

水准仪的视准轴与水准轴应满足相互平行，这样在水准器气泡居中时，视准轴就处于水平状态。但是，视准轴与水准轴相互绝对平行的关系是难以做到的，相互平行的关系也是不易长期保持的，所以在每期作业前和作业期间都要进行此项检校。

水准仪的水准轴与视准轴一般既不在同一平面内，也不会严格互相平行，而是两条空间直线，它们在垂直面上和水平面上的投影都是两条相交的直线，其中在垂直面上投影的交角称为 i 角误差，在水平面上投影的交角称为交叉误差。

（1）i 角误差的检校

i 角误差测定的方法很多，但基本原理都是相同的，都是利用 i 角对水准标尺读数的影响与距离成比例这一特点，比较在不同距离情况下水准标尺上读数的差别，进而求出 i 角。

如图 5-27 所示，在较平坦的地面上选择 J_1、A、B、J_2 四个点，四个点位于一条直线上，相邻点间距离为s。在A点和B点安放尺垫和水准尺，在J_1点上安置水准仪，测得A点和B点上水准尺的读数分别为a_1和b_1，假设水准仪的水平视线($i=0$)在水准尺上的正确读数分别为a_1'和b_1'，则由于i角误差引起水准尺的读数误差分别为Δ和2Δ。同样，在J_2点上安置水准仪，测得A点和B点上水准尺的读数分别为a_2和b_2，假设正确读数分别为a_2'和b_2'，则由于i角误差引起水准尺的读数误差分别为2Δ和Δ。

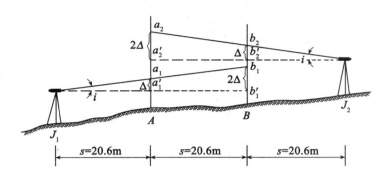

图 5-27 i 角误差的检校

在测站J_1和J_2上测得A、B两点间的正确高差h_1'和h_2'分别为

$$h_1' = a_1' - b_1' = (a_1 - \Delta) - (b_1 - 2\Delta) = a_1 - b_1 + \Delta \tag{5-1}$$

$$h_2' = a_2' - b_2' = (a_2 - 2\Delta) - (b_2 - \Delta) = a_2 - b_2 - \Delta \tag{5-2}$$

如不顾及其他误差的影响，则$h_1' = h_2'$，由式(5-1)、式(5-2)可得

$$2\Delta = (a_2 - b_2) - (a_1 - b_1) = h_2 - h_1 \tag{5-3}$$

式中，h_1，h_2分别为水准仪安置在J_1和J_2点上测得的A、B两点间的高差。由式(5-3)可得

$$\Delta = \frac{1}{2}(h_2 - h_1) \tag{5-4}$$

由图 5-27 可知

$$\Delta = \frac{i''}{\rho''}s \tag{5-5}$$

所以有

$$i'' = \frac{\rho''}{s}\Delta \tag{5-6}$$

为了简化计算，i角误差测定时，通常使$s=20.6\text{m}$，Δ以mm为单位，则

$$i'' = 10\Delta \tag{5-7}$$

《国家一、二等水准测量规范》规定，用于精密水准测量的仪器，如果i角大于$15''$，则需要进行校正。校正可在J_2测站上进行，先求出A点水准尺上的正确读数a_2'，有

$$a_2' = a_2 - 2\Delta \tag{5-8}$$

对微倾式光学水准仪，可使用测微螺旋和微倾螺旋，使A点水准尺上的读数为a_2'，此时水准器气泡影像分离，校正水准器的上、下改正螺旋，使气泡两端影像恢复符合，然后检查B点水准尺上的读数是否正确(其正确读数应为$b_2' = b_2 - \Delta$)，如不正确，应反复进行检查校正。在校正水准器的改正螺旋时，应先松开一个改正螺旋，再拧紧另一改正螺

旋，不可将上、下两个改正螺旋同时拧紧或同时松开。

对自动安平光学水准仪，可通过分划板微量移动加以校正。先旋开目镜上的黑色校正孔盖，拿掉密封圈，再用校正针调整十字孔螺丝，直到水平丝位于 A 点水准尺上的正确读数 a'_2 处，然后装上密封圈，旋上校正孔盖。应注意，用校正针调整十字孔螺丝时，螺丝最后一圈应为顺时针方向旋转。

按上述方法测定 i 角时，当仪器照准近尺再照准远尺时，受仪器调焦透镜运行误差的影响，视准轴会发生一些变化，测定的 i 角将存在误差。调焦透镜运行误差对 i 角的影响是比较大的，甚至可能达到 i 角允许值的一半，如果顾及调焦透镜运行误差对测定 i 角的影响，仪器距近尺的距离 s_A 宜取 $5 \sim 7\text{m}$，距远尺的距离 s_B 宜取 $40 \sim 50\text{m}$，则水准仪 i 角误差的计算公式为

$$i = \frac{\Delta}{s_B - s_A} \rho'' - 1.61 \times 10^{-5} (s_B + s_A) \tag{5-9}$$

式中，$\Delta = [(a_2 - b_2) - (a_1 - b_1)]/2$；$s_A$、$s_B$ 以 m 为单位。

《国家一、二等水准测量规范》规定，在作业开始后的一周内，对于具有微倾螺旋装置的微倾式精密水准仪，要求每天上午、下午各检校 i 角误差一次，若确认 i 角较为稳定，以后可每隔 15 天检校一次。为减小温度变化对 i 角误差的影响，i 角误差的检校最好选择在阴天或阴凉的地方进行。

（2）交叉误差的检校

水准仪经过 i 角误差的检校后，视准轴与水准轴在垂直面上的投影已处于基本平行关系，但还不能保持在水平面上的投影平行，还可能存在交叉误差。如果有交叉误差存在，当仪器垂直轴略有倾斜时，特别在与视准轴正交的方向上发生倾斜时，即使水准轴水平，视准轴也不会水平，从而产生了 i 角误差，该 i 角是由交叉误差在垂直轴倾斜时转化而形成的。

如果水准仪存在交叉误差，则整平仪器后，使仪器绕视准轴左右倾斜时，水准气泡就会发生移动，交叉误差就是根据这一特征进行检校的。具体步骤如下：

①如图 5-28 所示，在相距约 50m 处分别安置水准仪和水准标尺，使水准仪其中两个脚螺旋(如图中的 1、2)的连线与视准轴方向近似垂直。

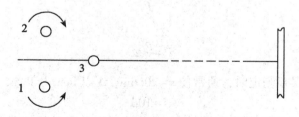

图 5-28　交叉误差的检校

②将仪器整平，旋转倾斜螺旋，使水准气泡精密符合。用测微螺旋使楔形丝夹准水准标尺上的一条分划线，并记录水准标尺与测微器分划尺上的读数。在整个检验过程中，需保持水准标尺和测微器分划尺上的读数不变，也就是在检验过程中应保持视准轴方向不变。

③将照准方向一侧的脚螺旋 1 升高两周，为了不改变视准轴的方向，应将另一侧的脚

螺旋 2 作等量降低，保持楔形丝仍夹准水准标尺上原来的分划线。这时，仪器垂直轴倾斜。观察并记录水准气泡的偏移方向和大小。

④旋转脚螺旋 1、2 回到原来位置，使楔形丝在夹准水准标尺上原分划线的条件下，水准气泡两端恢复符合的位置。

⑤将脚螺旋 2 升高两周，脚螺旋 1 作等量降低，使楔形丝夹准水准标尺上的原分划线，此时仪器相对于步骤③向另一侧倾斜，观察并记录水准气泡的偏移方向和大小。

根据仪器先后两侧倾斜时水准气泡偏移的方向与大小，分析判断视准轴与水准轴的相互关系。可能出现这样几种情况：当垂直轴向两侧倾斜时，水准气泡的影像仍保持符合，则仪器不存在 i 角误差和交叉误差；若水准气泡同向偏移且偏移量相等，则仅有 i 角误差，而没有交叉误差；若同向偏移但偏移量不相等，则 i 角误差大于交叉误差；若异向偏移且偏移量不相等，则交叉误差大于 i 角误差；若异向偏移且偏移量相等，则仅有交叉误差，而没有 i 角误差。

根据上述观察和分析，若仪器垂直轴向两侧倾斜，水准气泡有异向偏移情况，则有交叉误差存在。水准测量规范规定偏移量大于 2mm 时，应进行交叉误差的校正。校正的方法是：先将水准器侧方的一个改正螺旋松开，再拧紧另一侧的一个改正螺旋，使水准气泡向左右移动，直至气泡影像符合为止。应该注意，当同时存在交叉误差和 i 角误差时，为了便于校正交叉误差，应先校正好 i 角误差。

（3）Dini03 水准仪 i 角误差检校

Dini03 水准仪在主菜单的配置子菜单内设置了校正功能，有 4 种校正方法可选，即 Fosstner 模式、Nabauer 模式、Kukkamaki 模式和日本模式。

①Fosstner 模式：如图 5-29 所示，在距离 45m 的地方安置两把水准尺，将距离分成相等的 3 段，将水准仪安置在测站 1 和测站 2，分别测量两把水准尺的读数。

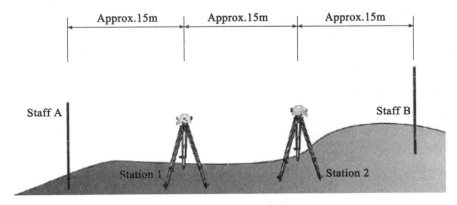

图 5-29　Fosstner 模式

②Nabauer 模式：如图 5-30 所示，将两把水准尺安置在相距约 15m 的地方，分别在水准尺延长线两端各 15m 的地方安置水准仪，测量水准尺的读数。

③Kukkamaki 模式：如图 5-31 所示，在相距约 20m 的地方安置水准尺，先在两尺中间安置水准仪测量水准尺的读数，然后在两尺的延长线外约 20m 的地方安置水准仪，测量水准尺读数。

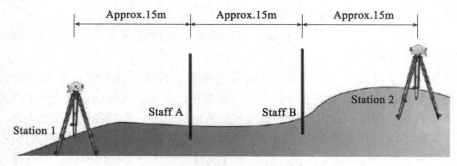

图 5-30　Nabauer 模式

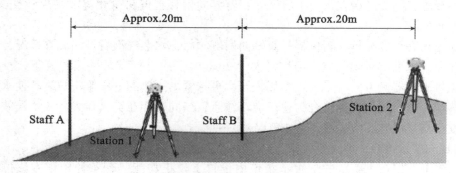

图 5-31　Kukkamaki 模式

④日本模式：与 Kukkamaki 模式大致相同，不同的是，A、B 两水准尺的距离约 30m，先在两尺中间安置水准仪测量水准尺的读数，然后在 A 尺后约 30m 的地方设站观测。

下面以 Fosstner 模式为例，阐述 Dini03 水准仪 i 角误差的检校过程：

进入仪器"配制"子菜单，选择校正方法为 Fosstner 模式。首先将水准仪安置在测站 1，分别瞄准 A 尺、B 尺进行测量，然后将仪器搬到测站 2，再分别瞄准 B 尺、瞄准 A 尺进行测量，之后屏幕将显示检验结果，如图 5-32(a) 所示，如果接受新值按回车键确定。如图 5-32(b) 所示，依据仪器提示，将 A 尺的另一面转过来或换一个带有刻度的水准尺进行读数，如果所读数据与实际相差 2mm 以上，则需进行校正。校正时，如图 5-32(c) 所示，打开目镜下面的橡皮塞进行调节，直到理论读数与实际读数相等为止。

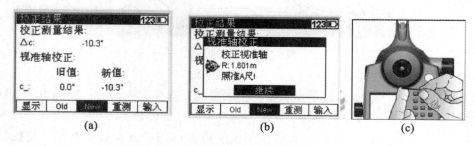

图 5-32　i 角误差的 Fosstner 模式检校界面

5.2.2 水准标尺检验

按《国家一、二等水准测量规范》规定，作业前应对精密水准标尺进行有关项目的检验，包括：①标尺的检视；②标尺上圆水准器的检校；③标尺分划面弯曲差的测定；④标尺每米真长误差的测定；⑤标尺尺带拉力的测定；⑥一对水准标尺零点差的测定；⑦水准标尺基辅差的测定。其中，④、⑤两项应送有关检定部门检验，其余项目可由测量人员检验。

1. 水准标尺的检视

检视标尺结构是否完好、钢瓦带尺与尺身的连接是否牢固、标尺扶尺环转动是否灵活、标尺底板有无损坏、标尺圆水准器是否完好等，还应检视标尺的刻画线和注记是否粗细均匀、清晰、有无异常伤痕、能否读数。

2. 标尺上圆水准器的检校

水准测量要求标尺垂直竖立，否则将产生测量误差。标尺垂直与否是依据标尺上圆水准器气泡是否居中来衡量的，因此，圆水准器安置是否正确，即圆水准器轴与标尺轴线是否平行，应加以检校。检校的方法是：先将水准仪整平，在距水准仪约50m处竖立水准标尺。扶尺员按观测员的指挥，使水准尺的边沿与水准仪的十字丝竖丝重合，观察气泡是否居中，如不居中，使用校正针调整圆水准器的校正螺丝使气泡居中。再将水准尺转90°，使水准尺边沿与竖丝重合，观察气泡是否居中并校正。如此反复进行多次，直至上述两个位置的水准尺边沿与竖丝重合，圆水准器气泡均居中为止。进行此项检验时，首先应保证水准仪十字丝的状态是正确的，即竖丝应是垂直的，否则，应先校正水准仪十字丝。

3. 水准标尺分划面弯曲差的测定

水准标尺分划面的弯曲差是指分划面两端点的直线中点至分划面的距离，用于表示水准标尺分划面的弯曲程度。分划尺面如有弯曲，将使标尺读数产生误差。弯曲差的测定方法是：在水准标尺的两端点引张一条细线，量取细线中点至分划面的距离，即为标尺的弯曲差。

设标尺分划面长度为 l，分划面两端点间的直线长度为 L，则尺长变化 $\Delta l = l - L$。若测得分划面的弯曲差为 f，可导得尺长变化 Δl 与弯曲差 f 的关系为

$$\Delta l = \frac{8f^2}{3l} \tag{5-10}$$

设标尺分划面的名义长度 $l = 3\text{m}$，若测得 $f = 4\text{mm}$，可求得 $\Delta l = 0.014\text{mm}$，则影响每米分划平均真长为 0.005mm，这对高差观测值会产生系统性的影响。规范规定，对于线条式钢瓦水准标尺，弯曲差 f 不得大于4mm，超过此限值时，应对水准标尺施加尺长改正。

4. 水准标尺每米真长误差的测定

在测量作业开始前，应对精密水准标尺进行每米真长误差的检验，取一对水准标尺检定结果的中数作为一对水准标尺平均每米真长。一对水准标尺的平均每米真长与名义长度1m之差称为每米真长误差。

《国家一、二等水准测量规范》规定，用于精密水准测量的水准标尺，如果一对水准标尺的每米真长误差大于 0.1mm，就不能用于作业，当一对水准标尺每米真长误差大于0.02mm时，就应对水准测量的观测高差施加每米真长误差的改正 δ，从而得到改正后的

高差 h'，即

$$h' = h + \delta = h + fh \qquad\qquad (5\text{-}11)$$

式中，h 以 m 为单位；f 以 mm/m 为单位。

水准标尺的每米真长误差应由专门的检定单位进行检验。作为现代钢瓦水准标尺的尺长检定设备，我国已引进美国休利特-帕卡德公司生产的双频激光干涉仪，分别安装在北京、哈尔滨和成都等地，我国也于 1984 年在国家地震局研制了水准标尺双频激光干涉检定器。

5. 一对水准标尺零点差的测定

水准标尺的注记是从底面算起的，对于分格值为 10mm 的精密钢瓦水准尺，如果从底面至第一分划线的中线的距离不是 1dm，则其差数叫做零点误差。两把水准标尺的零点误差之差称为一对水准标尺的零点差，当水准标尺存在这种误差时，在水准测量一个测站的观测高差中就含有这种误差的影响，而在相邻两测站所得观测高差之和中，这种误差的影响就被抵消了，因此，在水准路线测量中，应将每个测段安排成偶数测站。

6. 水准标尺基辅差的测定

在同一视线高度时，水准标尺上的基本分划与辅助分划的读数差称为基辅差，也称为尺常数。水准标尺的基辅差名义值不可能与其实际值严格相同，但其差值不应超过 0.05mm，如果超过这个限值，则应在作业中采用基辅差实际测定值来检核基辅分划的读数差。基辅差的测定方法为：在距水准仪一定距离（一般为 20 ~30m）处打下 3 根木桩，3 根木桩顶面高差约为 20cm；依次将两根水准标尺立于每一木桩上，水准仪精平后，用光学测微法对基本分划和辅助分划各照准和读数 3 次，在此过程中不得变动望远镜焦距，以上为一测回；应观测 3 测回，测回之间应变更仪器高度。

5.3 水准路线测量

5.3.1 水准路线测量的实施

1. 测站观测程序

采用光学水准仪往测时，奇数测站照准水准标尺的顺序为：①后视标尺的基本分划；②前视标尺的基本分划；③前视标尺的辅助分划；④后视标尺的辅助分划。这样的观测程序简称为"后—前—前—后"。偶数测站照准水准标尺顺序为：①前视标尺的基本分划；②后视标尺的基本分划；③后视标尺的辅助分划；④前视标尺的辅助分划。这样的观测程序简称为"前—后—后—前"。

采用光学水准仪返测时，每站的观测程序与往测相反，即奇数站采用"前—后—后—前"，偶数站采用"后—前—前—后"的观测程序。

采用数字水准仪往测时，奇数测站照准水准标尺的顺序为：①后视标尺；②前视标尺；③前视标尺；④后视标尺。偶数测站照准水准标尺顺序为：①前视标尺；②后视标尺；③后视标尺；④前视标尺。

采用数字水准仪返测时，每站的观测程序与往测相反，即奇数站采用"前—后—后—前"，偶数站采用"后—前—前—后"的观测程序。

2. 测站的操作程序

(1)光学水准仪观测

按光学测微法进行观测,以往测奇数测站为例,一个测站的操作程序如下:

①整平仪器:微倾式水准仪望远镜绕垂直轴旋转时,水准气泡两端影像的分离不得超过1cm,对于自动安平水准仪,要求圆水准气泡位于指标圆环中央。

②将望远镜照准后视标尺,使楔形平分线(楔形丝)位于后视标尺的基本分划上,将符合水准气泡两端影像精确符合,转动测微螺旋使楔形平分线精确照准标尺的基本分划,先分别读取十字丝上丝和下丝的读数(视距读数),再读取标尺基本分划和测微器分划尺的读数(中丝读数)。视距读数时,上丝和下丝都读取4位数,其中前3位数(读至cm位)由水准标尺上准确读取,第4位数(mm位)估读。

③旋转望远镜照准前视标尺,使楔形平分线位于前视标尺的基本分划上,将符合水准气泡两端影像精确符合,用楔形平分线精确照准标尺的基本分划,先读取标尺基本分划和测微器分划尺的读数,再分别读取十字丝上丝和下丝的读数。

④转动水平微动螺旋,使楔形平分线移动到前视标尺的辅助分划上,将符合气泡两端影像精确符合,用楔形平分线精确照准标尺的辅助分划,读取标尺辅助分划和测微器分划尺的读数。

⑤旋转望远镜,照准后视标尺,使楔形平分线位于后视标尺的辅助分划上,将符合水准气泡两端影像精确符合,用楔形平分线精确照准标尺的辅助分划,读取标尺辅助分划和测微器分划尺的读数。

(2)电子水准仪观测

以奇数站为例,一个测站的操作程序如下:

①整平仪器:要求圆水准气泡位于指标圆环中央。

②将望远镜对准后视标尺,用十字丝竖丝照准条码中央,将物镜精确调焦至条码影像清晰,按"测量"键,水准仪显示读数。

③旋转望远镜照准前视标尺条码中央,将物镜精确调焦至条码影像清晰,按"测量"键,水准仪显示读数。

④重新照准前视标尺条码中央,按"测量"键,水准仪显示读数。

⑤旋转望远镜,照准后视标尺条码中央,将物镜精确调焦至条码影像清晰,按"测量"键,水准仪显示读数。显示测站成果,测站限差检核合格后迁站。

3. 测站观测记录和计算

对于一、二等水准测量的外业测量数据,按记录载体分为手簿记录和电子记录两种,应优先采用电子记录。

每测段的始、末,工作间歇的前、后及观测中气候变化时,应记录观测日期、时间、气象条件。使用光学水准仪时,每测站记录的内容包括:上丝、下丝对前后标尺的读数,楔形平分线对前后标尺基、辅分划的读数。使用数字水准仪时,每测站应记录前、后标尺的视距和视线高读数。

表5-6为精密水准测量的外业测量记录和计算手簿,其中第(1)~(8)栏是读数的记录部分,(9)~(18)栏是计算部分,下面以往测奇数测站的观测程序为例,来说明计算内容

与计算步骤。

表 5-6　　　　　　　　　　　　　**精密水准测量外业观测记录与计算手簿**

测自_____至_____　　　　　　　　　　　年　　月　　日
时间　始___时___分　末___时___分　　　　　成　　像_____
温度_____　云量_____　　　　　　风向风速_____
天气_____　土质_____　　　　　　太阳方向_____

测站编号	后尺	下丝	前尺	下丝	方尺及向号	标　尺　读　数		基+K减辅（一减二）	备考
		上丝		上丝		基本分划（一次）	辅助分划（二次）		
	后距		前距						
	视距差 d		$\sum d$						
	（1）		（5）		后	（3）	（8）	（14）	
	（2）		（6）		前	（4）	（7）	（13）	
	（9）		（10）		后—前	（15）	（16）	（17）	
	（11）		（12）		h	—		（18）	
					后				
					前				
					后—前				
					h				

视距部分的计算：

$$（9）=（1）-（2）$$
$$（10）=（5）-（6）$$
$$（11）=（9）-（10）$$
$$（12）=（11）+前站（12）$$

高差部分的计算与检核：

$$（14）=（3）+K-（8）$$
$$（13）=（4）+K-（7）$$
$$（15）=（3）-（4）$$
$$（16）=（8）-（7）$$
$$（17）=（14）-（13）=（15）-（16）（检核）$$
$$（18）=[（15）+（16）]/2$$

式中，K 为水准标尺的基辅差。

5.3.2　作业规定与测站限差要求

1. 作业的一般规定

根据水准测量中各种误差的性质及其影响规律，《国家一、二等水准测量规范》对精密水准测量的实施做出了严格的规定，目的在于尽可能消除或减弱各种误差对测量成果的影响。

①精密水准测量采用单路线往返观测，同一测段的往返测应使用相同的仪器、标尺和转点尺垫，沿同一路线进行。

②要选择有利的观测时间，使标尺在望远镜中成像清晰、稳定。一般情况下，在日出后半小时至正午前两小时、正午后两小时至日落前半小时进行观测。在观测前30分钟，应将仪器置于露天阴影处，使仪器与外界气温趋于一致。观测时，应用测伞遮蔽阳光，迁站时，应罩上仪器罩。

③在连续各测站上安置水准仪时，应使其中的两个脚螺旋与水准路线方向平行，第三个脚螺旋轮换置于路线方向的左侧与右侧。仪器距前、后视水准标尺的距离应尽量相等，其差值应小于相应等级水准规定的限值，例如，二等水准测量中，一测站前、后视距差应小于1.0m，前、后视距累积差应小于3m，以便消除或减弱与距离有关的误差对观测高差的影响，如 i 角误差和垂直折光等影响。对微倾式水准仪，观测前应测出微倾螺旋的置平零点，并作标记，随着气温变化，应随时调整置平零点的位置。对于自动安平水准仪，圆水准器气泡应尽量处于居中位置。

④在同一测站上观测时，不得两次调焦；转动仪器的微倾螺旋和测微螺旋，其最后旋转方向均应为旋进，以避免微倾螺旋和测微器隙动差对观测成果的影响。在两相邻测站上，应按奇、偶数测站的观测程序进行观测，往测时，奇数测站按"后—前—前—后"、偶数测站按"前—后—后—前"的观测程序交替进行；返测时，奇数测站与偶数测站的观测程序与往测时相反，即奇数测站由前视开始，偶数测站由后视开始。这样的观测程序可以消除或减弱与时间成比例均匀变化的误差（如 i 角的变化和仪器的垂直位移）对观测高差的影响。

⑤每一测段的水准路线应进行往测和返测，这样，可以消除或减弱性质相同、正负号也相同（如水准标尺垂直位移）的误差影响。每一测段的往测与返测，其测站数均应为偶数，由往测转向返测时，两水准标尺应互换位置，并应重新整置仪器。在水准路线每一测段上将仪器测站数安排成偶数，可以消除或减弱一对水准标尺零点差等误差对观测高差的影响。同时，要求一个测段的往测和返测应在不同的气象条件下进行，如分别在上午和下午观测。

⑥测量工作间歇时，最好能结束在固定的水准点上，否则，应选择两个坚稳可靠、光滑突出、便于放置水准标尺的固定点，作为间歇点加以标记，间歇后，应对两个间歇点的高差进行检测，检测结果如符合限差要求（如二等水准测量规定检测间歇点高差之差应≤1.0mm），就可以从间歇点起测。若仅能选定一个固定点作为间歇点，则在间歇后应仔细检视，确认没有发生任何变化，方可由间歇点起测。

2. 测站限差要求

精密水准测量中，需要严格对每一测站的测量成果进行检核，检核通过后方可迁站。采用光学水准仪进行测量时，测站上的有关测量限差要求见表5-7。

表 5-7   **光学水准仪测站限差要求**

等级	仪器系列	视线长度(m)	前、后视距差(m)	前、后视距累积差(m)	视线高度(下丝)(m)	基辅分划读数之差(mm)	基辅分划所测高差之差(mm)	上、下丝读数平均值与中丝读数之差 5mm分划标尺(mm)	上、下丝读数平均值与中丝读数之差 1cm分划标尺(mm)	检测间歇点高差之差(mm)
一	S05	≤30	≤0.5	≤1.5	≥0.5	≤0.3	≤0.4	≤1.5	≤3.0	≤0.7
二	S05、S1	≤50	≤1.0	≤3.0	≥0.3	≤0.4	≤0.6	≤1.5	≤3.0	≤1.0

采用数字水准仪进行测量时，同一标尺两次读数差不设限差，两次读数所测高差之差执行基辅分划所测高差之差的限差，其他测量限差要求见表 5-8。

表 5-8   **数字水准仪测站限差要求**

等级	仪器系列	视线长度(m)	前、后视距差(m)	前、后视距累积差(m)	视线高度(m)	检测间歇点高差之差(mm)	重复测量次数(次)
一	S05	≥4且≤30	≤1.0	≤3.0	≥0.65且≤2.8	≤0.7	≥3
二	S05、S1	≥3且≤50	≤1.5	≤6.0	≥0.55且≤2.8	≤1.0	≥2

在水准路线测量中，若测站的测量误差超限，则应立即重测该测站，若迁站后才检查发现测站误差超限，则应从固定水准点或间歇点开始，重新进行该测段的测量。

5.3.3 外业成果整理与分析

1. 测段和水准路线限差要求

一个测段和一条水准路线观测结束后，应及时地对外业测量成果进行全面的检查，如外业观测手簿的记录和计算是否正确、取位是否合理、是否满足测站限差要求等，确认测量成果符合有关规定和要求后，再进行各个测段往测高差和返测高差的计算，进一步计算往返测高差不符值和水准路线闭合差等，并检查其是否满足表 5-9 所列的有关限差要求，如果不能满足要求，则应作综合分析，及时采取重测措施。

表 5-9   **测段和水准路线限差要求**

项目 / 等级	测段路线往返测高差不符值(mm)	附合路线闭合差(mm)	环线闭合差(mm)	检测已测测段高差之差(mm)
一等	$\pm 2\sqrt{K}$	$\pm 2\sqrt{L}$	$\pm 2\sqrt{F}$	$\pm 3\sqrt{R}$
二等	$\pm 4\sqrt{K}$	$\pm 4\sqrt{L}$	$\pm 4\sqrt{F}$	$\pm 6\sqrt{R}$

表 5-9 中，K 为测段路线长度，L 为附合路线长度，F 为环线长度，R 为检测测段长度，均以 km 为单位。

2. 测段往返测高差不符值超限的处理

若测段往返测高差不符值超限，应选择其中可靠程度较小的往测或返测进行整测段重测。对测段往返测高差重测成果的取舍，一般遵循以下几个原则：

①若重测的高差与同方向原测高差的不符值超过往返测高差不符值的限差，但与另一单程高差的不符值不超出限差，则取用重测结果。

②若同方向两次高差不符值未超出限差，且其中数与另一单程高差的不符值也不超出限差，则取同方向中数作为该单程的高差。

③若①中的重测高差(或②中的同方向高差中数)与另一单程的高差不符值超出限差，应重测另一单程。

④若超限测段经过两次或多次重测后，出现同向观测结果相近，而异向观测结果间不符值超限的分群现象时，如果同方向高差不符值小于限差之半，则取原测的往返高差中数作往测结果，取重测的往返高差中数作为返测结果。

3. 水准路线闭合差超限的处理

当一个测段往返测高差不符值满足规范规定的限差要求时，取该测段往返测高差绝对值的平均值作为高差观测值的大小，符号与往测相同。

一个测段的实际高差并不一定完全等于高差观测值本身，如果水准标尺存在每米真长误差，就应该加入每米真长误差的改正，此外，还应再考虑水准面不平行性对高差的影响。如果这些误差对高差的影响可以小到忽略不计，则水准路线闭合差 W 的计算公式为

$$W = (H_0 - H_n) + \sum h_i \tag{5-12}$$

式中，H_0 和 H_n 为水准路线两端点的已知高程，当水准路线构成闭合环时，$H_0 = H_n$；$\sum h_i$ 为水准路线中各测段往返测高差中数之和。

若附合路线和环线闭合差超限，则应选择水准路线上可靠程度较小、往返测高差不符值较大、观测条件较差的某些测段进行重测，如重测后仍不符合限差要求，则需重测其他测段。

4. 水准测量精度估算

水准测量的精度可以根据测段往返测高差不符值来估算，因为往返测高差不符值集中反映了水准测量中多种偶然误差和系统误差的共同影响。在短距离水准路线中，如一个测段，往返测高差不符值主要受偶然误差的影响，虽然也不排除有系统误差的影响，但由于距离短，其影响是很微小的，因而根据测段的往返测高差不符值来估计水准测量偶然中误差是合理的。在长距离水准路线中，如一个闭合环，影响测量精度的除偶然误差外，还有系统误差，但这些系统误差在很长的路线上也表现出偶然的性质。环形闭合差表现为真误差的性质，因而可以利用环形闭合差来估计含有偶然误差和系统误差在内的全中误差。《国家一、二等水准测量规范》中所采用的计算水准测量精度的公式，就是基于这些基本思想而得出的。

由 n 个测段往返测高差不符值计算每千米单程高差的偶然中误差(相当于单位权中误差)的公式为

$$\mu = \pm \sqrt{\frac{\frac{1}{2}\left(\frac{\Delta\Delta}{R}\right)}{n}} \tag{5-13}$$

每千米往返测高差中数的偶然中误差为

$$M_\Delta = \frac{1}{2}\mu = \pm\sqrt{\frac{1}{4n}\left[\frac{\Delta\Delta}{R}\right]} \qquad (5\text{-}14)$$

式中，Δ 是各测段往返测高差不符值，单位为 mm；R 是各测段的距离，单位为 km；n 是测段数；μ 是单位权中误差，单位为 mm/km；M_Δ 是每千米往返测高差中数偶然中误差，单位为 mm/km。由于在计算偶然误差时，完全没有顾及系统误差的影响，因此严格来说，式(5-14)是不够严密的，但是因为顾及系统误差的严密公式比较复杂，其计算结果与按式(5-14)计算的结果又相差很小，所以式(5-14)可以用于水准测量精度的估算。

按《国家一、二等水准测量规范》规定，一、二等水准路线以测段往返测高差不符值按式(5-14)计算每千米往返测高差中数的偶然中误差，当水准网中的水准环超过 20 个时，还应按水准环闭合差计算每千米水准测量高差中数的全中误差 M_w，计算公式为

$$M_w = \pm\sqrt{\frac{W^T Q^{-1} W}{N}} \qquad (5\text{-}15)$$

式中，W 是水准环闭合差矩阵，$W^T = (w_1 w_2 \cdots w_N)$，$w_i$ 为 i 环的闭合差，以 mm 为单位；N 为水准环的数目；协因数矩阵 Q 中的对角线元素为各环线的周长 F_1，F_2，$\cdots$，F_N，对 Q 中的非对角线元素，如果图形不相邻，则一律为零，如果图形相邻，则为相邻边长度的负值。

水准测量每千米往返测高差中数偶然中误差 M_Δ 和全中误差 M_w 的限值列于表 5-10 中，当 M_Δ、M_w 的值超限时，应分析原因，重测有关测段或路线。

表 5-10   水准路线精度要求

等级	一等 （mm）	二等 （mm）
M_Δ	$\leqslant 0.45$	$\leqslant 1.0$
M_w	$\leqslant 1.0$	$\leqslant 2.0$

5.4 精密水准测量误差分析

精密水准测量受多种误差的影响，有的是偶然误差，有的是系统误差。本节讨论几种主要误差，分析其影响规律，以便在水准测量中采取相应的措施消除或减弱这些误差的影响，提高水准测量成果的质量。

5.4.1 水准仪和水准标尺的误差

1. i 角误差的影响

水准仪虽然经过 i 角的检校，但仍存在剩余误差，当水准气泡居中时，视准轴仍不会严格水平，从而使水准标尺上的读数产生误差，且误差大小与视距成正比。

如图 5-33 所示，设 $s_\text{前}$、$s_\text{后}$ 分别为一个测站上的前、后视距，假设仪器存在 i 角，且

在前、后标尺读数时保持不变，则 i 角对前、后视标尺读数的影响分别为 $\dfrac{i''}{\rho''}s_{前}$ 和 $\dfrac{i''}{\rho''}s_{后}$，对该测站高差的影响为

$$\delta_s = \frac{i''}{\rho''}(s_{后} - s_{前}) \tag{5-16}$$

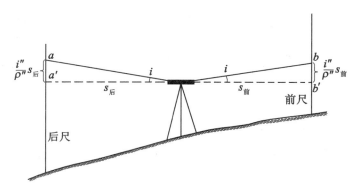

图 5-33　i 角误差的影响

对一个测段高差的影响为

$$\sum \delta_s = \frac{i''}{\rho''}\left(\sum s_{后} - \sum s_{前}\right) \tag{5-17}$$

由此可见，在 i 角保持不变的情况下，一个测站上的前、后视距相等或一个测段的前、后视距总和相等，则由 i 角引起的误差可以得到消除。但在实际作业中，要求前、后视距完全相等是困难的。为了使 δ_s 和 $\sum \delta_s$ 对高差的影响小到可以忽略不计的程度，一是尽量地减小 i 角本身的大小及其变化，二是严格地控制前、后视距差和前、后视距累积差。

2. 交叉误差的影响

如果水准仪不存在 i 角，则在仪器的垂直轴严格垂直时，交叉误差的存在并不影响水准标尺上的读数，因为仪器在水平方向转动时，视准轴与水准轴在垂直面上的投影仍保持互相平行。但当仪器的垂直轴倾斜时，如与视准轴正交的方向倾斜一个角度，这时视准轴虽然仍在水平位置，但水准轴两端却产生倾斜，水准气泡将偏离居中位置，仪器在水平方向转动时，水准气泡将移动，当重新调整水准气泡居中进行观测时，视准轴就会偏离水平位置而倾斜，从而对水准标尺上的读数产生影响。为了减弱这种误差对水准测量成果的影响，应对圆水准器轴的正确性和交叉误差进行检校。

3. 水准标尺每米真长误差的影响

水准标尺每米真长误差对高差的影响是系统性的，影响量的大小不仅与标尺每米真长误差本身的大小有关，还与测段的高差大小有关。在精密水准测量作业中，应使用经过检验的水准标尺，当标尺存在每米真长误差时，应考虑对观测高差施加改正。

4. 一对水准标尺零点差的影响

如图 5-34 所示，设 a、b 水准标尺的零点误差分别为 Δa 和 Δb，它们都会对水准标尺上的读数产生影响。假设在测站 I 上测得后视和前视水准标尺上的读数分别为 a_1、b_1，则

测站 I 所测的正确高差为

$$h_{12}=(a_1-\Delta a)-(b_1-\Delta b)=(a_1-b_1)-\Delta a+\Delta b \qquad (5-18)$$

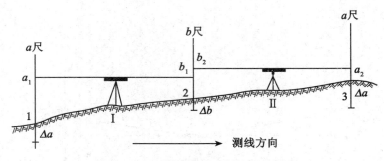

图 5-34　一对两水准标尺零点差的影响

在测站 II 上，测得后视和前视水准标尺的读数分别为 b_2、a_2，则测站 II 所测的正确高差为

$$h_{23}=(b_2-\Delta b)-(a_2-\Delta a)=(b_2-a_2)-\Delta b+\Delta a \qquad (5-19)$$

则 1~3 点之间的高差为

$$h_{13}=(a_1-b_1)+(b_2-a_2) \qquad (5-20)$$

由此可见，尽管两根水准标尺的零点误差 $\Delta a \neq \Delta b$，但在两相邻测站的观测高差之和中，这种误差的影响得到了抵消，因此在水准路线测量中，各测段的测站数目应安排成偶数，且在相邻测站上使两水准标尺轮流作为前视尺和后视尺。

5.4.2　观测误差

精密水准测量的观测误差主要有水准器气泡居中的误差、水准标尺上分划的照准误差和读数误差，这些误差都是属于偶然性质的。由于精密水准仪有微倾螺旋和符合水准器，并有光学测微装置，可以提高读数精度，同时用楔形丝照准水准标尺上的分划线，可以减小照准误差，因此，这些误差影响都可以有效地控制在很小的范围内。一般来说，在每个测站上，这些误差对基辅分划所得高差中数的影响不到 0.1mm。

5.4.3　外界环境的影响

1. 温度变化对 i 角的影响

水准测量中，因大气温度的变化、阳光的照射、地面的辐射等外界因素的作用，仪器部件将产生不同程度的膨胀或收缩，引起视准轴与水准器轴相互关系发生变化，即 i 角发生变化。温度变化对 i 角的影响相当复杂，当温度变化 1℃ 时，i 角变化有可能达到 1″~2″，它对观测高差的影响不能用改变观测程序的方法消除，而且这种误差的影响在往返测高差不符值中也不能完全被发现，从而使高差中数受到系统性的误差影响。

减弱这种误差影响的主要措施是：观测开始前，取出仪器，使其与外界温度一致；观测过程中，包括迁站时，都要用测伞遮阳，避免阳光直射仪器；观测过程中，尽量减少手直接接触仪器的时间，以减少 i 角的变化；相邻测站采用相反的观测程序，使 i 角与时间成比例变化的那部分误差得到减弱；此外，测段的往测与返测分别在上午和下午进行，减弱与受热方向有关的 i 角变化的误差影响。

2. 大气垂直折光的影响

近地面大气层的密度存在着梯度，光线通过不断按梯度变化的大气层时，会因大气折射使视线成为一条各点具有不同曲率的曲线，在垂直方向上产生弯曲，并且弯向密度较大一方。

在地势较为平坦的地区进行水准测量，如果前、后视距相等，因折光引起的视线弯曲程度相同，对前、后视标尺读数的影响也就相同，因此在观测高差中就可以消除这种误差的影响。当前、后视线离地面的高度不同时，视线所通过大气层的密度就不同，前、后视线因折光引起的弯曲程度也不同，对前、后视标尺读数的影响也不同，因此在观测高差中就无法消除这种误差的影响。为了减弱大气垂直折光对观测高差的影响，应使前、后视距尽量相等，并使视线离地面有足够的高度，在坡度较大的水准路线上进行作业时，应适当缩短视距。

大气密度的变化还受到温度等因素的影响。上午由于地面吸热，地面上的大气层离地面越高温度越低；中午以后，由于地面逐渐散热，地面温度开始低于大气的温度。因此，垂直折光的影响还与一天内的不同时间有关，在日出后半小时和日落前半小时这两段时间内，由于地表吸热和散热，使得近地面的大气密度和折光差变化迅速而无规律，故不宜进行观测；在中午一段时间内，由于太阳强烈照射，使空气对流剧烈，致使目标成像不稳定，也不宜进行观测。为了减弱垂直折光对观测高差的影响，《国家一、二等水准测量规范》规定每一测段的往测和返测应分别在上午或下午进行，这样在往返测高差中数中就可以减弱垂直折光的影响。

大气垂直折光影响是精密水准测量的一项主要误差源，其影响与观测所处的气象条件、水准路线的地理位置和自然环境、观测时间、视线长度、视线高度、测站高差等诸多因素有关，在精密水准测量中，应严格遵守水准测量规范中的有关规定。

3. 仪器和标尺垂直位移的影响

仪器和标尺垂直位移的影响是一种系统性误差。按图 5-35 中的观测程序，当仪器的脚架逐渐下沉时，在读完后视基本分划转向前视基本分划读数的时间内，由于仪器的下沉，视线将有所下降，而使前视基本分划读数偏小，同理，由于仪器的下沉，后视辅助分划读数偏小。如果前视基本分划和后视辅助分划的读数偏小的量值相同，则采用"后—前—前—后"的观测程序所测得的基辅高差的均值中，可以较好地消除这项

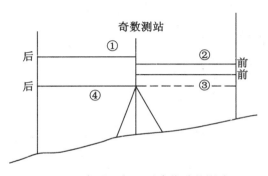

图 5-35　仪器和标尺垂直位移的影响

误差的影响。

　　水准标尺的垂直位移，主要发生在迁站的过程中，由原来的前视尺转为后视尺而产生下沉，于是总使后视读数偏大，使得各测站的观测高差都偏大，但这种误差影响在往返测高差的均值中可以得到有效的抵偿，所以精密水准测量都要求进行往返测。在水准路线测量中，应尽量设法减少水准标尺的垂直位移，例如，立尺点应选在坚实的地方，水准标尺立于尺台后应等一会再进行观测，这样可以减少其垂直位移量及其对高差的影响。

5.5　大坝垂直位移监测网布测

5.5.1　新安江水电站大坝监测网布测

1. 监测网概况

　　图 5-36 所示为新安江水电站重力坝垂直位移监测网示意图。在大坝下游的左岸布设了一组水准基点组，为 BM 基 A 下 1、BM 基 A 下 2、BM 基 A 下 3，在大坝下游的右岸布设另一组水准基点组，为 BM 基 A 下 4、BM 基 A 下 5、BM 基 A 下 6。每个基点组由 3 个基点组成，依此作相互校核。其余网点分布在发电厂房区、两岸上坝公路、坝顶、坝底基础廊道等关键区域，以期为大坝沉降监测提供工作基点。整个垂直位移监测网以 BM 基 A 下 3 和 BM 基 A 下 4 作为高程起算点，共分成 8 个大的区段进行测量，即：

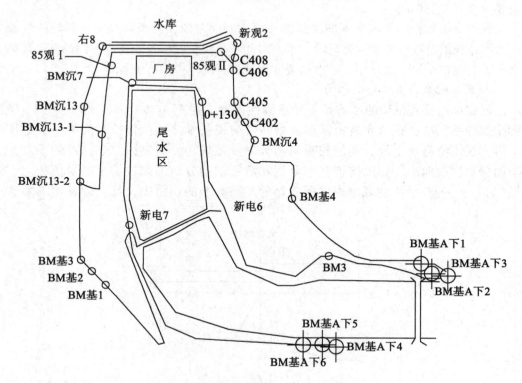

图 5-36　新安江大坝垂直位移监测网

①BM 基 A 下 3~BM 基 4~BM 沉 4~C402~C405~C406；

②C406~C408~新观 2~右 8~BM 沉 13~BM 沉 13-2；

③C406~85 观Ⅱ~85 观Ⅰ~BM 沉 13-1~BM 沉 13-2；

④BM 沉 13-2~BM 基 3~BM 基 2~BM 基 1~新电 7；

⑤新电 7~BM 基 A 下 4；

⑥新电 7~BM 沉 7~0+130~基 4~基 3~基 2~基 1~新电 6；

⑦新电 7~新电 6；

⑧新电 6~BM3~BM 基 A 下 3。

全网构成三个水准闭合环，其中，C406、BM 沉 13-2、新电 7、新电 6 为结点。

2. 外业观测

观测仪器采用 Zeiss Ni002 自动安平水准仪（标称精度：±0.2mm/km）及其配套钢瓦标尺。在观测作业前，按照《国家一、二等水准测量规范》要求，对仪器的 i 角误差、交叉误差及标尺的每米真长误差等进行了检验。

水准路线外业测量按照国家一等水准的有关要求进行。每个测段进行往返观测。往测时，奇数站和偶数站分别采用"后—前—前—后"、"前—后—后—前"的观测程序，返测时，奇数站和偶数站分别采用"前—后—后—前"、"后—前—前—后"的观测程序。每个测段往返测的测站数均安排成偶数站，由往测转向返测时，两根水准标尺互换位置。在连续各测站上安置水准仪的三脚架时，使其中两脚与水准路线方向平行，而第三脚轮换置于路线方向的左侧与右侧。

每个测段往测和返测的时间分别安排在观测当天的上午和下午，均选择有利的观测时间，以期减小各种误差对测量结果的影响。外业观测前 30 分钟，将仪器置于露天阴影处，使仪器与外界气温趋于一致，观测时用测伞遮蔽阳光，避免仪器受阳光直射。

测站限差和水准路线测量限差严格执行《混凝土坝安全监测技术规范》（DL/T5178—2003）和《国家一、二等水准测量规范》（GB/T 12897—2006）中的相关条款及有关规定，将其中几项主要限差要求摘录如下：

①视线长度：≤30m；

②前、后视距差：≤±0.5m；

③前、后视距累积差：≤±1.5m；

④视线高度（下丝读数）：≥0.5m；

⑤基辅分划读数之差：≤±0.3mm；

⑥基辅分划所测高差之差：≤±0.4mm；

⑦测段往返测高差不符值：≤±1.8$\sqrt{K}$mm（K 为测段长度，以 km 计）；

⑧环线闭合差：≤±2$\sqrt{F}$mm（F 为环线长度，以 km 计）；

⑨每千米水准测量往返测高差中数偶然中误差：≤±0.45mm/km。

3. 观测成果的概算整理

观测工作结束后，及时整理和检查外业观测手簿。检查手簿中所有计算是否正确、观测成果是否满足测站有关限差要求，确认观测成果全部符合规范规定的测站限差之后，首先对各测段的往返测高差加入尺长改正，然后再计算测段往返测高差不符值及其限差，在满足不超限的情况下，计算出该测段的高差中数，列于表 5-11。如果发现不满足限差要求，对超限的测段进行重测，直到所有测段的往返测高差不符值皆满足限差要求。

表 5-11 　　　　　　　　　　　　测段高差计算

起点	终点	经尺长改正后往测高差（m）	经尺长改正后返测高差（m）	距 离（km）	往返高差之差（mm）	允许值（mm）	高差中数（m）
BM 基 A 下 3	BM 基 4	25.48056	−25.48020	0.55	0.36	1.33	25.4804
BM 基 4	BM 沉 4	38.63643	−38.63610	0.71	0.325	1.52	38.6363
BM 沉 4	C402	3.95775	−3.95748	0.12	0.27	0.62	3.9576
C402	C405	3.51898	−3.51870	0.08	0.275	0.5	3.5188
C405	C406	3.20383	−3.20358	0.06	0.245	0.45	3.2037
C406	C408	3.12180	−3.12150	0.08	0.3	0.5	3.1217
C408	新观 Ⅱ	1.09438	−1.09428	0.04	0.095	0.34	1.0943
新观 Ⅱ	右 8	0.06300	−0.06283	0.50	0.17	1.27	0.0629
右 8	BM 沉 13	−5.95053	5.95073	0.36	0.2	1.07	−5.9506
BM 沉 13	BM 沉 13-2	−22.17165	22.17195	0.28	0.3	0.95	−22.1718
C406	85 观 Ⅱ	−26.27068	26.27053	0.25	−0.15	0.9	−26.2706
85 观 Ⅱ	85 观 Ⅰ	−0.14953	0.14908	0.44	−0.45	1.19	−0.1493
85 观 Ⅰ	BM 沉 13-1	3.59028	−3.58968	0.36	0.595	1.08	3.5900
BM 沉 13-1	BM 沉 13-2	−1.01328	1.01363	0.19	0.35	0.78	−1.0135
BM 沉 13-2	BM 基 3	−26.66275	26.66308	0.40	0.33	1.14	−26.6629
BM 基 3	BM 基 2	−2.36038	2.36055	0.04	0.175	0.38	−2.3605
BM 基 2	BM 基 1	−0.44718	0.44695	0.06	−0.225	0.45	−0.4471
BM 基 1	新电 7	−17.44308	17.44353	0.78	0.45	1.59	−17.4433
新电 7	新电 6	0.22195	−0.22175	0.40	0.2	1.13	0.2219
新电 7	BM 沉 7	−6.26133	6.26143	0.48	0.095	1.25	−6.2614
BM 沉 7	左 0+130	−0.61810	0.61770	0.25	−0.4	0.89	−0.6179
左 0+130	基 4	−13.98280	13.98318	0.17	0.375	0.73	−13.9830
基 4	基 3	−0.60438	0.60438	0.03	−0.005	0.31	−0.6044
基 3	基 2	−4.42030	4.42010	0.02	−0.2	0.27	−4.4202
基 2	基 1	−3.66733	3.66688	0.24	−0.455	0.87	−3.6671
基 1	基 3	8.08743	−8.08708	0.26	0.35	0.92	8.0873
基 3	基 4	0.60435	−0.60415	0.03	0.2	0.31	0.6043
基 4	左 0+130	13.98313	−13.98350	0.17	−0.37	0.73	13.9833

起点	终点	经尺长改正后往测高差（m）	经尺长改正后返测高差（m）	距离（km）	往返高差之差（mm）	允许值（mm）	高差中数（m）
左 0+130	新电 6	7.10193	−7.10138	0.38	0.55	1.1	7.1017
新电 6	BM3	−4.25545	4.25543	0.70	−0.025	1.51	−4.2554
BM3	BM 基 A 下 3	−0.00595	0.00613	0.36	0.175	1.08	−0.0060
新电 7	BM 基 A 下 4	−0.40830	0.40740	1.09	−0.9	1.88	−0.4079

在所有测段往返测均满足限差要求后，对全网所构成的 3 个闭合环进行闭合差计算并检查限差，结果见表 5-12。按式（5-14）计算每千米往返测高差中数偶然中误差为 0.37mm，小于规范规定的 0.45mm，满足一等水准测量的精度，外业观测成果合格。

表 5-12   **环线闭合差**

环 线	闭合差（mm）	允许值（mm）
C406~右 8~BM 沉 13-2~85 观Ⅰ~C406	0.15	3.14
BM 沉 13-2~85 观Ⅰ~C406~BM 基 A 下 3~新电 6~新电 7~BM 沉 13-2	0.72	4.7
新电 7~左 0+130~新电 6~新电 7	0.67	4.8

在外业观测成果满足规范规定的各项技术指标后，即可进行平差计算，获得各未知点的高程及精度。

5.5.2　仙居抽水蓄能电站大坝监测网布测

1. 监测网概况

如图 5-37 所示为仙居抽水蓄能电站上水库垂直位移监测网示意图，全网由 6 个基准点和 18 个工作基点组成。6 个基准点（BM01~BM06）组成 2 个基点组，相距 35m，埋设于上下库连接公路外侧的基岩上，距离副坝顶约 1.5km。18 个工作基点分别是：8 个主坝垂直位移监测工作基点（zb2-1、zb2-2、zb4-1、zb4-2、zb5-1、zb5-2、zb6-1、zb6-2）、4 个副坝垂直位移监测工作基点（fb4-1、fb4-2、fb5-2、fb7-2）和 6 个位于环库公路上监测库岸边坡的工作基点（S01、S02、S03、S04、S05、S06）。另外，水准路线测量时还联测了 3 个水平位移工作基点（墩底水准点），分别为 TB04、TN04 和 Ⅱ06。

结合测区现场地形条件和道路交通状况，以两套基点组 BM01、BM02、BM03 和 BM04、BM05、BM06 分别构成两个小闭合环，以 BM01、TB04、BM06、BM01 构成一个中闭合环，以 TB04、S06、S05、S04、S03、S02、S01、TN04、Ⅱ06、zb2-2、zb4-2、zb4-1、zb5-1、zb5-2、zb6-2、zb6-1、zb2-1、fb4-2、fb5-2、fb7-2、fb4-1、TB04 构成一个大闭合环，三个闭合环通过结点构成上水库垂直位移监测控制网，其中 BM04 点为该控制网的高程起算点。

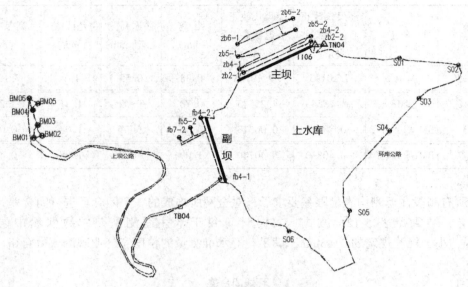

图 5-37 仙居大坝垂直位移监测网

2. 外业观测

控制网采用瑞士 Leica DNA03 精密数字水准仪(标称精度:±0.3mm/km)配备铟瓦条形码水准尺进行测量,测量前,将仪器送至专门检定机构进行了各项技术指标的检定。

Leica DNA03 数字水准仪的工作状态由仪器的系统参数决定,系统参数的设定将对仪器的实测效果产生一定的影响,测量时,对仪器的几项主要功能进行了设置:

(1)测量模式

设置的测量模式为中值观测法。假定单次测量为 n 次,中值观测法是将 n 次观测值排序,当 n 是奇数时,取中间一次观测值为观测结果;当 n 是偶数时,取中间两次观测的平均值为观测结果。测量时,设置单次测量次数 n 为 5。

(2)显示格式

显示格式有标准型和精密型两种,标准型读数显示及记录至 0.0001,精密型读数显示及记录至 0.00001。测量时,设置显示格式为精密型。

(3)记录模式

DNA03 数字水准仪可以通过三种形式记录,即手工记录、模块记录和计算机记录。测量时,设置记录模式为模块记录,将观测数据自动记录在 REC 模块中。

(4)系统参数

系统参数设置的内容共 13 项,其中重要项设置包括:不加地球曲率改正;仪器内部观测中误差小于 0.03mm;测量单位选择为 m;输入现场检定的 i 角值;视线长度大于等于 4m 且小于等于 30m;前后视距差≤1.0m;任一测站前后视距累积差≤3.0m;视线高度 ≥0.65m 且≤2.8m;重复测量次数大于等于 3 次;两次高差之差小于等于 0.4mm 等。

控制网外业测量按国家一等水准技术要求开展,测量过程中,各个测段均设置为偶数站,均进行往返测量,往、返测奇数站照准标尺的顺序为"后—前—前—后",往、返测偶数站照准标尺顺序为"前—后—后—前"。水准网外业观测数据由仪器自动记录在随机的存储卡中，测站限差设置在仪器中由仪器自动检查。

3. 观测成果的概算整理

每天将存储在仪器存储卡中的外业观测资料及时下载到计算机中，为便于查阅，整理资料时将观测数据转换成文本格式，生成原始观测手簿。

各测段观测高差首先进行尺长改正，然后对往返测不符值及所构成的环线闭合差进行检查，检查所依据的限差指标如下，检查结果分别见表5-13、表5-14。

表5-13　　　　　　　　　　　　　　　　　测段高差计算

起点	终点	经尺长改正后往测高差（m）	经尺长改正后返测高差（m）	距离（km）	往返高差之差（mm）	允许值（mm）	高差中数（m）
BM01	BM02	−0.88386	0.88378	0.03	−0.08	0.29	−0.88382
BM02	BM03	−0.72892	0.72895	0.03	0.03	0.30	−0.72894
BM03	BM01	1.61283	−1.61282	0.05	0.01	0.41	1.61283
BM04	BM05	−2.21735	2.21726	0.03	0.03	0.28	−2.21730
BM05	BM06	−2.67256	2.67248	0.03	0.03	0.30	−2.67252
BM06	BM04	4.88984	−4.88991	0.06	0.06	0.44	4.88987
BM01	TB04	81.53838	−81.53853	1.39	−0.15	2.12	81.53846
TB04	BM06	−90.27078	90.27084	1.54	0.06	2.23	−90.27081
BM06	BM01	8.73277	−8.73276	0.15	0.01	0.70	8.73277
TB04	S06	14.04319	−14.04325	0.64	−0.06	1.44	14.04322
S06	S05	0.46239	−0.46249	0.54	−0.10	1.32	0.46244
S05	S04	−0.86214	0.86193	0.36	−0.21	1.09	−0.86204
S04	S03	0.08449	−0.08448	0.25	0.01	0.89	0.08448
S03	S02	−0.05694	0.05732	0.20	0.38	0.81	−0.05713
S02	S01	1.64217	−1.64197	0.25	0.20	0.91	1.64207
S01	TN04	9.75087	−9.75099	0.38	−0.12	1.11	9.75093
TN04	II06	0.89747	−0.89747	0.02	0.00	0.25	0.89747
II06	zb2-2	−11.28461	11.28485	0.22	0.24	0.84	−11.28473
zb2-2	zb4-2	−25.23519	25.23475	0.37	−0.44	1.09	−25.23497
zb4-2	zb4-1	−0.92267	0.92272	0.22	0.05	0.84	−0.92269
zb4-1	zb5-1	−17.68454	17.68437	0.24	−0.17	0.88	−17.68445
zb5-1	zb5-2	0.34028	−0.34015	0.20	0.13	0.81	0.34021
zb5-2	zb6-2	−25.14968	25.14923	0.25	−0.45	0.90	−25.14946
zb6-2	zb6-1	−0.83666	0.83671	0.10	0.05	0.58	−0.83669
zb6-1	zb2-1	70.61480	−70.61519	1.46	−0.39	2.17	70.61500

起点	终点	经尺长改正后往测高差（m）	经尺长改正后返测高差（m）	距离（km）	往返高差之差（mm）	允许值（mm）	高差中数（m）
zb2-1	fb4-2	−2.22072	2.22104	0.29	0.32	0.97	−2.22088
fb4-2	fb5-2	−22.80235	22.80222	0.26	−0.13	0.91	−22.80228
fb5-2	fb7-2	−24.86893	24.86930	0.19	0.37	0.78	−24.86911
fb7-2	fb4-1	48.18541	−48.18542	0.58	−0.01	1.37	48.18541
fb4-1	TB04	−14.09744	14.09775	0.28	0.31	0.95	−14.09760

表 5-14 环线闭合差

环　线	闭合差(mm)	允许值(mm)
BM01~BM02~BM03~BM01	0.07	0.66
BM04~BM05~BM06~BM04	0.05	0.66
BM01~TB04~BM06~BM01	0.42	3.50
TB04~S06~S05~S04~S03~S02~TN04~II06~zb2-2~zb4-2~zb4-1~zb5-1~zb5-2~zb6-2~zb6-1~zb2-1~fb4-2~fb5-2~fb7-2~fb4-1~TB04	-0.78	5.40

①测段往返测高差不符值：$\leqslant \pm 1.8\sqrt{K}$ mm（K 为测段长度，以 km 计）；

②环线闭合差：$\leqslant \pm 2\sqrt{F}$ mm（F 为环线长度，以 km 计）；

从概算结果表明，外业观测成果满足相关规范要求。按式(5-14)计算每千米往返测高差中数偶然中误差为 0.2mm，小于规范规定的 0.45mm，满足一等水准测量的精度，表明外业观测成果合格。

在外业观测成果满足规范的各项技术指标后，即可进行平差计算，获得各未知点的高程及精度。

思　考　题

1. 什么等级的水准测量称为精密水准测量？主要采用什么仪器和标尺？

2. 我国精密光学水准仪系列有哪几种？DS 的下标是什么含义？

3. 微倾式水准仪与自动安平水准仪的主要区别是什么？

4. 精密光学水准仪是怎样读数的？

5. N3、Ni007、DS05、DS1 的标称精度分别是多少？分别能用于什么等级水准测量？

6. DNA03、Dini03、EL03、DL03 的标称精度分别是多少？分别能用于什么等级水准测量？

7. 数字水准仪"配置"和"测量"主菜单中通常包括哪些子菜单？

8. 苏-光 EL03 和南方 DL03 有哪些特点？

9. 怎样进行水准仪和水准标尺圆水准器的检校？

10. 什么叫水准仪的 i 角误差？如何检验精密光学水准仪与数字水准仪的 i 角误差？

11. 如何校正微倾式光学水准仪、自动安平光学水准仪、数字水准仪的 i 角误差？

12. 什么叫水准标尺的基辅差？与 N3、Ni007、DS05 配套使用的水准标尺基辅差是多少？

13. 什么叫水准标尺的每米真长误差？水准测量规范对其有何规定？

14. 什么叫水准标尺的零点误差和零点差？水准测量中如何消除其影响？

15. 精密水准测量往测和返测采用的测站观测程序是什么？

16. 二等水准测量的测站限差主要有哪些？分别是多少？

17. 二等水准测量测段高差不符值和路线高差闭合差的限差分别是多少？超限如何处理？

18. 精密水准路线测量中如何有效地消除或减弱水准仪 i 角误差的影响？

19. 如何消除或减弱精密水准测量中的观测误差以及外界环境的影响？

20. 从大坝垂直位移监测网布测实例中学到了哪些知识？

第6章 跨河水准测量与三角高程测量

6.1 跨河水准布设与观测要求

6.1.1 场地布设要求

跨河水准测量具有这样几个基本特点：(1)仪器到同岸控制点的距离(简称后视距)与仪器到对岸控制点的距离(简称前视距，即跨河视线长度)之差(简称前后视距差)相差较大，仪器的一些系统性误差(如水准仪的 i 误差等)对两岸目标读数的影响程度显著不同；(2)当跨河视线长度较长时，对岸控制点精确照准和读数的难度加大；(3)跨河区域特别是水域的大气环境复杂多变，大气折光及其变化对测量结果会产生严重的影响。因此，要提高跨河水准测量的精度和成果的质量，就必须针对跨河水准测量的基本特点和具体情况，研究和采取有效的解决相应问题的方法和措施。

一般来说对一、二等水准测量，当水准路线跨越江、河、湖泊、峡谷等障碍，视线长度小于 100m 时，可采用一般方法观测，但在测站上应变换仪器高观测两次高差，如果两次观测高差之差不大于 1.5mm，取其平均值作为观测高差；对三等及以下水准测量，当跨河视线长度小于 200m 时，也可采用一般方法和变换仪器高观测两次，如果两次观测高差之差不大于 7mm，取其平均值作为观测高差；如果一、二等跨河水准测量的视线长度超过 100m，三等及以下跨河水准测量的视线长度超过 200m，则应根据视线的长度和仪器设备等情况，采取合理的场地布设形式和观测方法。

跨河水准的场地应选在测线附近、利于布设工作场地与观测的较窄河段处，两岸地貌、植被等基本相同，两岸仪器的视线离水面的高度应近似相同。当跨河视线长度小于 300m 时，视线离水面的高度不低于 2m；当跨河视线长度大于 300m 时，视线离水面的高度不低于 $4\sqrt{S}$ m(S 为跨河视线长度，单位为 km，当水位受潮汐影响时，按最高潮位计算)；当视线高度不能满足要求时，应埋设牢固的标尺桩，并建造稳固的观测台(墩)或标架。跨河视线不得通过草丛、干丘、沙滩的上方，宜避免正对日照方向。

布设跨河水准场地时，可根据需要选择图 6-1 所示的双线跨河布设图形，其中，三等及以下跨河水准多选择图 6-1(a)所示的平行四边形或图 6-1(b)所示的等腰梯形布设图形，一、二等跨河水准多选择图 6-1(c)所示的大地四边形布设图形，要求两岸测站点及立尺点对称布设，两岸跨河视线的长度基本相等，两岸岸上长度宜相等并应大于 10m。图 6-1 中，I，b 分别为两岸安置仪器和标尺的位置，A，B，C，D 是仪器、标尺交替两用点。对双线跨河水准，通常要求采用两台同等精度的仪器进行同时对向观测。

当跨河视线较短时(如 500m 以内)，除可以采用双线跨河外，也可采用单线跨河，图 6-2 所示的"Z"字形图形是单线跨河水准常用的图形，图中的 I，b 是仪器、标尺交替两用

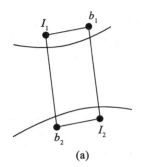 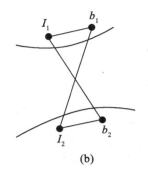 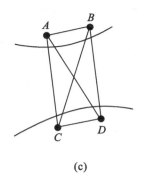

(a)　　　　　　　　(b)　　　　　　　　(c)

图 6-1　双线跨河水准图形

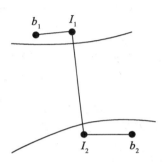

图 6-2　单线跨河水准图形

点。对单线跨河，一般要求两岸岸上长度宜相等，并应大于 20m。单线跨河水准一般只用一台水准仪进行测量，一测回的观测步骤为：在 b_1、I_2 竖立水准标尺，在 I_1 安置仪器，先对近尺读数，再对远尺读数，完成上半测回观测，可得高差 $h_{b_1I_2}$；在 b_2、I_1 竖立水准标尺，在 I_2 安置仪器，先对远尺读数，再对近尺读数，完成下半测回观测，可得高差 $h_{b_2I_1}$。通过上半测回和下半测回测量，可得两岸立尺点 b_1、b_2 之间的高差分别为

$$h_{b_1b_2} = h_{b_1I_2} + h_{I_2b_2} \tag{6-1}$$

$$h_{b_2b_1} = h_{b_2I_1} + h_{I_1b_1} \tag{6-2}$$

取上、下半测回高差绝对值的平均值作为两岸立尺点之间的跨河高差。由于 b_1 与 I_1、b_2 与 I_2 位于同岸且相距较近，式中的 $h_{I_1b_1}$、$h_{I_2b_2}$ 可在跨河水准测量之前或者之后按常规方法进行测量。从观测步骤上看，上半测回测量完成后，下半测回对远尺的读数是不用对物镜进行重复调焦的，这就减小了物镜重复调焦对水准仪 i 角误差的影响。从高差计算上看，如果认为上、下半测回测量期间水准仪 i 角误差没有发生变化或变化均匀，大气垂直折光对跨河水准测量的影响一致，那么取上、下半测回高差观测值的平均值作为高差，就消除了水准仪 i 角误差和大气垂直折光的影响。事实上，水准仪的 i 角并不是固定不变的，大气状况在观测过程中也是不断变化的，只有当跨河视线较短，渡河较为方便，可以在较短时间内完成观测的条件下，这种方法才是可行的。因此，为了减小水准仪 i 角误差、大气垂直折光及其变化对跨河水准测量的影响，采用两台同等精度仪器进行同时观测会提高观测值质量。

6.1.2 观测技术要求

跨河水准测量的方法主要有光学测微法、倾斜螺旋法、经纬仪倾角法、测距三角高程法、GPS测量法，不同的方法有各自的适用范围，表6-1为几种方法的适用距离，当跨河距离超过3500m时，应根据要求和测区条件进行专项设计。

表6-1 跨河水准方法及适用距离

序号	观测方法	方法概要	最长跨距(m)
1	光学测微法	使用一台水准仪单向观测。用水平视线照准觇板标志，读出标尺和测微器分划值，求出两岸高差	500
2	倾斜螺旋法	使用两台水准仪对向观测。用倾斜螺旋或气泡移动来测定水平视线上、下两标志的倾角，计算水平视线位置，求出两岸高差	1500
3	经纬仪倾角法	使用两台经纬仪对向观测。用垂直度盘测定水平视线上、下两标志的倾角，计算水平视线位置，求出两岸高差	3500
4	测距三角高程法	使用两台全站仪对向观测。测定偏离水平视线的标志倾角，测定相关点的距离，计算两岸高差	3500
5	GPS测量法	使用GPS接收机和水准仪分别测定两岸点位的大地高差和同岸点位的水准高差，求出两岸的高程异常和两岸高差	3500

采用GPS测量法进行跨河水准测量时，应遵守GPS测量的有关规定和要求。采用光学测微法、倾斜螺旋法、经纬仪倾角法、测距三角高程法进行跨河水准测量时，应遵守下列几项要求：

①跨河水准观测宜在风力微和、气温变化较小的阴天进行，雨后初晴和大气折射变化较大时，均不宜观测。

②观测开始前30分钟，应先将仪器置于露天阴影下，使之与外界气温基本一致，观测时应遮蔽阳光。

③根据地区、季节、气候等选择观测时间段，一般为上午日出后1小时至太阳中天前2小时、下午自太阳中天后2小时至日落前1小时、日落后1小时至日出前1小时，阴天全天可测。

④标尺随同仪器一起调岸，如果一对标尺的零点差不大，可以在全部测回观测一半后调岸。

⑤一测回观测中，应采取措施确保上、下两个半测回对远尺观测的视轴不变，一测回完成后，应间歇15~20分钟再观测下一个测回。

⑥两台仪器对向观测时，应采用通信工具，使两岸同一测回的观测尽量做到同时开始和结束。

⑦跨河水准测量的全部测回数，应分别在上午、下午各完成一半，或使白天、夜晚的测回数之比达到1.3：1。

⑧跨河观测开始时，应对两岸的固定点和立尺点之间的高差进行一次往返测量，检查立尺点有无变动，如有变动，则应加固立尺点重新观测。

跨河水准测量的时段数、测回数及限差要求，与跨河视线的长度及跨河水准的等级有关，可参考国家或行业有关测量规范，如《国家一、二等水准测量规范》、《工程测量规范》、《水利水电工程施工测量规范》等。对光学测微法、倾斜螺旋法、经纬仪倾角法、测距三角高程法，《国家一、二等水准测量规范》对跨河水准测量时段数、测回数及组数的要求见表6-2，时段数、测回数及组数的含义与所采用的方法有一定关系，在规范中都有所说明。

表6-2   跨河水准测量时段数、测回数及组数

跨河视线长度（m）	一等			二等		
	最少时段数	双测回数	半测回中的组数	最少时段数	双测回数	半测回中的组数
100～300	2	4	2	2	2	2
300～500	4	6	4	2	2	4
501～1000	6	12	6	4	8	6
1001～1500	8	18	8	6	12	8
1501～2000	12	24	8	8	16	8
2000 以上	6S	12S	8	4S	8S	8

注：表中 S 为跨河视线长度，单位 km，尾数凑整到 0.5。

用两台仪器在两岸同时观测的两个结果，称为一个双测回的观测成果，双测回的高差观测值取两台仪器所测高差的中数，取全部双测回的高差中数，就得到最终的高差观测值。各双测回的高差之差应满足限差要求，限差(单位为 mm)的计算公式为

$$dH_{限} = 4M_\Delta\sqrt{NS} \tag{6-3}$$

式中，M_Δ 为每千米高差中数偶然中误差的限值，单位为 mm；N 为双测回的测回数；S 为跨河视线长度，单位为 km。

对三等及以下等级的跨河水准测量，《工程测量规范》列出的主要技术要求见表6-3。当跨河水准采用双线闭合环跨河时，往返较差、环线闭合差应满足相应等级的水准测量要求。

表6-3   跨河水准测量的主要技术要求

视线长度（m）	观测次数	单程测回数	半测回远尺读数次数	测回差（mm）		
				三等	四等	五等
200	往返各一次	1	2	—	—	—
200～400	往返各一次	2	3	8	12	25

6.2 跨河水准测量方法

本节介绍的几种方法适用于各等级的跨河水准测量，但其中涉及的一些技术指标主要针对一、二等，三等及以下等级跨河水准测量的技术指标可参照有关规范。

6.2.1 光学测微法

1. 特制觇板的制作

若跨越障碍的距离在 500m 以内时，跨河水准测量可采用光学测微法。由于跨河视线较长，用水准仪直接对水准标尺进行读数几乎是不可能的，为能精确照准和准确读数，需预制加粗标志线的特制觇板。如图 6-3 所示，觇板通常用铝板制作，涂成黑色或白色，在其上面画有一个白色或黑色的矩形标志线。矩形标志线的宽度按所跨越障碍物的距离而定，一般取跨越障碍距离的 1/25000，矩形标志线的长度约为宽度的 5 倍。觇板中央开一矩形小窗口，在小窗口中央装有一条水平的指标线，指标线可用马尾丝或细铜丝制成。指标线应恰好平分矩形标志线的宽度，即与标志线的上、下边缘等距。觇板的背面装有夹具，可使觇板沿水准标尺尺面上下滑动，并能用螺旋将觇板固定在水准标尺上的任一位置。

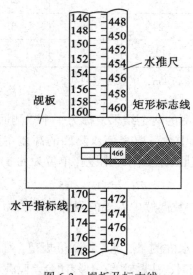

图 6-3　觇板及标志线

2. 测量步骤

作业开始前，应做好一些准备工作：制作特制觇板，使觇板指标线与标志中心线精确重合；检查和校正水准仪，使其 i 角小于 6″；对立尺点和水准路线上的固定点进行联测。

①在测站上整平仪器后，先对本岸近标尺进行观测，接连照准标尺的基本分划两次，使用光学测微器进行读数。

②照准对岸水准标尺，使符合水准气泡精密符合，测微器读数置于分划全程的中央位

144

置，指挥对岸人员将觇板沿水准标尺上下移动，待矩形标志线到望远镜楔形丝中央时，通知对岸人员将觇板指标线精密对准标尺上最邻近的基本分划线后固定，记下基本分划读数，并转告测站上的记录员，观测人员转动测微器使望远镜楔形丝精确照准觇板标志线，读取测微器读数。重复照准和读数 5 次，即完成一组观测。重新移动觇板，按上述过程完成其余各组的观测。每组内对觇板标志线的各次读数之差不应超过 $0.01s$（单位为 mm，s 为跨河视线长度，单位为 m）。全部完成后，即完成了上半测回的观测工作。

③将仪器搬到对岸进行下半测回观测，先观测远岸标尺，再观测近岸标尺，观测方法和过程与上半测回相同。

6.2.2 倾斜螺旋法

1. 测量原理

若跨越障碍的距离较大（500m 以上甚至 1500m）时，跨河水准测量可采用倾斜螺旋法。倾斜螺旋法就是用水准仪的倾斜螺旋，使视线倾斜地照准对岸水准标尺上特制觇板的标志线，利用视线的倾角和标志线之间的已知距离来间接求出水平视线在对岸水准标尺上的精确读数。视线的倾角用倾斜螺旋分划鼓的转动格数或用水准器气泡偏离中央位置的格数来计算。本岸水平视线在水准标尺上的读数可用常规的方法读取。

用于倾斜螺旋法的觇板一般有 4 条标志线或 2 条标志线，觇板中央有小窗口和觇板指标线，由觇板指标线可以读取水准标尺上的读数。觇板标志线的宽度 a（单位为 mm）根据跨河的宽度 s（单位为 m）确定，通常取 $a=s/25$，而觇板本身的宽度通常取 $s/5$。

设觇板上、下相距最远的两条标志线之间的距离为 d（单位为 mm），以倾斜螺旋转动一周的范围（N3 水准仪约为 100″）或不大于气泡由水准管一端移至另一端的范围为准，一般取 80″左右，则

$$d=\frac{80''}{\rho''}s \tag{6-4}$$

设本岸水准标尺上的读数为 b，对岸水准标尺上相当于水平视线的读数为 A，则两岸立尺点间的高差为 $b-A$，为了求得 A 值，在对岸水准标尺上安置便于照准的觇板，如图 6-4 所示。

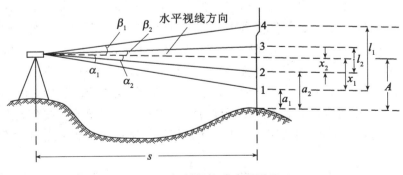

图 6-4　倾斜螺旋法观测原理

图 6-4 中，l_1 为觇板标志线 1、4 间的距离；l_2 为觇板标志线 2、3 间的距离；a_1 为水准标尺零点至觇板标志线 1 的距离；a_2 为水准标尺零点至觇板标志线 2 的距离；x_1 为标志线 1 至仪器水平视线的距离；x_2 为标志线 2 至仪器水平视线的距离。l_1、l_2 在测前用一级线纹米尺精确丈量，a_1、a_2 由觇板标志线在标尺上的读数减去觇板标志线 1、2 的中线至觇板标志线的间距得到。

α_1、α_2、β_1、β_2 为仪器照准标志线 1、2、3、4 的方向线与水平视线的夹角，这些夹角由仪器照准标志线 1、2、3、4 时的倾斜螺旋读数与视线水平时的倾斜螺旋读数之差（格数），乘以倾斜螺旋分划鼓的分划值而求得。设 s 为仪器至对岸水准标尺的距离，由于 α_1、α_2、β_1、β_2 都是小角，所以存在如下关系式：

$$\begin{cases} s\dfrac{\alpha_1}{p} = x_1 \\ s\dfrac{\beta_1}{p} = l_1 - x_1 \end{cases} \tag{6-5}$$

由以上两式可得

$$x_1 = \frac{l_1\alpha_1}{\alpha_1 + \beta_1} \tag{6-6}$$

同理可得

$$x_2 = \frac{l_2\alpha_2}{\alpha_2 + \beta_2} \tag{6-7}$$

由图 6-4 又知

$$\begin{cases} A_1 = a_1 + x_1 \\ A_2 = a_2 + x_2 \end{cases} \tag{6-8}$$

取 A_1，A_2 的平均数就得到仪器水平视线在对岸水准标尺上的读数 A。

2. 测量步骤

作业开始前，应做好一些准备工作，如制作特制觇板，检查校正水准仪，使两台仪器的 i 角互差小于 6″等。

①观测近尺：仪器整平后，按光学测微法连续照准基本分划两次，读数和记录。

②观测远尺：转动测微器，使平行玻璃板居于垂直位置，在一测回观测中保持不变。照准远尺，旋转微倾螺旋，使视线降到最低标志线以下，再从下到上依次用望远镜楔形丝照准觇板上的两标志线，然后再以相反的次序从上到下依次照准标志线，称为一个往返测。每次照准标志线后，均对微倾螺旋分划鼓两端进行读数。在每个往返测过程中，当视线接近水平时，按旋进微倾螺旋方向使符合水准气泡严格居中两次，再对微倾螺旋分划鼓进行读数，以上操作组成一组观测。以同样方法完成其余各组观测，按有关限差要求检查观测值。以上完成了上半测回观测，如果用两台仪器同时对向观测半测回，就完成了一测回观测。

③将仪器搬到对岸进行下半测回观测，先观测远尺，再观测近尺，观测方法和过程与上半测回相同。两台仪器同时对向观测的上、下各半测回，就组成了一个双测回观测。

每次安装觇板后，应仔细读取指标线在标尺上的读数，求取各标志线在标尺上的相应读数。

6.2.3 经纬仪倾角法

1. 测量原理

若跨越障碍的距离在 500m 以上甚至达 3500m 时，跨河水准测量可采用经纬仪倾角法。经纬仪倾角法是通过测量上、下标志线的垂直角，间接求出两岸高差的方法。如图 6-5 所示，a' 为望远镜中丝照准近标尺上基本分划线的注记读数，α' 为相应的垂直角；d 为近标尺距仪器的水平距离；a 为远标尺觇板的下标志线在标尺上的读数；l 为远标尺觇板上、下两标志线间的距离，可用一级线纹米尺精确丈量；α、β 为远标尺觇板上、下两标志线对应的垂直角。

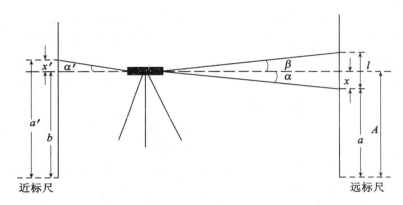

图 6-5　经纬仪倾角法测量原理

设视线水平时，远标尺中丝读数为 A，近标尺中丝读数为 b，则

$$b = a' - x' = a' - \frac{\alpha'}{\rho}d \tag{6-9}$$

$$A = a + x = a + \frac{\alpha}{\alpha+\beta}l \tag{6-10}$$

单向一测回高差为

$$h = b - A = a' - \frac{\alpha'}{\rho} \cdot d - a - \frac{\alpha}{\alpha+\beta} \cdot l \tag{6-11}$$

同步对向观测时，取对向观测高差绝对值的平均值作为一测回的高差值，当对向观测的视线穿越相似的气象环境时，即可大大削弱或基本抵消大气折光的影响。

远、近标尺点间的高差精度与垂直角的观测精度、上下标志间的距离量取精度、近标尺与仪器之间的距离量取精度等有关，由于后两者的量取精度一般较高，因此影响其精度的关键是垂直角观测的精度，在不计大气折光影响时，垂直角的测量精度主要受照准误差的影响，所以提高照准精度是提高跨河水准精度的关键之一。

对式(6-11)进行微分可得

$$\mathrm{d}h = \mathrm{d}a' - \frac{d}{\rho} \cdot \mathrm{d}\alpha' - \frac{\alpha'}{\rho} \cdot \mathrm{d}d - \mathrm{d}a - \frac{l}{\alpha+\beta} \cdot \mathrm{d}\alpha + \frac{\alpha l}{(\alpha+\beta)^2}\mathrm{d}\alpha + \frac{\alpha l}{(\alpha+\beta)^2} \cdot \mathrm{d}\beta - \frac{\alpha}{\alpha+\beta}\mathrm{d}l \tag{6-12}$$

由误差传播定律可得

$$m_h^2 = m_{a'}^2 + \left(\frac{d}{\rho}\right)^2 m_{a'}^2 + \left(\frac{\alpha'}{\rho}\right)^2 m_d^2 + m_a^2 + \left(\frac{\alpha}{\alpha+\beta}\right)^2 m_l^2 + \frac{(\beta l)^2}{(\alpha+\beta)^4} m_\alpha^2 + \frac{(\alpha l)^2}{(\alpha+\beta)^4} m_\beta^2 \qquad (6\text{-}13)$$

上式中前五项的影响相对后两项要小得多，因此，只考虑后两项的影响，且认为 α、β 的观测精度相同，因此上式变为

$$m_h^2 = \frac{(\alpha^2+\beta^2)l^2}{(\alpha+\beta)^4} m_\beta^2 \qquad (6\text{-}14)$$

由式(6-14)可知，当 $\alpha=\beta$ 时，式(6-14)取得最小值。因此，在设置标志时，应尽量保证两垂直角的绝对值尽量相同。假设 $\alpha=\beta=30''$，跨河宽度为 6km 时，根据规范确定标志间的间隔 $l=1745$mm，则有 $m_h^2=423m_\beta^2$，若取垂直角每测回测角中误差分别为 $1''$、$0.5''$，则高差精度分别为 20.5mm 和 10.3mm。

对向观测的主要作用是克服大气垂直折光误差和地球曲率的影响，如果以一测回 $m_h=20.5$mm 估计，为达到二等水准测量精度，需要观测的测回数至少为 70 个左右，考虑其他因素的影响，若观测 96 测回，以一测回高差中误差为 20.5mm 及 10.3mm 计，则 96 测回取平均后，所得高差中误差分别为 2.10mm 及 1.05mm，小于允许误差 2.45mm（以 $m_\Delta\sqrt{s}$ 计算），满足二等水准的精度要求。

当跨河宽度为 8km 时，根据规范确定标志间的间隔 $l=2327$mm，则 $m_h^2=752m_\beta^2$，同样取垂直角每测回测角中误差为 $1''$、$0.5''$，则高差精度分别为 27.4mm 和 13.7mm。如果以一测回 $m_h=27.4$mm 估计，为达到二等水准精度，需要观测的测回数至少为 94 个左右，考虑其他因素的影响，观测 128 测回，以一测回高差中误差为 27.4mm 及 13.7mm 计，则 128 测回取平均后，所得高差中误差为 2.42mm 及 1.21mm，小于允许误差 2.83mm。

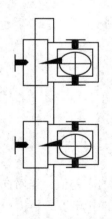

图6-6　强反光照准标志图

据许多文献资料中的试验研究显示，采用这种观测方法配合新型的照准标志，8 组的垂直角观测精度可达到 0.5″甚至更高，因此，当跨河宽度很大时，应选择 1″级及以上精度的经纬仪或全站仪。为减弱大气折光影响，应选择阴天有微风的时间进行观测。但另一方面，阴天的光照度很弱，目标不清晰，特别是长距离跨江水准中，江对岸的目标在阴天可能模糊不清，会极大地降低照准精度。此外，按照规范对跨河水准的要求，当跨河宽度为 6km 时，标牌约为 2.0m×2.0m 的大小，在使用中十分容易因江风的吹压而使标志不稳定，影响观测。所以，要提高观测精度，照准的标志必须进行专门设计。由国家地震局武汉地震研究所研制的并已成功应用于长江口 9km 过江高程传递的新型强反射照准标志（见图6-6），克服了光照度不足的缺陷。强反射照准标志设计如下：

将 10W 左右的灯安置在旋转抛物面的反光壳的焦点，发射出较高亮度的平行光束。抛物面反光壳由外框架固定在水准尺上，反光壳出口处直径 8cm 左右，并可安置中心刻有十字丝的圆形盖片。十字丝交点即反光壳中心，也就是标志中心。旋动外框架固定螺丝，由经纬仪控制，移动外框架使十字丝中心对准水准尺上某固定分划，然后固定外框

架。框架具有上、下、左、右四个微调螺旋，可以精确固定标志。同样，对下部的反射照准标志定位，使两标志间距符合规定间隔。10W 的灯泡由 24V 蓄电池和调压器供电并控制亮度。

利用强反射照准标志，不仅有利阴天观测，而且在晚上都可连续测量，较好地解决了提高照准精度的困难。在远距离测量时，每测回的照准误差可不大于±0.5″，对过江水准垂直角观测是十分有价值的。该标志根据其他同行单位的实际试验验证与实际生产应用，可以达到每测回照准误差不大于±0.5″的精度。

2. 测量步骤

作业开始前，应做好一些准备工作，如制作特制觇板，检查校正经纬仪或全站仪等。

①观测近尺：仪器整平后，使仪器处于盘左位置和望远镜处于水平，用中丝照准标尺上某一基本分划线，并读取其注记读数，然后再用中丝分别照准基本分划线的上、下边缘各两次，读取垂直度盘读数，使仪器处于盘右位置，用中丝分别照准基本分划线的上、下边缘各两次，并读取垂直度盘读数，完成一组观测（近尺只测一组）。

②观测远尺：盘左位置依次照准上、下标志线各 4 次，读取垂直度盘读数，同一标志线 4 次照准和读数之差不大于 3″，纵转望远镜，按相反次序照准上、下标志线各 4 次，读取垂直度盘读数。以上操作组成一组观测，按同样方法完成其余各组观测。

以上操作完成了一岸仪器的半测回观测，两岸仪器同时对测各半测回，就完成了一测回的观测。间歇 15 分钟后，可进行下一测回观测。

③将仪器和标尺调岸，按上述方法进行观测。仪器和标尺只能在上、下午调岸一次，或白天、晚间调岸一次。

6.2.4 测距三角高程法

若跨越障碍的距离在 500m 以上甚至超过 3500m 时，跨河水准测量可采用测距三角高程法。三角高程测量的基本原理和方法将在下一节阐述。

1. 准备工作

①以图 6-1(c) 中的大地四边形形式进行场地布设，A、B、C、D 埋设固定点或观测台（墩），将 AB、CD 作为一个测站，按同等级水准测量要求进行高差的往返测。

②当跨河距离小于 2000m 时，可在对岸标尺上安装一块觇板；否则，应安装上、下两块觇板。觇板在两岸标尺上的高度应相同，通视条件差时，可采用特制的标灯作为观测目标。

③将 AB、CD 中的一个点与附近稳定的控制点进行高差往返观测，检查其稳定性。

2. 距离观测

①本岸距离观测：如图 6-1(c) 所示，AB、CD 之间的水平距离可采用钢卷尺进行丈量，也可采用全站仪进行观测。

②对岸距离观测：如图 6-1(c) 所示，AC、AD、BC、BD 之间的水平距离采用测距仪或全站仪进行观测，每照准 1 次读 4 次数为一个测回，仪器高和目标高量至 mm。当对向观测确有困难时，可采用单向观测，但总的时段数应保证不变。观测和计算时注

意加入仪器常数改正、气象改正等，还应考虑距离归算改正。跨河距离测量的技术要求见表6-4。

表6-4 <center>**跨河距离测量技术要求**</center>

跨河水准等级	测距仪器等级	观测时间段		一个时段内测回数	一测回读数间较差（mm）	测回中数间较差（mm）	往返测距中数限差（mm）
		往	返				
一	II	2	2	4	≤10	≤15	$2m_D$
二	II	1	1	6	≤10	≤15	$2m_D$

注：m_D根据仪器的标称精度计算。

3. 垂直角观测

①如图6-1(c)所示，在 A、C 设站，先观测同岸近尺的垂直角，再同步观测对岸远尺的垂直角 α_{AD} 和 α_{CB}。

② A 点仪器不动，将 C 点仪器搬到 D 点，同步观测对岸远尺的垂直角 α_{AC} 和 α_{DB}。

③ D 点仪器不动，观测本岸近尺的垂直角，将 A 点仪器搬到 B 点，同步观测对岸远尺的垂直角 α_{BC} 和 α_{DA}。

④ B 点仪器不动，观测本岸近尺的垂直角，将 D 点仪器重新搬到 C 点，同步观测对岸远尺的垂直角 α_{BD} 和 α_{CA}，C 点仪器再次观测本岸近尺的距离。至此，第一个仪器位置的观测结束，两台仪器共完成 4 个单测回。

以上完成了一组垂直角观测，按同样方法完成其余各组。观测过程中，本岸近尺的垂直角采用经纬仪倾角法进行观测。观测远尺时，盘左、盘右位置分别用望远镜中丝照准远尺上觇板标志或标灯 4 次，读数 4 次，每次读数之差不大于 3″。当采用上、下两个觇板观测时，盘左依次照准上觇板标志、下觇板标志，盘右按相反次序照准下觇板标志、上觇板标志，照准和观测方法与单觇板相同，按上、下觇板标志的垂直角分别计算高差。

⑤每一个仪器位置的观测完成后，观测员、仪器、标尺相互调岸，按上述程序进行第二个仪器位置的观测。也可以在一岸完成半数测回后再相互调岸，再在第二个仪器位置上完成其余测回的观测。两台仪器分别在两岸相同时段对向观测一条边的成果组成一个测回，总测回数应为表6-2中双测回数的两倍。

垂直角观测应满足垂直度盘指标差不大于 8″，同一标志垂直角互差不大于 4″，每条边各单测回高差间的互差应符合式(6-3)规定的限值，由大地四边形组成的三个独立闭合环，由同一时段各条边高差计算的闭合差应不大于下式计算的限值：

$$W = 6M_W\sqrt{S} \tag{6-15}$$

式中，M_W 为每千米水准测量全中误差的限值，单位为 mm；S 为跨河视线长度，单位为 km。

6.2.5 GPS 测量法

当跨越障碍的距离在 500m 以上甚至超过 3500m 时，跨河水准测量可采用 GPS 测量法。GPS测量的基本原理和方法将在第7章阐述。

1. GPS跨河水准的技术要求

GPS测量法适用于平原、丘陵和河流两岸地貌基本一致的跨河水准测量,海拔超过500m的地区不宜采用,跨河两端的高差变化大于70m/km时,不宜采用一等GPS跨河水准测量,跨河两端的高差变化大于130m/km时,不宜采用二等GPS跨河水准测量。

GPS水准点应选在跨河水准测线附近,应满足GPS测量对点位选择的要求,应便于水准联测。如图6-7所示,非跨河点(A_1、A_2、D_1、D_2)宜布设在跨河点(B、C)的延长线上,各点之间的距离应大致相同,非跨河点偏离跨河水准轴线的垂距和垂距互差,一等跨河水准不大于BC距离的1/50,二等跨河水准不大于BC距离的1/25,当地形和点位环境受到限制时,同岸的非跨河点A_1、A_2和D_1、D_2可以在同一个位置附近布设,A_1、A_2和D_1、D_2应与跨河水准轴线对称,偏离跨河水准轴线的垂距不大于BC距离的1/4,对一等、二等跨河水准,垂距互差分别不大于BC距离的1/50和1/25。

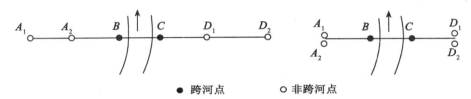

● 跨河点　　　○ 非跨河点

图6-7　GPS跨河水准的布设

一等、二等GPS跨河水准应采用标称精度不低于$5mm+1×10^{-6}D$的双频GPS接收机进行观测,同步观测的接收机数不少于4台,观测应符合表6-5的规定。一等、二等GPS跨河水准的所有观测时段应分别在72小时、48小时之内完成。

表6-5　　　　　　　　　　　一等、二等GPS跨河水准的观测要求

项目	等级	
	一等	二等
卫星截止高度角(°)	≥15	≥15
同时观测有效卫星数(个)	≥4	≥4
有效观测卫星总数(个)	≥9	≥6
观测时段数(个)	6S	4S
时段长度(h)	2	2
采样间隔(s)	10	≤10
PDOP	≤6	≤6

注:S为跨河距离,单位为km。

2. GPS跨河水准的高差计算

GPS跨河水准网观测完成后,按照GPS网平差的流程进行基线解算和网平差,获得

所有非跨河点和跨河点的大地高，结合水准联测所得到的正常高，可以计算跨河点之间的高差。

设 α_{AB}、α_{CD} 分别为 AB、CD 方向的高程异常变化率，单位为 m/km，则有

$$\begin{cases} \alpha_{AB} = \dfrac{\Delta H_{GAB} - \Delta H_{rAB}}{S_{AB}} \\[3mm] \alpha_{CD} = \dfrac{\Delta H_{GCD} - \Delta H_{rCD}}{S_{CD}} \end{cases} \qquad (6\text{-}16)$$

式中，ΔH_{GAB}、ΔH_{GCD} 分别为 AB、CD 之间的大地高差，单位为 m；ΔH_{rAB}、ΔH_{rCD} 分别为 AB、CD 之间的正常高高差，单位为 m；S_{AB}、S_{CD} 分别为 AB、CD 之间的距离，单位为 km。由同岸的每一个非跨河点与跨河点都可以求出高程异常变化率，当河流两岸高程异常变化率不超过表 6-6 的限差规定时，取河流两岸高程异常变化率的平均值作为跨河段的高程异常变化率 α_{BC}，则跨河段 B、C 两点的正常高之差为

$$\Delta H_{rBC} = \Delta H_{GBC} - \alpha_{BC} S_{BC} \qquad (6\text{-}17)$$

式（6-17）等式右边的第二部分就是跨河段 BC 的高程异常之差，即

$$\Delta \zeta_{BC} = \alpha_{BC} S_{BC} \qquad (6\text{-}18)$$

表 6-6   高程异常变化率限差

限差	一等	二等
同岸 α 较差	0.0070	0.0130
不同岸 α 较差	0.0100	0.0180

6.3　测距三角高程测量

6.3.1　基本原理

测距三角高程测量是通过测量两点间的距离和垂直角而求出两点间高差的一种高程测量方法，其基本原理如图 6-8 所示。

假设在 A 点上安置仪器，在 B 点上安置照准目标（棱镜），测得仪器中心到棱镜中心的斜距 S 和垂直角 α，量取仪器高 i 和目标高 v，则 A、B 两点间的高差为

$$h = S\sin\alpha + \frac{1-k}{2R}D^2 + i - v \qquad (6\text{-}19)$$

式中，S 为经气象改正后的斜距；D 为两点间的水平距离，$D = S\cos\alpha$；k 为大气折光系数；R 为地球曲率半径。

利用误差传播定律，并忽略微小量 $\dfrac{D^2}{2R}$ 的误差影响，可得到单向观测高差中误差的计算公式为

$$m_h^2 = D^2 m_\alpha^2 + m_s^2 \sin^2\alpha + m_i^2 + m_v^2 + \frac{D^4}{4R^2} m_k^2 \qquad (6\text{-}20)$$

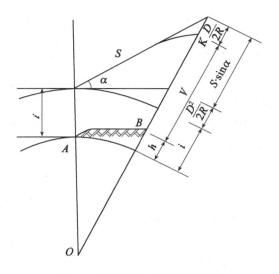

图 6-8　测距三角高程测量原理

由式(6-20)可以看出，影响单向测距三角高程测量精度的误差有距离测量误差、垂直角测量误差、仪器高量测误差、目标高量测误差和大气折光系数的取值误差。由于目前距离测量、角度测量都能达到很高的精度，仪器高和目标高也可设法提高其量取精度，因此，影响三角高程测量精度的主要因素是大气折光系数的取值误差。由于大气折光系数的误差影响与距离的平方成正比，因此，当距离达到一定值时，测距三角高程测量的误差将主要由大气折光误差所引起。由于大气折光具有周日变化和季节变化的特点，还与测区地形、地面覆盖物、视线高度等有关，因此，要提高测距三角高程测量的精度，应仔细研究测区内大气折光系数的变化规律，实施有效的大气折光改正。

当上述测量完成后，如果再在 B 点上安置仪器，在 A 点上安置棱镜，按照基本原理进行同样的测量，可以获得 B 点到 A 点的高差，进而可以取双向观测高差绝对值的平均值作为两点间的高差，这样的观测称为对向观测。如果简单地认为对向观测过程中大气折光系数没有发生任何变化，则对向观测高差的计算公式为(6-21)，如果进一步认为 $D_{AB} \approx D_{BA} = D$，则对向观测高差的计算将变得更简单。

$$h_{AB}^{对} = \frac{1}{2} \left[(S_{AB}\sin\alpha_{AB} - S_{BA}\sin\alpha_{BA}) + (i_1 + v_1) - (i_2 - v_2) + \frac{1}{2R}(S_{AB}^2 \cos^2\alpha_{AB} - S_{BA}^2 \cos^2\alpha_{BA}) \right]$$

(6-21)

实际上，对向观测的大气折光系数是不可能完全一样的，其高差中误差简化公式为

$$m_h^2 = \frac{1}{4} \left(2D^2 m_\alpha^2 + 2m_s^2 \sin^2\alpha + 2m_i^2 + 2m_v^2 + \frac{D^4}{4R^2}m_{\Delta k}^2 \right)$$

(6-22)

式中，m 为中误差；Δk 为大气折光系数的变化误差。

从式(6-22)可以看出，大气折光系数对对向观测高差的影响不是取决于 k 值的本身，而是取决于对向观测过程中 k 值的变化量，如果测线方向地形变化不大，对向观测又能够在较短的时间内完成，Δk 应该是一个很小的量值，甚至可忽略不计，这就是式(6-21)的由来。

测距三角高程测量还可以采用中间法，即在两个控制点上安置棱镜，在两个控制点之间架设仪器，这时，高差的计算公式为

$$h = S_i\sin\alpha_i + \frac{1 - k_i}{2R}D_i^2 - v_i - S_j\sin\alpha_j - \frac{1 - k_j}{2R}D_j^2 + v_j \qquad (6\text{-}23)$$

式中，下标 i、j 分别表示前视控制点和后视控制点。从式（6-23）可以看出，中间法测量不需要量取仪器高，且缩短了距离，如果合理地选择仪器的架设位置，使 D_i、D_j 近于相同，并且认为较小区域内的 k_i 与 k_j 也相同，高差计算将变得更加简单，如果通过设计进一步使两端的目标高一致，则目标高也不用量取，这样就会显著地提高测距三角高程测量的精度。

6.3.2 观测方法与要求

垂直角的观测方法主要有中丝法和三丝法两种。中丝法用望远镜的中丝直接瞄准目标，经盘左、盘右观测，取其均值为一测回成果，当精度要求较高时，可根据需要或规范要求进行多测回观测，测回间的互差也应参照相应的规范要求，最后，取各测回的平均值作为最终成果。三丝法是垂直角观测的另外一种方法，相对于中丝法而言，该方法具有精度高、可靠性好等优点，在高精度测量中经常被采用。三丝法观测的具体操作程序如下：

①将望远镜置于盘左位置，分别用上、中、下三根水平丝依次照准同一目标，并分别读取垂直度盘读数。

②将望远镜置于盘右位置，分别用上、中、下三根水平丝依次照准同一目标，并分别读取垂直度盘读数。

③根据式（3-1）~式（3-4），分别计算三根水平丝所测得的垂直角和垂直度盘指标差，并取盘左和盘右观测所得垂直角的平均值作为一测回垂直角观测值。

④当需要多测回观测时，可按照上述步骤进行多测回重复观测，并取各测回的平均值作为最终成果。

距离测量的基本方法和要求参见第 4 章，并将工程测量规范对全站仪测距三角高程的观测要求列于表 6-7。规范要求：垂直角应往返观测；四等测距三角高程的垂直角观测宜采用觇牌为照准目标，每照准 1 次读数 2 次，2 次读数较差不大于 3″；仪器和反光镜的高度应在观测前后各量测一次，精确到 1mm，并取均值作为最终高度。

表 6-7　　　　　　　　　　　　　　　　测距三角高程的观测要求

等级	垂直角观测				距离观测	
	仪器精度	测回数	指标差较差	测回较差	仪器精度	观测次数
四等	2″	3	≤7″	≤7″	10mm	往返各一次
五等	2″	2	≤10″	≤10″	10mm	往一次

6.3.3 大气折光影响及改正

1. 大气折光对高差的影响

当观测视线通过理想大气层时，观测视线是一条直线，由于大气密度分布不均匀，使得观测视线产生一定的弯曲，从而给观测结果带来影响。根据折射定律可知

$$n \cdot \sin\alpha = c \qquad (6\text{-}24)$$

将上式对高差 h 微分，得

$$\frac{\mathrm{d}n}{\mathrm{d}h}=-\frac{\mathrm{d}\alpha}{\mathrm{d}h}\cdot n\cdot\cot\alpha \qquad (6\text{-}25)$$

如图 6-9（a）所示，$\alpha_1>\alpha_1'$，$\alpha_2>\alpha_2'$，$\alpha_3>\alpha_3'$，…，视线弯曲为凸向，即 $\frac{\mathrm{d}n}{\mathrm{d}h}$ 为负值。在图 6-9（b）中，$\alpha_1<\alpha_1'$，$\alpha_2<\alpha_2'$，$\alpha_3<\alpha_3'$，…，视线弯曲为凹向，即 $\frac{\mathrm{d}n}{\mathrm{d}h}$ 为正值。由此可见，视线弯曲的大小和方向取决于大气垂直折射率的梯度。折射率的梯度与密度的关系为 $\frac{\mathrm{d}n}{\mathrm{d}h}\subset\frac{\mathrm{d}\rho}{\mathrm{d}h}$，而密度梯度可用下式表示：

$$\frac{\partial\rho}{\partial h}=-A\cdot\frac{P}{T^2}\left(\frac{g}{R}+\frac{\partial T}{\partial h}\right) \qquad (6\text{-}26)$$

式中，P 为大气压力；T 为大气绝对温度；A 为常数，通常取 287604×10^{-6}。

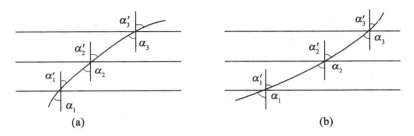

图 6-9　观测视线的一般情况

通常情况下，$\frac{g}{R}=-0.034\mathrm{K/m}$，所以当温度梯度大于 $-0.034\mathrm{K/m}$ 时，密度梯度为负，视线呈凸向弯曲。当温度梯度小于 $-0.034\mathrm{K/m}$ 时，密度梯度为正，视线呈凹向弯曲。一般在近地层，对于炎热的白天，大气密度梯度为正值；对于寒冷天气的白天，大气密度为负值。实际上，由于地貌、温度和植被等的不同，造成沿线地面之间大气密度的差异较大，这样，实际观测时视线弯曲的方向比较复杂，可能存在如图 6-10 所示的几种情况，因此需要对具体的观测情况进行具体分析。

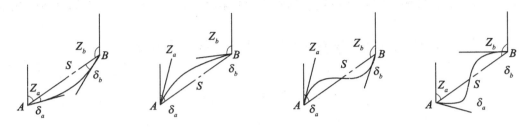

图 6-10　实际观测视线的几种情况

根据前面的分析，若要求 $m_h=\pm1\mathrm{mm}$，取 $R=6371\mathrm{km}$，则当 $D=1\mathrm{km}$ 时，有 $m_k=\pm0.013$；当 $D=500\mathrm{m}$ 时，有 $m_k=\pm0.051$；当 $D=200\mathrm{m}$ 时，有 $m_k=\pm0.318$。上述分析说

明，在同样高差误差的要求下，距离越远，对折光系数的精度要求就越高；反之，距离越近，折光系数的求解精度受高差中误差的影响就越大，因此，较近距离反算的折光系数可靠性较差。由此可知，为达到相同的折光改正后的高程精度，当距离较近时，折光系数的允许误差可以大些，当折光系数变化剧烈而难以准确测定时，测距三角高程的距离不宜过长。

2. 大气折光改正方法

目前，在测量工作中，人们常用下列几种方法来确定区域的大气垂直折光系数，改正大气折光对垂直角观测的影响：

（1）利用对向观测高差求 k

利用对向观测高差计算折光系数是生产中应用较为广泛的一种方法。但是，由于对向观测很难做到同时进行，同时，由于两点之间的下覆地形与植被等一般不均衡、不对称，这种情况下从两个方向求得的 k_{12} 和 k_{21} 是不严格相等的，因此，用该方法求得的 k 通常不是真正意义上的折光系数。

（2）利用已知精密高差求 k

该方法是最简单和应用最多的一种方法，就是将精密水准测量与测距三角高程测量相结合，先采用二等及以上精密水准测量获得地面上两点之间的高差，再在两点之间进行测距三角高程测量，将水准测量所得的高差 h_l 作为已知值，与测距三角高程测量所得的高差进行比较，求出与之相对应的大气折光系数。由式（6-19）可得

$$k = 1 + \frac{S\sin\alpha + i - v - h_l}{D^2} \cdot 2R \qquad (6\text{-}27)$$

（3）利用垂直温度梯度求 k

K. Brocks 等人从费马原理出发，利用大气物理理论导出了折光系数与气象元素的关系为

$$K = 503.3 \times \frac{P}{T^2}\left(0.0342 + \frac{\mathrm{d}T}{\mathrm{d}h}\right)\cos\beta + \Delta ke \qquad (6\text{-}28)$$

式中，气压 P 和温度 T 分别以百帕和 K 为单位；垂直温度梯度 $\frac{\mathrm{d}T}{\mathrm{d}h}$ 以℃/m 为单位；β 为视线的倾角；Δke 为水蒸气对折光系数的影响，通常可以忽略，但忽略 Δke 将使 k 值产生 5% 的误差。

按式（6-28）计算的关键是必须先求得垂直温度梯度 $\frac{\mathrm{d}T}{\mathrm{d}h}$，迄今为止，人们已研究出多种求算 $\frac{\mathrm{d}T}{\mathrm{d}h}$ 的方法，并且仍在继续对这些方法予以完善或探索新途径。

6.4 工程实例

6.4.1 苏通大桥跨江水准测量

1. 总体要求

苏通大桥跨江高程传递采用测距三角高程法进行，要求每条测线总光段数不得少于

24 个，每个光段应有 16 个有效测回，总测回数不得少于 288 个。计算三角高程的距离应往返观测，垂直角必须严格同步对向观测，观测期间，应于测前、测中和测后分别量测仪器高，量测精度应优于 0.3mm。整个观测期间，应分别在测前、测中和测后三次联测同岸高程传递观测墩标志的高差，其精度应优于 0.5mm，上、下标志的高差互差不大于 0.5mm。每一光段于测前、测中和测后三次分别测记气象元素。

计算三角高程的每条边采用激光测距仪 ME5000 进行施测，应不少于 4 个光段。

跨江高程传递的图形结构为一狭长的大地四边形，施测四条三角高程传递路线，同岸点间以二等水准联测，以组成有多余观测条件的网形结构，以便对跨江高程传递精度做检核。

观测仪器采用专用基座，与普通三爪基座的外形、结构相似，其特点是：3 个调整螺旋中 1 个固定、另 2 个在安置仪器时使用，这样可使仪器高度固定，便于精确量取仪器高。专用照准装置可强制安装于水准标志上，其觇标高固定为一个常数。照准目标为灯标、觇板互换。采用专用设备可最大限度减弱因量取仪器高、觇标高所带来的误差。

2. 垂直角测量

使用 Leica TC 2002、Leica TC 2003 全站仪（两台仪器的测角标称精度同为 0.5″）严格同时对向观测，以最大限度的抵消大气垂直折光的影响。仪器与觇标架安装在同一标石面上。同一觇标架上安装上、下两个照准标志，盘左照准上、下标志读数，盘右照准下、上标志读数，此 4 个读数为 1 个测回。1 条测线上有效观测的总测回数为 288 个，分为日间、夜间两个时间段施测，光段数不少于 24 个，每光段的有效测回数大于 12 个，日、夜观测测回数比例 1.3∶1，其中日光段中，上午（12 时前）为 6 个光段，下午为 8 个光段，夜间为 10 个光段。施测测回数达到 1/2 时，两岸观测设备、人员对调，继续下半测程观测。每一光段测前、测中和测后三次分别测记气象元素。在垂直角观测中执行的主要限差如下：

①测回内指标差互差 ≤4″，若超限，则舍去本测回。

②相邻两测回间同一标志垂直角之差 ≤8″，若超限，后一测回舍去，观测暂停 10 分钟后重新观测，重新观测的垂直角与前面所测垂直角无延续性，只与下一测回比较，并执行本项限差。

③同一测回内单向观测上、下标志的高差与两标志固定高差之差小于等于 45mm，若超限，则舍去本测回。

④一测回对向观测上、下标志高差中数归算到觇标点高差之差小于等于 45mm，若超限，则舍去本测回。

⑤日间光段之光段差和夜间光段之光段差小于等于 40mm，若超限，则超限光段舍去。

⑥不同时段间光段差小于等于 54mm，若超限，则超限光段舍去。

⑦跨江三角高程由大地四边形组成三个独立闭合环，各环线闭合差应小于 $6M_w\sqrt{s}$（单位 mm，s 为跨江视线长度）。

⑧垂直角测量时，要求一测回观测开始时严格同步，一测回结束时间差不大于 15 秒钟，否则舍去本测回。

⑨观测期间于测前、测中和测后分别量测仪器高，三次量测仪器高之差应小于等于 0.5mm。

⑩整个观测期间，分别在测前、测中和测后三次联测同岸高程传递观测墩标志的高差，三次联测上、下标志的高差互差小于等于 0.5mm。

执行以上限差时，测回、光段的取舍均以同时对向观测的成对测回、光段取舍。

3. 边长测量

边长测量使用 ME 5000 精密激光测距仪，其标称精度为 0.2mm+0.2ppm，标称测程为 8km。观测边长加大气折光改正(使用 OWENS 公式计算改正系数)，计算使用的气象元素为测线端点采样数据。边长成果采用斜距，并通过垂直角观测进行测线长归算。边长观测的具体操作如下：

①每次测量前，用彩电副载波对测距仪频率进行一次测定，求得频率改正系数，对边长进行因频率漂移引起的距离改正，其公式为

$$f_{实} = f_{测} \times 4433618.75/f_{副示} \tag{6-29}$$

$$\Delta D = -(f_{显} - f_{实}) \times D/f_{显} \tag{6-30}$$

②用于作业的干湿温度计和气压表经陕西省气象局鉴定，根据鉴定的订正表，对每个气象观测数据进行订正后再用于实际折射率计算，其订正公式为

$$t = t_0 + \Delta t \tag{6-31}$$

式中，t 为折射率计算时使用数据；t_0 为观测数据；Δt 为温度订正值。

$$p = p_0 + \alpha F + p_{补} + \Delta p \tag{6-32}$$

式中，p 为折射率计算时使用数据；p_0 为观测数据；α 为温度订正系数；F 为气压表附温；$p_{补}$ 为气压表补充订正值；Δp 为气压表刻划订正值。

③折射率对距离的修正公式为

$$D_0 = D_s \times 1.000284514844/\eta t \tag{6-33}$$

式中，D_0 为经折射率改正后的距离；D_s 为观测的斜距；ηt 为实际折射率。ηt 用 Owens 公式计算，其公式为

$$
\begin{aligned}
\eta t = 1 + \Bigg\{ & 80.87638002 \times \frac{P_D}{T}\left[1 + P_D\left(57.90 \times 10^{-8} - \frac{9.3250 \times 10^{-4}}{T} + \frac{0.25844}{T^2}\right)\right] + \\
& 69.09734271 \times \left(\frac{P_w}{T}\right)\left[1 + P_w(1 + 3.7 \times 10^{-4} P_w)\left(-2.37321 \times 10^{-8} + \right.\right. \\
& \left.\left. \frac{2.23366}{T} - \frac{710.792}{T^2} + \frac{77514.1}{T^3}\right)\right]\Bigg\} \times 10^{-6}
\end{aligned}
\tag{6-34}
$$

式中，T 按绝对温度计算，单位为 K；P_D、P_w 分别为干空气局部气压和水蒸气气压。

④对仪器和棱镜的加常数，在北京长阳基线场与光干涉尺所测的边长进行比较。

⑤每条测距边施测 2 个光段，每个光段测量 3 个测回，每测回读数 3 次。每次测量开始时，测站和镜站同时读取干温、湿温、气压、附温一次，每次测量结束时，再读取一次干温。温度读到 0.1℃，气压读到 0.1hp，附温读到整数。温度读取时，温度计离地面 1.5m 以上，距侧向地物的距离大于 0.5m，气压表与仪器接近等高，使用通风式干湿温度计时，使其吸风轮转速在 60~80 转/秒间。

158

⑥边长观测选择在"逆转点"时进行。

⑦各边长经大气折射改正后，采用观测的空间直线距离成果。

⑧边长测量中执行的限差：一测回读数间互差≤6mm；单程测回间互差为$\sqrt{2}\times 6mm$；同一水平面上往返测或光段间互差为$2\times 6mm=12mm$；按各边往返测距离之差d计算的平距测距中误差为$m=\sqrt{\dfrac{[dd]}{2n}}$。

4. 高差计算

根据式（6-21），由斜距和垂直角计算同时对向观测的高差。采用ME5000实测的斜距改化到观测垂直角时的视线长度为

$$D=\sqrt{(S^2+d^2\sin^2\alpha-d^2)}+2d\sin\alpha \tag{6-35}$$

式中，$d=(v_2-v_2')-(i_1-i_1')$，其中，v_2为觇标高，v_2'为反光镜高，i_1为经纬仪高，i_1'为测距仪高；S为实测的斜距；D为垂直角观测时的视线长度；α为观测的垂直角。

6.4.2 润扬大桥高程系统传递

1. 测距三角高程控制网的布设

在润扬大桥全面展开景观工程的施工时，世业洲等施工区域的大堤需进行加高和加宽。由于大部分施工控制点位于大堤上，加固工程的施工必然会造成施工控制点的明显位移，给大桥的施工带来严重的影响，因此，需要将大堤上的高程控制系统传递到合适的地方，以保证控制基准的稳定不变，为大桥的顺利施工打下基础。根据工程施工的实际情况，经讨论，将高程系统传递到已经完成施工的桥面或墩柱上，对下一阶段的施工放样较为有利。由于桥面和塔柱较高，用水准测量的方法难以完成高程的精确传递，为此，决定采用精密测距三角高程的方法进行高程传递。

如图6-11所示，ZYQ57、ZYQ81、ZYQ16和ZYQ59为大堤上的高程控制点，其余控制点布设在桥面或墩柱上，所有高程控制点进行联网观测，经最小二乘严密平差得到各点的高程，其最弱点的高程中误差为±2.8mm，达到了设计要求的精度。将大堤上的高程控制系统传递到了已建的桥梁结构体上，较好地保证了控制基准的稳定和统一。

2. 测量作业要求

为确保精密测距三角高程测量的精度，测量作业遵循下列要求：

①增设的控制点与地面二等水准点构成三角高程网，每个点与水准点不少于2个方向的连接。

②精密测距三角高程采用两个时段、往返测、两标高的测量方法，即每条三角高程边必须有上午、下午两个时段的观测结果，每条三角高程边必须进行往返观测，往、返观测时应观测两个标高。

③精密测距三角高程测量的限差要求：单向观测两标高的高差之差不大于±5mm；往返测高差之差不大于±8mm；两时段高差之差不大于±5mm；各方向交会的高程之差不大于±3mm；环线闭合差不大于$\pm 4\sqrt{L}mm$（L为环线长度，以km计）。

④精密测距三角高程所需边长均观测4测回，且同步观测气温、气压等气象元素。三角高程测量中的垂直角采用中丝法观测6测回，主要限差：一测回中垂直度盘指标差较差

159

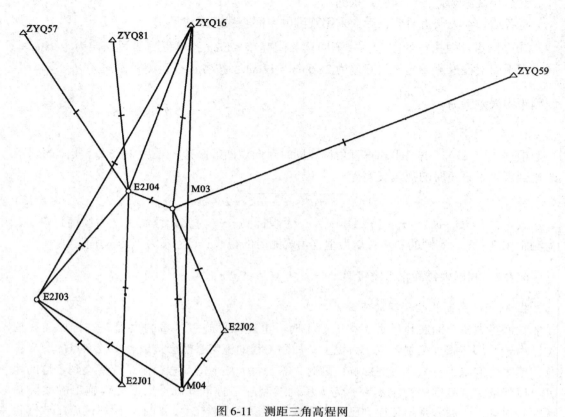

图 6-11　测距三角高程网

小于等于 5.0″，同一方向各测回垂直角较差≤6.0″。

思 考 题

1. 跨河水准测量有哪些基本特点？
2. 跨河视线长度小于 100m 的一、二等跨河水准测量可以采用什么方法？
3. 跨河视线长度小于 200m 的三等及以下跨河水准测量可以采用什么方法？
4. 跨河视线的高度如何确定？
5. 双线跨河水准测量有哪几种布设图形？两岸点位各起什么作用？
6. 单线跨河水准测量的两岸点位各起什么作用？测量基本步骤是什么？
7. 跨河水准测量有哪几种方法，使用的仪器是什么？
8. 跨河水准测量有哪些技术要求？
9. 如何设计光学测微法所需的特制觇板？

160

10. 什么叫倾斜螺旋法？

11. 什么叫经纬仪倾角法？如何计算其单向一测回高差？

12. 测距三角高程法跨河水准测量对距离测量有什么要求？

13. GPS 跨河水准测量有哪些技术要求？

14. GPS 跨河水准的高差如何计算？

15. 单向测距三角高程测量的基本公式是什么？式中各符号的含义是什么？

16. 单向测距三角高程测量的误差来源有哪些？

17. 什么叫对向三角高程测量和中间三角高程测量，与单向三角高程测量相比有什么优点？

18. 如何提高测距三角高程测量的精度？

19. 如何进行大气垂直折光改正？

20. 从大型桥梁的跨江高程测量中学到了哪些知识？

第7章 卫星定位测量

7.1 GPS 系统

7.1.1 GPS 系统的组成

全球定位系统(Global Positioning System，GPS)包括空间卫星、地面控制系统和用户(接收机)三个部分。

GPS 空间部分由 24 颗卫星(21 颗工作卫星和 3 颗在轨备用卫星)组成星座(见图 7-1)，均匀分布在 6 个倾角为 55°的近似圆形轨道上，每个轨道有 4 颗卫星，轨道距地面高度约 20200km。卫星绕地球一周需要 12 个小时(恒星时)，这样，地球上任何地方、任何时刻都能收到至少 4 颗卫星发射的信号。GPS 卫星的主体呈圆柱形(见图 7-2)，直径约为 1.5m，质量约为 774kg，两侧设有太阳能电池翼板，能自动对日定向，以保证卫星正常工作用电。每颗卫星上装有 4 台高精度原子钟(2 台铷原子钟和 2 台铯原子钟)。GPS 卫星的功能为：用 L 波段的两个载波(波长分别为 19cm 和 24cm)向用户连续地发射调制有多种信息的无线电信号，供用户定位、导航和授时；在卫星飞越注入站上空时，接收由地面注入站用 S 波段发送的导航电文和其他信息；接收地面主控站通过注入站发送的调度指令，适时调整卫星姿态，改正卫星运行的轨道偏差，启用备用卫星等。

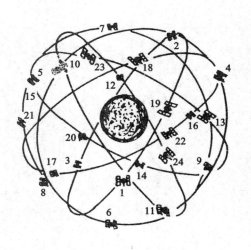

图 7-1　GPS 卫星星座

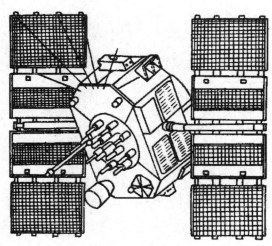

图 7-2　GPS 空间卫星

GPS 地面控制部分由 1 个主控站、3 个注入站和 5 个监测站组成(见图 7-3)。主控站位于美国的科罗拉多·斯平士(Colorado Springs),3 个注入站分别设在大西洋的阿松森(Ascension)、印度洋的狄哥·伽西亚(Diego Garcia)和太平洋的卡瓦加兰(Kwajalein),5 个监测站分别设在夏威夷、科罗拉多、阿松森、狄哥·伽西亚和卡瓦加兰。主控站除协调和管理地面监控系统的工作外,其主要任务有:根据本站和其他监测站的观测资料,推算编制各卫星的星历、卫星钟差和大气层的修正参数等,并把这些数据传送到注入站;提供全球定位系统的时间基准;调理偏离轨道的卫星,使之沿预定的轨道运行;启用备用卫星以代替失效的工作卫星。注入站的主要任务是:在主控站的控制下,将主控站推算和编制的卫星星历、钟差、导航电文和其他控制指令等,注入相应卫星的存储系统,并检测注入信息的正确性。监测站的主要任务是:对每颗卫星进行观测,并向主控站提供观测数据。每个监测站配有 GPS 接收机,对每颗卫星进行常年连续不断的观测,监测站是一个无人值守的数据采集中心,受主控站的控制,定时将观测数据传送到主控站。

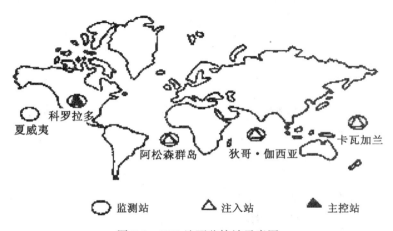

图 7-3　GPS 地面监控站示意图

GPS 用户部分的主要任务是利用卫星接收机接收来自卫星的无线电信号并进行加工处理。GPS 的用户部分由 GPS 接收机、数据处理软件及相应的用户设备(如计算机、气象仪器等)组成,其作用是接收 GPS 卫星所发出的信号,并利用这些信号进行导航定位等工作。

7.1.2　GPS 卫星信号

GPS 卫星发出的信号均由一个基本频率 F0 = 10.23MHz 的振荡器产生(见图 7-4)。GPS 卫星发射两种频率的载波信号,即频率为 1575.42MHz 的 L_1 载波和频率为 1227.60HMz 的 L_2 载波,其对应的波长分别为 19.03cm 和 24.42cm。两种载波的频率分别是基本频率 10.23MHz 的 154 倍和 120 倍,在 L_1 和 L_2 上又分别调制着多种信号。

1. C/A 码

C/A 码又被称为粗捕获码,它被调制在 L_1 载波上,是 1MHz 的伪随机噪声码(PRN 码),其码长为 1023 位(周期为 1ms)。由于每颗卫星的 C/A 码都不一样,因此,通常用它们的 PRN 号来区分它们。C/A 码是普通用户用以测定测站到卫星间的距离的一种主要信号。

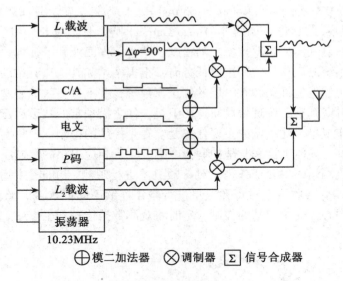

$\oplus$ 模二加法器　$\otimes$ 调制器　$\boxed{\Sigma}$ 信号合成器

图 7-4　GPS 卫星信号

2. P 码

P 码又称为精码，它被调制在 L_1 和 L_2 载波上，是 10MHz 的伪随机噪声码，其周期为 7 天。在实施反电子欺骗(Anti-Spoofing，AS)时，P 码与 W 码进行模二相加生成保密的 Y 码，此时，一般用户无法利用 P 码来进行导航定位。

3. 导航信息

导航信息被调制在 L_1 载波上，其信号频率为 50Hz，包含有 GPS 卫星的轨道参数、卫星钟改正数和其他一些系统参数。用户一般需要利用此导航信息来计算某一时刻 GPS 卫星在地球轨道上的位置，导航信息也称为广播星历。

7.1.3　GPS 接收机

GPS 接收机是指用户用来接收 GPS 卫星信号，并对其进行处理而取得定位和导航信息的仪器，它包括接收天线(带前置放大器)，信号处理器(用于信号识别和处理)，微处理机(用于接收机的控制、数据采集和定位及导航计算)，用户信息显示、储存、传输及操作等终端设备，精密振荡器(用以产生标准频率)，电源，等等。按组成构件的性质和功能，可将它们分为硬件部分和软件部分。硬件部分指上述接收机、天线及电源等硬件设备；软件部分指支持接收硬件实现其功能，并完成各种导航与测量任务的必备条件。一般说来，GPS 接收机软件包括内置软件和外用软件。内置软件是指控制接收机信号通道、按时序对每颗卫星信号进行量测以及内存或固化在中央处理器中的自动操作程序等，这类软件已和接收机融为一体。外用软件指处理观测数据的软件，如基线处理软件和网平差软件等，已成为现代 GPS 接收机测量系统的重要组成部分。一个功能优良的软件不但能方便用户使用、改善定位精度、提高作业效率，而且有利于新的应用领域的开发。

GPS 接收机有多种分类方法。按工作原理，可将 GPS 接收机分为码相关型接收机、平方型接收机、混合型接收机；按信号通道的类型，可将 GPS 接收机分为多通道接收机、序贯通道接收机、多路复用通道接收机；按接收的卫星信号频率，可将 GPS 接收机分为单频接收机（L_1）、双频接收机（L_1，L_2）；按用途，可将 GPS 接收机分为导航型接收机、测量型接收机、授时型接收机。

目前国际上知名的 GPS 接收机品牌有 Ashtech、Trimble、Thales、Leica、Topcon、Motorola 等。如图 7-5 所示，为 Thales Z-MAX 型 GPS 接收机及其主要操作界面。

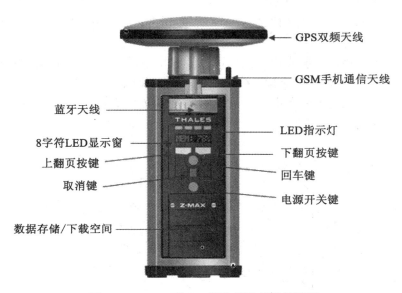

GPS双频天线

GSM手机通信天线

蓝牙天线

LED指示灯

8字符LED显示窗

上翻页按键

下翻页按键

取消键

回车键

电源开关键

数据存储/下载空间

图 7-5　Z-MAX 型 GPS 接收机及其操作界面

7.2　载波相位相对定位

利用 GPS 进行定位的方法有很多，按照参考点的位置不同，可分为绝对定位和相对定位。绝对定位即利用一台接收机测定该点相对于协议地球质心的位置，也叫单点定位。相对定位即利用两台及两台以上的接收机测定观测点至参考点(已知点)的相对位置，也就是测定参考点到未知点的坐标增量(基线向量)。工程控制测量中，通常采用载波相位观测值进行相对定位。

7.2.1　载波相位观测值

由接收机测量的相位差是卫星钟面时 t 时刻的载波相位 $\varphi^s(t)$ 和由接收机钟面时 T 时刻所产生的载波相位 $\varphi_r(T)$ 之差，即

$$\varphi = \varphi_r(T) - \varphi^s(t) \tag{7-1}$$

若引入正确的标准时刻 τ_a，τ_b 及钟面改正数 V_t，V_T，则有

$$\begin{cases} T = \tau_b - V_T \\ t = \tau_a - V_t \end{cases} \tag{7-2}$$

则式(7-1)可写成

$$\varphi = \varphi_r(\tau_b - V_T) - \varphi^s(\tau_a - V_t) \tag{7-3}$$

对一个稳定振荡器发射的频率，当时间有微小增量 Δt 时，该振荡器产生的信号的相位为

$$\varphi(t+\Delta t) = \varphi(t) + f \cdot \Delta t \tag{7-4}$$

由于卫星相对接收机位置处于相对变化，因此在接收机内将产生多普勒频移，故式(7-3)变为

$$\varphi = \varphi_r(\tau_b) - f_r V_T - (\varphi^s(\tau_a) - f^s V_t) = \varphi_r(\tau_b) - f_r V_T - \varphi^s(\tau_a) + f^s V_t \tag{7-5}$$

式中，$\varphi_r(\tau_b) - \varphi^s(\tau_a)$ 是几何距离 R 所对应的相位；f^s 为卫星发射频率；f_r 为接收机收到的频率。

如图 7-6 所示，相位测量装置首次跟踪只能测出不足一周的小数部分，而整周数 N_0 无法测量，但当接收机从 t_0 时刻起连续跟踪卫星时，接收机不仅能记录相位不足一周的小数部分 $F_r(\varphi)$，而且还能计数出从 t_0 到 t_i 时段内相位的整周变化量 $\text{Int}(\varphi)$，因此，t_i 时刻的相位值由三部分构成，即

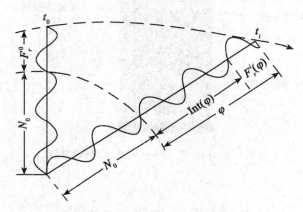

图 7-6 GPS 载波相位观测

$$\varphi = F_r(\varphi) + \text{Int}(\varphi) + N_0 \tag{7-6}$$

式中，$F_r(\varphi)$ 是不足一周的小数部分；$\text{Int}(\varphi)$ 是跟踪后的整周变化部分，首次观测值 $\text{Int}(\varphi)$ 为零，在随后的观测值中，$\text{Int}(\varphi)$ 可为正整数，也可为负整数；N_0 是首次观测值所对应的整周数，只要保持接收机对卫星连续跟踪而不失锁，那么在每个载波相位观测值中都含有相同的整周数 N_0，显然它是一个未知数。如果由于某种原因使计数器无法连续计数，那么即使信号重新跟踪，在整周计数 $\text{Int}(\varphi)$ 中也会失去某些计数，产生整周跳变，即周跳。由于不足一周的小数部分 $F_r(\varphi)$ 是瞬时观测值，因此不受整周跳变的影响。可见，在载波相位测量中，如何探测并恢复周跳以及正确地确定整周未知数 N_0，是两个必须解决的问题。

当顾及电离层折射改正 d_I 及对流层折射改正 d_T 时，式(7-6)可写成

$$F_r(\varphi) + \text{Int}(\varphi) + N_0 = f^s \cdot \frac{\rho + d_I + d_T}{c} - f_r V_T + f^s V_t \tag{7-7}$$

式中，ρ 为接收机至卫星的几何距离。

设载波相位观测值为

$$\tilde{\varphi} = F_r(\varphi) + \text{Int}(\varphi) \tag{7-8}$$

则有基本观测方程

$$\tilde{\varphi} = \frac{f^s}{c}(\rho + d_l + d_T) - f_r V_T + f^s V_t - N_0 \tag{7-9}$$

当卫星相对测站的位置变化不大时，可认为 $f_r = f^s = f$，将上式两边均乘以 $\lambda = \dfrac{c}{f}$，则有

$$\tilde{\rho} = \rho + d_l + d_T - cV_T + cV_t - \lambda \cdot N_0 \tag{7-10}$$

式中，$\tilde{\rho}$ 为接收机至卫星的伪距。式(7-10)即为载波相位测量的观测方程。

7.2.2　载波相位差分观测值

GPS 载波相位相对定位也称为差分定位，是目前 GPS 定位精度最高的定位方法。相对定位是用两台接收机分别安置在基线两端，同步观测相同的 GPS 卫星以确定基线向量的方法，这种方法可以推广到多台接收机安置在若干条基线的端点，通过同步观测 GPS 卫星，从而确定多条基线向量。按照接收机在定位过程中所处的状态不同，可分为静态相对定位和动态相对定位。静态相对定位一般采用载波相位观测值为基本观测量，载波相位可以是原始的相位观测值，也可以是在测站、卫星或历元之间组合的差分观测值，差分的目的是消除公共误差，提高定位精度。用原始非差相位进行相对定位，称为非差模式，用差分相位进行相对定位，称为差分模式。

如图 7-7 所示，假设基线两端的接收机分别为 i 和 j，对 GPS 卫星 p 和 q，在历元 t_1 和 t_2 进行了同步观测，得到 8 个载波相位观测量 $\varphi_i^p(t_1)$、$\varphi_i^p(t_2)$、$\varphi_i^q(t_1)$、$\varphi_i^q(t_2)$、$\varphi_j^p(t_1)$、$\varphi_j^p(t_2)$、$\varphi_j^q(t_1)$、$\varphi_j^q(t_2)$。在 GPS 相对定位基线解算时，依所用差分观测量的不同，分为单差、双差和三差 3 种形式。

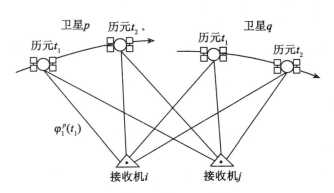

图 7-7　GPS 相对定位差分观测

1. 单差观测值

对于原始载波相位观测值，可以在不同接收机之间、不同卫星之间和不同历元之间求一次差值，就得到单差虚拟观测值。

在接收机 i，j 之间求差得

$$\Delta\varphi^p(t_1) = \varphi_i^p(t_1) - \varphi_j^p(t_1)，\quad \Delta\varphi^q(t_1) = \varphi_i^q(t_1) - \varphi_j^q(t_1)$$
$$\Delta\varphi^p(t_2) = \varphi_i^p(t_2) - \varphi_j^p(t_2)，\quad \Delta\varphi^q(t_2) = \varphi_i^q(t_2) - \varphi_j^q(t_2) \tag{7-11}$$

在卫星 p，q 之间求差得

$$\nabla\varphi_i(t_1) = \varphi_i^p(t_1) - \varphi_i^q(t_1), \quad \nabla\varphi_i(t_2) = \varphi_i^p(t_2) - \varphi_i^q(t_2)$$

$$\nabla\varphi_j(t_1) = \varphi_j^p(t_1) - \varphi_j^q(t_1), \quad \nabla\varphi_j(t_2) = \varphi_j^p(t_2) - \varphi_j^q(t_2) \tag{7-12}$$

在历元 $(t_1,\ t_2)$ 之间求差得

$$\delta\varphi_i^p(t_1) = \varphi_i^p(t_1) - \varphi_i^p(t_2), \quad \delta\varphi_i^q(t_1) = \varphi_i^q(t_1) - \varphi_i^q(t_2)$$

$$\delta\varphi_j^p(t_1) = \varphi_j^p(t_1) - \varphi_j^p(t_2), \quad \delta\varphi_j^q(t_1) = \varphi_j^q(t_1) - \varphi_j^q(t_2) \tag{7-13}$$

2. 双差观测值

如果取符号 $\Delta\varphi^p(t)$、$\nabla\varphi_i(t)$ 和 $\delta\varphi_i^j(t)$ 分别表示不同接收机之间、卫星之间和不同历元之间的观测量之差(单差)，在单差的基础上进一步差分，就得到二次差值，即双差虚拟观测值。可在接收机和卫星之间、接收机和历元之间、卫星和历元之间求二次差，其中，接收机与卫星之间的双差表达式为

$$\nabla\Delta\varphi^p(t) = \Delta\varphi^p(t) - \Delta\varphi^q(t) = \varphi_i^p(t) - \varphi_j^p(t) - \varphi_i^q(t) + \varphi_j^q(t) \tag{7-14}$$

3. 三差观测值

不同历元同步观测同一组卫星所得观测量双差之差，即三差。接收机、卫星与历元之间的三差表达式为

$$\begin{aligned}\delta\,\nabla\Delta\varphi^k(t) &= \nabla\Delta\varphi^p(t_2) - \nabla\Delta\varphi^p(t_1) \\ &= \left[\varphi_i^p(t_2) - \varphi_j^p(t_2) - \varphi_i^q(t_2) + \varphi_j^q(t_2)\right] \\ &\quad - \left[\varphi_i^p(t_1) - \varphi_j^p(t_1) - \varphi_i^q(t_1) + \varphi_j^q(t_1)\right]\end{aligned} \tag{7-15}$$

7.2.3 差分观测方程与解算

基线解算一般采用差分观测值，工程 GPS 控制网的边长一般不是很长(如 8km 以内)，通常采用双差观测值，即由两个测站的原始观测值分别在测站和卫星间求差后所得到的观测值。对边长超过 30km 的基线，也可采用三差观测值进行基线解算。

设两台接收机 i，j 在时刻 t_i 观测卫星 p，分别得到载波相位观测值 $\varphi_i^p(t)$ 和 $\varphi_j^p(t)$，则据式(7-9)，使两式相减并顾及 $f_r = f^s = f$，便得到一次差分的载波相位观测方程

$$\Delta\varphi_{ij}^p = \frac{f}{c}(\Delta\rho)_{ij}^p - \frac{f}{c}(d_I)_{ij}^p - \frac{f}{c}(d_T)_{ij}^p + \Delta\tilde{\varphi}_{ij} - (N_0)_{ij}^p \tag{7-16}$$

式中，$(\Delta\rho)_{ij}^p = \rho_j^p - \rho_i^p$；$(d_I)_{ij}^p = (d_I)_j^p - (d_I)_i^p$；$(d_T)_{ij}^p = (d_T)_j^p - (d_T)_i^p$；$\Delta\tilde{\varphi}_{ij} = f(V_{Tj} - V_{Ti})$；$(N_0)_{ij}^p = (N_0)_j^p - (N_0)_i^p$。

通过以上的分析可知，通过接收机间求一次差，可以消除卫星钟差的影响，大大削弱了卫星星历误差、电离层和对流层折射的影响，因此，在短距离内，即使使用单频接收机不加电离层折射改正，仍可获得较理想的成果。

若接收机 i，j 在同时刻还对卫星 q 进行观测，则对卫星 q 也可以建立与式(7-16)相似的单差观测方程，将两个单差观测方程相减，则得到接收机对卫星的二次差分观测方程

$$\Delta\varphi_{ij}^{pq} = \frac{f}{c}(\Delta\rho)_{ij}^{pq} - \frac{f}{c}(d_I)_{ij}^{pq} - \frac{f}{c}(d_T)_{ij}^{pq} - (N_0)_{ij}^{pq} \tag{7-17}$$

式中，$\Delta\varphi_{ij}^{pq} = \Delta\varphi_{ij}^q - \Delta\varphi_{ij}^p$；$(\Delta\rho)_{ij}^{pq} = (\Delta\rho)_{ij}^q - (\Delta\rho)_{ij}^p$；$(d_I)_{ij}^{pq} = (d_I)_{ij}^q - (d_I)_{ij}^p$；$(d_T)_{ij}^{pq} = (d_T)_{ij}^q - (d_T)_{ij}^p$；$(N_0)_{ij}^{pq} = (N_0)_{ij}^q - (N_0)_{ij}^p$。

由此可见，二次差分进一步消去了接收机钟差的影响。

关于差分观测方程的解算，即相对定位的解算，目前各个接收机厂家都开发了适用于自身商品接收机的软件处理系统，其工作原理与结构基本相同，这些系统概括起来有两类：一类以基线解为基础，输出结果是测站点间的基线向量及其方差-协方差矩阵；另一类以多点解为基础，以一次计划中全部观测数据为对象，输出结果是全部观测点的基线向量及其方差-协方差矩阵。A、B级GPS网的基线数据处理应选择高精度的数据处理专用软件，C、D、E级GPS网的基线数据处理可采用随接收机配备的商用软件。

7.3 GPS 测量误差来源

GPS定位是通过地面的接收设备接收卫星传送的导航定位信息来确定地面点的三维坐标的。GPS测量的误差来源总体上可分为三类：与卫星有关的误差、与信号传播有关的误差、与接收机有关的误差。

7.3.1 与卫星有关的误差

1. 卫星星历误差

卫星星历是描述有关卫星运行轨道的信息。利用GPS进行定位，就是根据已知的卫星轨道信息和用户的观测资料，通过数据处理来确定接收机的位置及其载体的航行速度。所以，精确的轨道信息是精密定位的基础。GPS卫星星历的提供方式一般有两种，即预报星历(广播星历)和后处理星历(精密星历)。

卫星作为在高空运行的动态已知点，其瞬时的位置由卫星星历提供。卫星星历的误差实质就是卫星位置的确定误差，即由卫星星历计算得到的卫星的空间位置与卫星实际位置之差。在GPS测量中，卫星位置是作为已知点的，因此，卫星星历误差是一种起算数据误差，在一个观测时段里，对观测量的影响主要呈现系统误差特性。卫星星历误差的大小主要取决于卫星跟踪系统的质量，如卫星跟踪站的数量及空间分布、观测值的数量及精度、轨道计算时所选用的轨道模型及定轨软件的完善程度等。另外，卫星星历误差与星历的预报间隔也有直接关系。由于美国政府的SA政策，卫星星历中还将引入大量的由人为原因造成的误差，它们主要也表现为系统误差。卫星星历误差对相距不太远(如20km内)的两个测站的定位结果产生的影响大体上相同，各个卫星的星历误差一般看成是相互独立的量。但是由于实施了SA技术，卫星星历误差的系统特性很可能会被破坏。卫星星历误差将严重影响单点定位的精度，在精密相对定位中也是一个重要的误差源。

2. 卫星钟误差

GPS卫星钟采用的是GPS时间系统(GPST)，为原子时，其时间由主控站按协调世界时(UTC)进行调整。卫星钟虽然都是高精度的原子钟(铷钟、铯钟)，但仍不可避免地存在误差，这种误差既包含了系统性的误差(如钟差、钟速、钟漂等偏差)，也包含着随机误差。系统误差远较随机误差的值大，但可以通过检验和比对来确定，并通过模型来加以改正，而随机误差只能通过钟的稳定度来描述其统计特性，无法预报其大小。卫星钟的钟面时与GPS标准时之间的偏差称为物理同步误差。卫星钟的这些偏差总量在1ms以内，但由此引起的等效距离误差可达300km。在GPS定位中，GPS卫星作为高空观测目标，其位置在不断变化，必须要有严格的瞬间时刻，卫星的位置才有意义。因此，GPS定位的实现，要求卫星钟和接收机钟保持严格同步，能够和GPS时间一致，这样才可以准确地测定信号传播的时间，从而准确地测定卫星与测站之间的距离。

3. 相对论效应

相对论效应是由于卫星钟和接收机钟所处的状态不同而引起两台钟之间产生的相对钟误差现象。相对论效应主要取决于卫星的运动速度和重力位。GPS 卫星在离地面 20200km 高空的轨道上运行，由于相对论效应的影响，使一台钟放到卫星上后的频率比在地面上有所增加。当假设卫星轨道为圆形、卫星运动匀速时，解决相对论效应的最简单的办法就是在制造卫星钟的时候预先把频率降低。

7.3.2　与信号传输有关的误差

1. 电离层延迟误差

电离层一般指在地球 50~1000km 范围内的大气层。在电离层中，气体受太阳辐射作用而被电离，卫星信号传播速度发生变化，从而引起时延。电离层对 L 波段的无线电波信号具有色散作用，从而使得采用双频测量方法予以消除成为可能。对载波相位测量来说，电离层引起的时延与沿信号传播路径上的电子含量 N_e（又称电子密度）及使用的频率 f 有关。电子密度有周日变化、周年变化的特征，一般白天比夜间高 4~5 倍，并以 11 年为周期变化，还与太阳黑子活动及地磁场变化有关。电离层折射与频率、时间及地点等因素密切相关，对 GPS 卫星频率而言，电离层延迟对测距的影响一般在 50~100m 内变化。对双频接收机和单频接收机，电离层时延改正采用不同办法来解决。

对双频接收机码相位测量或载波相位测量，可利用两个频率的相位观测值求出免受电离层折射影响的相位观测值；对单频接收机，常常采用模拟电离层折射改正模型用计算改正数的办法来补偿它的影响。由于电子密度与高度、地方时、太阳活动程度、季节变化以及测站位置等多种因素有关，目前还不能用一个理想的数学模型来描述电子密度的大小及其变化规律，所以改正模型仅是一个经验估算公式，与实际情况之间存在一定的差异。对相距较近的两个测站，当两台接收机同时跟踪同一颗卫星时，可采用接收机之间求一次差的方法来削弱电离层折射的影响。

2. 对流层延迟误差

靠近地面 50km 范围内的对流层折射影响比电离层折射影响更为严重，这是因为对流层对 L 波段的无线电波信号不存在色散作用，因此，采用双频测量方法也不能来减弱其影响。另外，如果两个测站相距较远，由于 GPS 信号传播路径上的对流层折射延迟彼此不相关，采用求差方法也不会显著地减弱其影响。目前，建立近地大气模型，通过测量信号传播路径上的气温、气压及水汽分压等气象数据，用计算的办法加以改正，仍是减弱对流层延迟影响的较好方法，与此同时，模拟的模型及气象元素的测量误差就成为了对流层折射改正能否取得良好效果的重要因素。目前，最常用的对流层折射改正模型有 Hopfield 模型和 Saastamoinen 模型。

3. 多路径效应

多路径效应是指除卫星的直接信号外，还有反射的绕道信号到达接收机。如图 7-8 所示，水平面、垂直面或斜面都有可能造成多路径效应，多路径信号和直接信号可以互相混合，从而产生相位误差，这种影响具有周期性，量值可达几厘米。

为减弱或消除多路径效应的影响，接收机一般使用屏蔽天线，在天线底面及周围采用吸收电波的材料以抑制多路径反射信号。在测站选择上应注意以下几点：

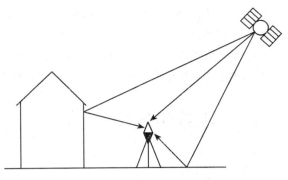

图 7-8 GPS 多路径效应

①观测站应远离大功率的无线电发射台和高压输电线，以避免其周围磁场对 GPS 卫星信号的干扰。

②观测站附近不应有大面积的水域或对电磁波反射(或吸收)强烈的物体，以减弱多路径效应的影响。

③观测站应离开高层建筑物，汽车也不要停放在测站附近。

④观测站不宜选择在山坡、山谷和盆地中。当山坡坡度较大时，在高度截止角以上便会出现障碍物，影响卫星信号的吸收。当坡度较小时，反射信号也能从天线抑径板上方进入天线，产生多路径误差。山谷和盆地的情形与山坡类似。

7.3.3 与接收机有关的误差

1. 接收机钟误差

接收机都安装有比较稳定的石英钟，但远没有卫星钟的可靠性好和精度高，钟误差的大小主要取决于钟的质量和使用的环境。解决接收机钟误差的办法如下：在单点定位时，将接收机钟差作为未知数求出；在载波相位相对定位中，通过载波相位观测值的二次差分可以大部分地得到消除；在高精度定位时，可采用外接频标的方法，为接收机提供高精度时间标准。

2. 接收机噪声与接收信号的相位时延

接收机噪声取决于 GPS 信号的信噪比，通过精密的电路设计，可将其减少到对测距仅有 1~3mm 的影响程度。

在多通道接收机中，由于卫星信号通过不同的通道，故各个硬件通道所显示的相位延迟不尽相同。仪器厂家对这个行程时间差予以校正和补偿，使残留的相位差异近于 5°，即相应的距离偏差约为 2.5mm。在多路单通道和序贯式单通道接收机中，不会出现这种误差。

3. 天线相位中心变化与观测误差

在精心设计的电路中，天线相位中心的变化一般很小，当使用同类天线时，在相距不远的两点观测相同卫星图形时，可通过差分方法予以消除，为此，需要按规定方式整置天线方向。

观测误差与天线的安置精度有关，即与天线对中精度、天线整平精度及天线高量取精度有关，所以在外业测量中，应注意天线的对中和整平，量准天线高。另外，为提高定位精度，应使几何强度因子 GDOP 值尽可能地小，即选择由用户位置和卫星位置构成的四面体的体积为最大的一组星进行观测，由于星座是随时间变化的，因此当观测时段较长时，应使 GDOP 值为最小值所对应的时刻安排在观测时段的中央。每种接收机的软件中都有相应程序能够输出和打印出 GDOP 值及图形，安排观测时可作参考和选择。

7.4 工程 GPS 网布设与观测

7.4.1 GPS 网布设方式

对于首级工程 GPS 网，应根据测区已有的测量资料、工程特点、精度要求、卫星状况、接收机数量以及交通状况等进行综合设计。布设时通常要求：应与 2 个及 2 个以上国家或地方高等级控制点联测；控制网中的长边宜构成大地四边形或中点多边形；控制网由独立观测边构成一个或若干个闭合环或附合路线，且闭合环或附合路线中的边数不宜多于 6 条；控制网中独立基线的观测总数不宜少于必要观测基线数的 1.5 倍。与常规的大地测量控制网相比，GPS 网的布设尤为灵活，可采用不同的布设方式。

1. 跟踪站式

用若干台 GPS 接收机长期固定在测站上，进行常年不间断的观测，这种布设方式称为跟踪站式。采用这种方式布设的网有很高的精度和框架基准特性，但观测时间长、成本高，工程控制网一般不采用这种布设方式。

2. 会战式

采用多台 GPS 接收机在同一时间里分别在一批测站上观测多天或较长时段，在完成一批点测量后，所有接收机再迁至下一批测站，这种布设方式称为会战式。这种布设方式需要进行较长时间和多时段的观测，一般适用于 GPS A、B 级网的布设。

3. 多基准站式

在一段时间里，将几台接收机固定在某几个测站(这些固定不动的测站称为基准站)上进行长时间的观测，而另几台接收机则流动性地进行同步观测，这种布设方式称为多基准站式，如图 7-9 所示。由于基准站的观测时间较长，有较高的定位精度，可起到控制整个 GPS 网的作用，加上流动站之间不但有自身的基线相连，还与基准站存在同步观测基线，使得 GPS 网有较好的图形强度。

4. 同步图形扩展式

多台接收机在不同的测站上进行同步观测，完成一个时段的观测后，再把其中的几台接收机搬至下几个测站，不同的同步图形之间有一些公共点相连，这种布设方式作业简单、图形强度较高、扩展速度快，是工程 GPS 网应用最多的一种方式。如图 7-10 所示，根据相邻两个同步图形之间公共点的多少，又可分为：

点连式：相邻两个同步图形之间由一个公共点相连。

边连式：相邻两个同步图形之间由一条边相连。

网连式：相邻两个同步图形之间由 3 个及以上的公共点相连。

混连式：实际工作时，可根据情况混合采用以上几种方式作业，即混连式。

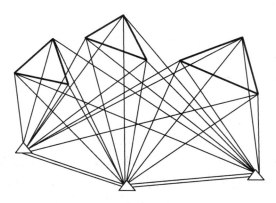

图 7-9　多基准站式

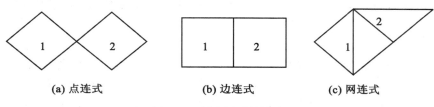

(a) 点连式　　　　　(b) 边连式　　　　　(c) 网连式

图 7-10　同步图形扩展式

5. 星形式

用一台接收机作为基准站，在某个测站上进行连续观测，其他接收机在基准站周围流动观测，这样测得的同步基线就构成了一个以基准站为中心的星形，如图 7-11 所示。作业时，流动的接收机每到一站即开机，结束后即迁站，不强求接收机之间必须同步观测，作业效率高，但图形强度弱，可靠性较差。

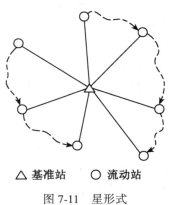

△ 基准站　　○ 流动站

图 7-11　星形式

7.4.2　GPS 网外业观测

GPS 网布设完成后，准备和检查好 GPS 接收机和各种必要的设备，安排好每天的工作计划和调度命令，就可进行外业观测。

1. 天线安置要求

外业观测时，天线的妥善安置是实现精密定位的重要条件之一，应满足以下条件：

①静态相对定位时，天线的安置一般利用三脚架或强制观测墩，并以控制点标志为准进行对中，对中误差应不大于 2mm。特殊情况下可进行偏心观测，但归心元素应精密测定。

②应利用圆水准气泡使天线处于水平状态。

③天线的定向标志线应指向正北，以减弱相位中心偏差的影响。

④天线安置后，应在各时段观测前后各量取天线高一次，测量的方法按仪器的操作说明执行。天线高量取应精确到 1mm，两次量测的结果应不超过 3mm，并取其均值。

所谓天线高，是指天线相位中心至观测点标志中心顶端的垂直距离，一般分为上、下两段，上段是从相位中心至天线底面的距离，这段的数值是常数，由厂家给出（如 THALE ZMAX 型接收机为 0.327m）；下段是从天线底面至观测点标志中心顶端的距离，由观测者测定。

2. 测站作业步骤

测量前，应对接收机的可储存空间、电池的容量等进行检查，将接收机在外界环境中静置一会。在安置天线并连接好电缆后，即可接通电源进行测站上的有关作业，测量人员的主要工作是按仪器的操作要求输入点名、时段号、数据文件名、天线高等信息，并记录在观测手簿上。下面以 ZMAX 接收机为例，介绍该仪器在一个测站上的按键操作步骤：

①设置 GPS 数据采样率。进入控制面板中的"SURVEYCONF"菜单；进入采样率"REC INT"子菜单，将采样率设置成与其他仪器一致的秒数，如"20"秒；进入设置"SETTINGS"菜单；进入保存"SAVE"子菜单；显示"SAVE SETTINGS?"；按确定键后显示"DONE"。采样率设置完成。

②架设仪器，对中整平，量取天线高，记录测站点号及对应的仪器号、时间段。

③开机，并进行相关设置。进入控制面板的"SURVEY：STATIC"菜单；在"SITE：????"中输入测站点号；在"ANT HT"中输入天线高；进入设置"SETTINGS"菜单；进入保存"SAVE"子菜单；显示"SAVE SETTINGS?"；按确定键后显示"DONE"。

④观测结束后，关机搬站。

在确保同步观测 GPS 接收机数据采样率一致的情况下，安置仪器量取天线高后，外业观测只需要开关电源键即可完成数据的自动采集，测站点号及对应的天线高、仪器号、时间段在内业处理软件中输入。

3. 数据采集方式

GPS 的数据采集由接收机自动进行，记录于存储介质上（磁卡、记忆卡等），其内容包括：载波相位观测值及相应的观测历元；同一历元的测码伪距观测值；GPS 卫星星历及卫星钟参数；大气折射修正参数；实时绝对定位结果；测站控制信息及接收机工作状态信息。

7.4.3　GPS 偏心观测与归心改正

工程 GPS 测量一般不需要进行偏心观测，但有时由于特殊原因或某种条件的限制，也需要进行偏心观测和归心改正。例如，当控制网与安装有大型觇标的国家高等级控制点联测时，有时就必须进行偏心观测，偏心观测的结果必须归算到实际的控制点标志中心，且归算的精度应不超过天线安置的对中误差。

GPS 偏心观测与常规大地测量偏心观测的基本概念是一致的，归心元素是在偏心观测站的站心极坐标系中测定的。如图 7-12 所示，假设 P 为 GPS 控制点，A 为偏心观测站，则在 A 点站心坐标系中有

$$\begin{bmatrix} x \\ y \\ z \end{bmatrix}_{ap} = D_{ap} \begin{bmatrix} \cos\beta_{ap}\cos A_{ap} \\ \cos\beta_{ap}\sin A_{ap} \\ \sin\beta_{ap} \end{bmatrix} \tag{7-18}$$

式中，$(x, y, z)_{ap}$ 为 P 点在站心坐标系中的空间直角坐标；D_{ap} 为点 A 到 P 的斜距；β_{ap} 为 AP 方向的高度角；A_{ap} 为 AP 方向法截面大地方位角。

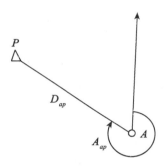

图 7-12　GPS 偏心观测

若直接测定了 A 点至 P 点的高差，则上式可改写为

$$\begin{bmatrix} x \\ y \\ z \end{bmatrix}_{ap} = D_{ap} \begin{bmatrix} \cos\beta_{ap}\cos A_{ap} \\ \cos\beta_{ap}\sin A_{ap} \\ h_{ap}/D_{ap} \end{bmatrix} \tag{7-19}$$

式中，$\beta_{ap} = \arcsin(h_{ap}/D_{ap})$。

GPS 偏心观测的归心元素就是 P 点在 A 点站心极坐标系中的坐标 $(D, A, h)_{ap}$。显然，可靠地测定归心元素中的大地方位角 A_{ap} 是一个重要问题，对此，通常有三种方法：GPS 方法、天文测量方法和三角联测方法，其中，天文测量方法较为复杂，三角联测方法必须预先已知 P 点至任一方向的大地方位角。下面简要介绍 GPS 测定大地方位角的方法。

如图 7-13 所示，在偏心测站 A 附近选 GPS 方位点 B，设 A、B 在 WGS-84 中的空间直角坐标分别为 $(X, Y, Z)_a$ 和 $(X, Y, Z)_b$，在 A 点站心坐标系中，B 点的空间直角坐标为 $(x, y, z)_{ab}$，这时有

$$\begin{bmatrix} x \\ y \\ z \end{bmatrix}_{ab} = H_a \begin{bmatrix} X_b - X_a \\ Y_b - Y_a \\ Z_b - Z_a \end{bmatrix} \tag{7-20}$$

$$H_a = \begin{bmatrix} -\sin B\cos L & -\sin B\sin L & \cos B \\ -\sin L & \cos L & 0 \\ \cos B\cos L & \cos B\sin L & \sin B \end{bmatrix}_a \tag{7-21}$$

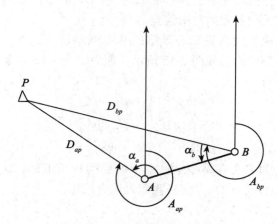

图 7-13 GPS 测定大地方位角

式中，L_a、B_a 为 A 点的大地经纬度。由此可得边 AB 在 WGS-84 中的法截面大地方位角

$$A_{ab} = \arctan(y_{ab}/x_{ab}) \qquad (7\text{-}22)$$

由图 7-13，可得

$$A_{ap} = A_{ab} + (360° - \alpha_a) \qquad (7\text{-}23)$$

式中，α_a 为测站至两个照准点之间的水平夹角。

7.4.4 苏通大桥 GPS 网布测

苏通长江公路大桥(简称苏通大桥)位于江苏省东部的南通市和苏州(常熟)市之间，西距江阴大桥约 80km，东距长江入海口约 110km。苏通大桥首级 GPS 平面控制网于 2001 年由国家测绘局第一测绘大队承担建设，控制网等级为 GPS B 级。由于桥位区土质以黏土、亚黏土、粉沙、粗沙和砾石为主，且覆盖层较厚，因此每个平面控制点都建立了混凝土观测墩，并安装了强制对中底盘。桥位区首级 GPS 平面控制网由 18 个控制点组成，网形为以桥轴线为近似对称轴的 4 个大地四边形，此外，在大堤北岸 1~2km 范围内布设了 2 个大地四边形，在大堤南岸 1~2km 范围内布设了 3 个大地四边形，后因大桥施工及地方建设等影响，个别控制点遭到破坏。图 7-14 为桥位区首级 GPS 平面控制网布设略图。

国测一大队在完成桥位区控制点的选择与埋设后，于 2001 年 5 月采用 GPS 静态定位方法完成了桥位区 18 个控制点的测量以及与 3 个国家一等三角锁点 I001、I002、I003 的联测，并于 2003 年 4 月、2004 年 4 月完成了控制网的第一次和第二次复测。GPS 网首测时，使用了 4 台 ASHTEC Z-12 型和 2 台 ASHTEC Z-Xteme 型 GPS 接收机，标称精度皆为 5mm+1×10^{-6}D，全部使用能够有效减弱多路径效应影响的扼径圈天线。作业中，各仪器性能稳定，未出现任何故障。作业中使用的 6 台通风干湿温度计、6 台高原空盒气压表在作业前均经过陕西省气象局鉴定。外业观测执行的具体技术参数为：卫星截止高度角为 15°；采样间隔为 15s；最少卫星数为 4 颗；有效卫星总数≥9 颗；卫星象限分布为(25±20)%；每颗卫星连续观测时间≥25min；PDOP≤6；桥位区每个控制点观测时间≥23.5h；

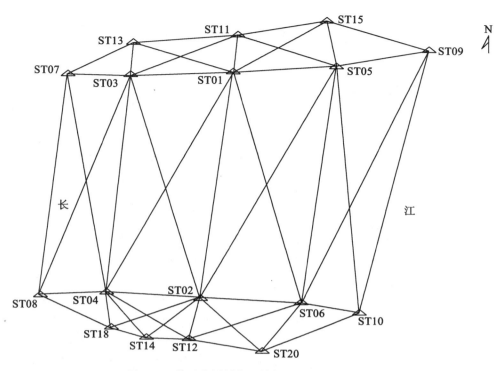

图 7-14　苏通大桥桥位区首级 GPS 平面控制网

联测每个已知点的时间≥7h。

21 个控制点分为 8 个同步环进行观测，第一个同步环的观测点号为 ST02、ST04、ST08、ST14、ST18，第二个同步环观测点号为 ST02、ST04、ST12、ST14，第三个同步环观测点号为 ST02、ST06、ST12、ST16、ST20，第四个同步环的观测点号为 ST01、ST02、ST03、ST04、ST07、ST08，第五个同步环观测点号为 ST01、ST02、ST05、ST06、ST09、ST10，第六个同步环观测点号为 ST01、ST07、ST09、ST11、ST13、ST15，第七个同步环观测点号为 ST06、ST10、ST20，第八个同步环观测点号为 ST01、ST02、I001、I002、I003。

量测天线高时，18 个新埋观测墩均从标志面量测至天线前置放大器底部的直高。3 个国家已知点均建有 31m 高的钢标，钢标保存基本完好，观测前，用全站仪将标石中心投影至内架基板上。观测时，卸掉钢标标头，接收机天线架设在内架基板上，量测的天线高为基板至天线前置放大器底部的垂高，控制点上标志至基板的距离用全站仪测得，其值分别为 31.400m、31.032m、31.211m。为避免偏心观测，采用 WILD T2 型经纬仪进行钢标观测投影，经两次投影，取中数为标志中心在基板的位置，两次投影差分别为 2.5mm、3.0mm、4.0mm。

为了检核 GPS 网的观测精度及平差的需要，在 GPS 网观测时，采用瑞士 Kern 公司生产的 ME 5000 激光测距仪（标称精度为 $0.2mm + 0.2 \times 10^{-6}D$）施测了 ST02-ST01、ST06-ST20、ST03-ST01 等 3 条精密激光测距边，每边观测两光段，成果取中数采用，距离分别为 6101.35776m、454.86273m、1208.27709m，这 3 条边和相应的 GPS 边比较，分别相差

−0.94mm、0.03mm、2.29mm。

7.5 GPS 测量数据处理

7.5.1 基线解算及质量检验

1. 基线解算

当每天的外业观测结束后，应及时地采用基线解算软件解算出各条基线，根据基线解算结果对外业观测数据的质量进行检验，以便发现不合格的观测数据，适时地进行补测或重测。

GPS 基线解算的过程也是一个平差的过程，所采用的观测值一般为双差观测值。基线解算一般分三个阶段进行：第一阶段，进行初始平差，解算出整周未知数参数（此时为实数）和基线向量的实数解（浮动解）；第二阶段，将整周未知数固定成整数；第三阶段，将确定了的整周未知数作为已知值，仅将待定的测站坐标作为未知参数，再次进行平差解算，求出基线向量的最终解——整数解（固定解）。

每一个厂商所生产的 GPS 接收机都会配备相应的基线解算软件，其使用方法有各自不同的特点，但在使用步骤上大体相同。GPS 基线解算的过程主要包括以下几个步骤：

①原始观测数据的读入。基线解算时，首先需要读取原始的 GPS 观测数据。一般来说，各接收机厂商的随机软件都可以直接处理从接收机中传输出来的 GPS 原始观测数据，而由第三方所开发的数据处理软件则不一定能对各接收机的原始观测数据进行处理，要处理这些数据，需要将其转换成通用的 RINEX 格式。

②外业输入数据的检查与修改。读入 GPS 观测数据后，就需要对观测数据进行必要的检查，检查的项目包括测站名、点号、测站坐标、天线高等。对这些项目进行检查的目的是为了避免外业操作时的误操作。

③设定基线解算的控制参数。基线解算的控制参数用以确定数据处理软件采用何种处理方法来进行基线解算，设定基线解算的控制参数是基线解算时的一个非常重要的环节，通过控制参数的设定，可以实现基线的精化处理。

④基线解算。基线解算的过程一般是自动进行的，无需过多的人工干预。

⑤基线解算的质量检验。基线解算完毕后，基线结果并不能马上用于后续的处理，还必须对基线的质量进行检验，只有质量合格的基线才能用于后续的处理，如果不合格，则需要对基线进行重新解算或重新测量。

2. 外业数据的质量检查

基线解算完成后，应对基线的质量进行检查，实际上也就是对外业观测数据进行质量检查。目前，除根据解算基线时软件提供的基线质量指标（如单位权中误差 RMS、整周模糊度检验值 RATIO、相对定位精度因子 RDOP 等）进行检查外，主要从同步环、异步环和重复基线的闭合差等方面检查 GPS 外业观测数据的质量。

（1）数据删除率

基线解算时，如果观测值的改正数大于某一个阈值，则认为该观测值含有粗差，必须将其删除。被删除观测值的数量与观测值总数的比值，就是数据删除率，其值一般应小于10%。数据删除率从某一方面反映了 GPS 原始观测值的质量，数据删除率越高，观测值的质量就越差。

（2）同步环闭合差

两台及以上的接收机对同一组卫星进行的观测称为同步观测，3台及以上的接收机同步观测获得的基线构成的闭合环称为同步环，在 N 台仪器观测构成的同步环中，有 $\dfrac{N(N-1)}{2}$ 条同步观测基线，但只有 $N-1$ 条是独立基线。当环中基线为多台接收机同步观测时，各基线不独立，其理论闭合差恒为零，但是由于观测误差、数据处理软件模型不完善或计算数据取舍的差异，使得同步环闭合差一般不为零。假设 W_X、W_Y、W_Z 分别为同步闭合环中各边的坐标分量闭合差，即

$$\begin{cases} W_X = \displaystyle\sum_{i=1}^{n} \Delta X_i \\ W_Y = \displaystyle\sum_{i=1}^{n} \Delta Y_i \\ W_Z = \displaystyle\sum_{i=1}^{n} \Delta Z_i \end{cases} \tag{7-24}$$

式中，$(\Delta X_i,\ \Delta Y_i,\ \Delta Z_i)$ 为第 i 条基线向量的坐标分量，则环线闭合差定义为

$$W = \sqrt{W_X^2 + W_Y^2 + W_Z^2} \tag{7-25}$$

一般规定，同步环坐标分量闭合差和环线闭合差应满足

$$\begin{cases} W_X \leqslant \dfrac{\sigma}{5}\sqrt{n} \\ W_Y \leqslant \dfrac{\sigma}{5}\sqrt{n} \\ W_Z \leqslant \dfrac{\sigma}{5}\sqrt{n} \\ W_限 \leqslant \dfrac{\sigma}{5}\sqrt{3n} \end{cases} \tag{7-26}$$

式中，n 为闭合环中的边数；σ 为基线测量中误差，单位为 mm，通常采用外业测量时 GPS 接收机的标称精度，按平均边长计算；$W_限$ 为环线闭合差的限值。

（3）异步环闭合差

在构成闭合环的基线向量中，只要有非同步观测基线，则该闭合环称为异步环。当独立观测的基线向量构成某种闭合图形（如三角形、多边形）时，图形的闭合差理论上应为零，但是由于观测误差、数据处理模型误差等因素的综合影响，导致异步环闭合差一般不为零。异步环的坐标分量闭合差和全长闭合差应满足

$$\begin{cases} W_X \leqslant 3\sigma\sqrt{n} \\ W_Y \leqslant 3\sigma\sqrt{n} \\ W_Z \leqslant 3\sigma\sqrt{n} \\ W_限 \leqslant 3\sigma\sqrt{3n} \end{cases} \tag{7-27}$$

（4）重复基线较差

同一条基线若观测了多个时段，则可得到多个基线结果，这种具有多个独立观测结果的基线称为重复基线。重复基线任意两个时段基线长度较差 Δd 应满足

$$\Delta d \leqslant 2\sqrt{2}\,\sigma \tag{7-28}$$

3. 补测与重测

未按施测方案观测、缺测和漏测以及数据处理后不符合有关规定的，应及时补测。

一个控制点上没有与两条合格独立基线相连接，则在该点上应补测或重测不少于 1 条独立基线。

可以舍弃在重复基线长度较差、同步环闭合差、异步环闭合差检验中超限的基线，但应保证舍弃基线后的独立环所含基线数不超过表 2-6 的规定，否则应重测该基线或者有关的同步图形。

一个测站多次重测仍不能满足各项限差规定时，可按技术设计要求另增选新点进行重测。

对需要补测或重测的观测时段或基线，应尽量安排一起进行同步观测，补测或重测的原因应写入数据处理报告。

7.5.2 GPS 网平差

1. GPS 网平差的概念

GPS 网平差就是以 GPS 基线向量为观测值，以其协因数阵的逆阵为权阵，进行平差计算，发现和剔除 GPS 基线向量观测值和地面观测值中的粗差，消除由于各种类型的误差而引起的矛盾，以求出待定点的坐标，并评定观测成果的精度。GPS 网平差的类型有多种，根据平差所进行的坐标空间，可将 GPS 网平差分为三维平差和二维平差，根据平差时所采用的观测值和起算数据的数量和类型，可将平差分为无约束平差、约束平差和联合平差等。

三维平差是指平差在三维空间坐标系中进行，观测值为三维空间中的观测值，解算出的结果为点的三维空间坐标。GPS 网的三维平差，一般在三维空间直角坐标系或三维空间大地坐标系下进行。二维平差是指平差在二维平面坐标系下进行，观测值为二维观测值，解算出的结果为点的二维平面坐标。二维平差一般适合于小范围 GPS 网的平差。

GPS 网的无约束平差是指在平差时不引入会造成 GPS 网产生由非观测量所引起的变形的外部起算数据。常见的 GPS 网的无约束平差，一般是在平差时没有起算数据或没有多余的起算数据。GPS 网的约束平差是指平差时所采用的观测值完全是 GPS 观测值（即 GPS 基线向量），而且，在平差时引入了使得 GPS 网产生由非观测量所引起的变形的外部起算数据。GPS 网的联合平差是指平差时所采用的观测值除了 GPS 观测值以外，还采用了地面常规观测值，这些地面常规观测值包括边长、方向、角度等观测值。

2. GPS 网平差的流程

当前，GPS 网平差计算都采用专用的 GPS 网平差软件或相应的随机商用平差软件，只要外业观测数据满足同步环、异步环和重复基线闭合差的限差要求，GPS 网平差计算通常都容易进行。在使用平差软件进行 GPS 网平差时，需要按以下几个步骤来进行：

第一步：提取基线向量，构建 GPS 基线向量网。提取基线向量时需要遵循以下几项原则：

①必须选取相互独立的基线，否则平差结果会与真实的情况不相符合。

②选取的 GPS 基线向量都能与其他非同步观测的 GPS 基线向量构成异步环。

③选取质量好的基线向量，基线质量的好坏可以依据 RMS、RATIO、同步环闭合差、异步环闭合差和重复基线较差来判定。

④选取能构成边数较少的异步环的基线向量。

⑤选取边长较短的基线向量。

第二步：三维无约束平差。构成了 GPS 基线向量网后，需进行 GPS 网的三维无约束平差，从而达到以下几个目的：

①根据无约束平差的结果，判别构成的 GPS 网中是否有粗差基线，如发现含有粗差的基线，则需要进行相应的处理，必须使得最后用于构网的所有基线向量均满足质量要求。

②调整各基线向量观测值的权，使得它们相互匹配。

第三步：约束平差或联合平差。三维无约束平差后，需要进行约束平差或联合平差，平差可根据需要在三维空间进行或二维空间中进行。约束平差的具体步骤是：

①指定进行平差的基准和坐标系。

②指定起算数据。

③检验约束条件的质量。

④进行平差解算。

无约束平差是在 WGS-84 坐标系中进行的，通过平差提供各测点在 WGS-84 坐标系中的三维坐标、各基线向量三个坐标差观测值的改正数、基线长度、基线方位及相关的精度信息等。基线向量的改正数($V_{\Delta X}$，$V_{\Delta Y}$，$V_{\Delta Z}$)绝对值应满足

$$\begin{cases} V_{\Delta X} \leqslant 3\sigma \\ V_{\Delta Y} \leqslant 3\sigma \\ V_{\Delta Z} \leqslant 3\sigma \end{cases} \tag{7-29}$$

当基线向量改正数不满足上式要求时，应采用软件提供的方法或人工方法剔除粗差基线，直至符合上式要求。

约束平差是在国家或地方坐标系中进行的，通过平差提供各测点在国家或地方坐标系中的三维或二维坐标、基线向量的改正数、基线长度、基线方位及相关的精度信息等，控制网约束平差的最弱边边长相对中误差应满足表 2-8 中相应等级的规定。基线向量的改正数与剔除粗差后的无约束平差结果的同名基线相应改正数的较差($dV_{\Delta X}$，$dV_{\Delta Y}$，$dV_{\Delta Z}$)应满足

$$\begin{cases} dV_{\Delta X} \leqslant 2\sigma \\ dV_{\Delta Y} \leqslant 2\sigma \\ dV_{\Delta Z} \leqslant 2\sigma \end{cases} \tag{7-30}$$

当同名基线相应改正数的较差不满足上式要求时，可认为作为约束的已知坐标、边长、方位与 GPS 网不兼容，应采用软件提供的方法或人工方法剔除某些误差较大的约束值，直至符合上式要求。

3. GPS 网平差基准的选择

GPS 测量得到的 GPS 基线属于 WGS-84 坐标系的三维坐标差，而在工程实际中所需要的一般是国家大地坐标系或地方坐标系的坐标，因此，必须明确 GPS 网平差采用的坐标

系统和起算数据，也就是 GPS 网的平差基准。GPS 的平差基准包括位置基准、尺度基准和方位基准。

位置基准一般由给定的已知点坐标确定。若要求所布设的 GPS 网的成果完全与旧成果吻合，则起算点越多越好；若不要求所布设的 GPS 网的成果与旧成果吻合，则一般可选 2 个及以上起算点，这样既可以保证新旧坐标成果的一致性，又可以保持 GPS 网的原有精度；若要求所布设的 GPS 网的成果是独立的，则只要有 1 个起算点即可。在确定 GPS 的位置基准时，应注意已知点之间的兼容性。为保证整网的点位精度均匀，起算点一般应均匀地分布在 GPS 网中。

尺度基准一般由高精度电磁波测距边长确定，数量可视测区大小和网的精度要求而定，可设置在网中任何位置，也可由两个以上起算点之间的距离确定，或者由 GPS 基线向量确定。

方位基准一般以给定的起算方位角确定，起算方位不宜太多，可布置在网中任何位置，也可由 GPS 向量的方位而定。

7.6   连续运行参考站系统和北斗卫星导航系统简介

7.6.1   连续运行参考站系统

1. 概述

随着 GPS 应用的不断深入，许多国家纷纷建立长年连续跟踪的 GPS 卫星参考站网，以满足本国 GPS 大地测量、区域地壳运动监测及区域大气水汽含量快速预报等领域的需要。这些站网采用的技术和服务不尽相同，但整体思路是基本相同的，如图 7-15 所示，就是在一定地域内建立若干个固定的 GPS 连续运行参考站，并通过数据通信网络将这些连续运行参考站的观测数据传送至一个或多个数据处理和监测中心，集中进行数据处理和监控，然后通过通讯网络，以这些处理过的数据为基础，根据用户需求提供服务。这种以连续运行站网为核心，以通讯网络为骨干，以用户需求为服务目标，以用户接收点为终端的集成系统，称为连续运行参考站系统（Continuous Operational Reference System，CORS）。

CORS 系统是 GPS 定位技术、计算机技术、互联网技术有机结合的一种产物，随着现代科技的发展，CORS 的含义也发生了演化。进入 21 世纪，高速发展的互联网和计算机技术，为连续运行参考站和数据中心之间的指令控制、数据传输以及数据中心的数据快速解算提供了技术保障，形成了以参考站为数据平台、以互联网为脉络、以计算机数据中心为枢纽的、由单一服务到综合服务的现代 CORS，基于 CORS 系统的网络 RTK 技术的实现，使得 CORS 系统的应用得到了迅猛发展。我国自 1999 年深圳 CORS 建成以来，北京、江苏、广东、上海、昆明、四川、青岛、长沙、成都、浙江等省市部门都建立了区域或专业应用的 CORS 系统，为工程高精度测量、国土测绘管理、交通管理、农业管理、气象预报、地壳监测等多个领域提供了服务。

2. 江苏连续运行参考站系统（JSCORS）

江苏省全球导航卫星连续运行参考站综合服务系统（JiangSu Continuously Operating Reference Stations，JSCORS）项目是江苏省测绘局"十一五"计划的重点项目，由江苏省

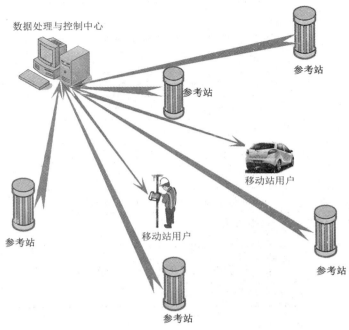

图 7-15　网络差分系统的组成

测绘局和江苏省气象局共同投资建设。项目于 2006 年 7 月正式启动，2006 年 12 月建成并投入运行。JSCORS 通过在全省及周边范围内建设或共享若干个 GNSS 连续运行参考站，在江苏省内建立了一个高精度、高时空分辨率、高效率、高覆盖率的综合信息服务网。

在运行近两年的时间内，JSCORS 在软、硬件及系统服务等方面不断完善。目前，接入 JSCORS 的江苏省行业用户已经超过 500 多个，覆盖国土、测绘、规划、地震、气象、水利、电力、交通、燃气、自来水等诸多领域。同时，JSCORS 的建立为实现本省高精度三维动态的现代大地测量基准的建立和维持迈出了坚实的一步，也为在本省内启用 2000 国家大地坐标系奠定了基础，对推进江苏省信息化测绘体系建设和测绘科技的发展发挥了重要的作用。

JSCORS 由参考站网子系统、控制中心子系统、数据通信子系统、数据中心子系统、用户应用子系统组成。截至 2008 年 9 月，JSCORS 共包含 70 个参考站点，其中，江苏境内 67 个，上海境内 3 个。参考站间最长间距 83 km，最短间距 12 km，平均间距 50 km。系统指标见表 7-1。

表 7-1　　　　　　　　　　　　　　　系统指标统计表

项目	内容	指　标
覆盖范围	导航	全省范围
	定位	参考站网构成的图形以内，以及周围 15km 以内

项目	内容	指　标
覆盖范围	动态参考基准	地心坐标分量绝对精度不低于±0.1m；基线向量分量相对精度不低于3×10^{-7}
	网络 RTK	水平分量≤±3cm，垂直分量≤±5cm
	网络 RTD	水平分量≤±1m，垂直分量≤±2m
	事后精密定位	水平分量≤±3mm，垂直分量≤±5mm
可用性	定时	定时单机精度≤±100ns，多机同步≤±10 ns
	导航	95.0%（365 天内）；95.0%（1 天内）
	定位	95.0%（365 天内）；95.0%（1 天内）
兼容性	差分模式	MAX(i2MAX)，VRS，FKP
	差分数据	RTCM2.X，CMR，CMR+，Leica，RTCM3.0/3.1
	仪器设备	市面上常用的国产及进口 GPS 设备
	通信方式	GPRS、CDMA、GSM

JSCORS 的系统软件是 Leica 公司的 GNSS Spider，其实现了站点数据传输与存储、网络解算、数据分发等多项功能。随着新技术的不断进步，GNSS Spider 也经过了多次升级。中心软件从最初的 2.1 版本逐步升级到现在的 3.1.1 版本。

JSCORS 初期建成后，对用户实行免费开放使用，根据系统运行情况和用户所反馈的各种问题及提出的多项建议，对 JSCORS 系统进行了进一步的改进和完善。在免费开放一年后，JSCORS 于 2008 年 5 月 1 日起实行有偿服务。2008 年 5 月 1 日系统开始收费后，初期的用户较之前期免费开放时减少较快，但随后每月登录用户数逐月增加。每当节假日及周末，JSCORS 用户的登录时间比正常工作日要少得多，在 5—9 月份，用户使用时间在逐渐增加。用户每天的登录高峰为上午 8—11 时和下午 14—17 时，同一时间登录个数也在逐月增加。

7.6.2　北斗卫星导航系统

1. 概述

北斗卫星导航系统(BDS)是中国着眼于国家安全和经济社会发展需要，自主建设、独立运行的卫星导航系统，是为全球用户提供全天候、全天时和高精度定位、导航、授时服务的国家重要空间基础设施。20 世纪后期，中国开始探索适合国情的卫星导航系统发展道路，逐步形成了三步走发展战略：

①建设北斗一号系统(也称北斗卫星导航试验系统)。1994 年，启动北斗一号系统工程建设；2000 年，发射 2 颗地球静止轨道卫星，建成系统并投入使用，采用有源定位体制，为中国用户提供定位、授时、广域差分和短报文通信服务；2003 年，发射第三颗地球静止轨道卫星，进一步增强系统性能。

②建设北斗二号系统。2004 年，启动北斗二号系统工程建设；2012 年年底，完成 14 颗卫星(5 颗地球静止轨道卫星、5 颗倾斜地球同步轨道卫星和 4 颗中圆地球轨道卫星)发

射组网。北斗二号系统在兼容北斗一号技术体制基础上，增加无源定位体制，为亚太地区用户提供定位、测速、授时、广域差分和短报文通信服务。

③建设北斗全球系统。2009 年，启动北斗全球系统建设，继承北斗有源服务和无源服务两种技术体制；计划 2018 年，面向"一带一路"沿线及周边国家提供基本服务；2020年前后，完成 35 颗卫星发射组网，为全球用户提供服务。

北斗系统由空间段、地面段和用户段三部分组成：

①空间段。北斗系统空间段由若干地球静止轨道卫星、倾斜地球同步轨道卫星和中圆地球轨道卫星三种轨道卫星组成混合导航星座。目前，在轨工作卫星有 5 颗 GEO 卫星、5颗 IGSO 卫星和 5 颗 MEO 卫星，相应的位置为：GEO 卫星的轨道高度为 35786km，分别定点于东经 58.75°、80°、110.5°、140°和 160°；IGSO 卫星的轨道高度为 35786km，轨道倾角为 55°；MEO 卫星轨道高度为 21528km，轨道倾角为 55°，回归周期为 7 天 13 圈。

②地面段。北斗系统地面段包括主控站、时间同步/注入站、监测站等若干地面站。地面控制段主控站负责系统导航任务的运行控制，是北斗系统的运行控制中心，主要任务包括：收集各时间同步/注入站、监测站的导航信号监测数据，进行数据处理，生成导航电文等；负责任务规划与调度以及系统运行管理与控制；负责星地时间观测比对，向卫星注入导航电文参数；进行卫星有效载荷监测和异常情况分析等。时间同步/注入站主要负责完成星地时间同步测量，向卫星注入导航电文参数。监测站主要负责对卫星导航信号进行连续观测，为主控站提供实时观测数据。

③用户段。北斗系统用户段包括北斗兼容其他卫星导航系统的芯片、模块、天线等基础产品，以及终端产品、应用系统与应用服务等。

北斗系统采用 2000 国家大地坐标系（CGCS2000），其时间基准为北斗时（BDT）。CGCS2000 大地坐标系的定义如下：

①原点位于地球质心；Z 轴指向国际地球自转服务组织（IERS）定义的参考极（IRP）方向；X 轴为 IERS 定义的参考子午面（IRM）与通过原点且同 Z 轴正交的赤道面的交线；Y轴与 Z、X 轴构成右手直角坐标系。

②BDT 采用国际单位制（SI）秒为基本单位连续累计，不闰秒，起始历元为 2006 年 1月 1 日协调世界时（UTC）00 时 00 分 00 秒，采用周和周内秒计数。BDT 通过 UTC（NTSC）与国际 UTC 建立联系，BDT 与 UTC 的偏差保持在 100ns 以内（模 1s）。BDT 与 UTC 之间的闰秒信息在导航电文中播报。

北斗系统具有以下特点：

①北斗系统空间段采用三种轨道卫星组成混合星座，与其他卫星导航系统相比，高轨卫星更多，抗遮挡能力强，尤其在低纬度地区，其性能特点更为明显。

②北斗系统提供多个频点的导航信号，能够通过多频信号组合使用等方式提高服务精度。

③北斗系统创新融合了导航与通信能力，具有实时导航、快速定位、精确授时、位置报告和短报文通信服务五大功能。

2. GNSS 在地表位移监测中的应用

随着北斗系统建设和服务能力的发展，相关产品已广泛应用于交通运输、海洋渔业、水文监测、气象预报、测绘地理信息、森林防火、通信时统、电力调度、救灾减灾、应急搜救等领域。卫星导航系统是全球性公共资源，多系统兼容与互操作已成为发展趋势，由

GPS、GLONASS、BDS等系统组合而成的全球卫星导航系统（GNSS），在数据的观测、处理和分析等方面将比单一系统更具优势。

GNSS地表位移监测技术是集GNSS高精度定位技术、无线通信技术、数据库技术、GNSS通信技术等为一体的变形监测技术，是一种自动监测技术，如图7-16所示，其工作原理为：各GNSS监测点与参考点接收机实时接收GNSS信号，并通过数据通信网络实时发送到控制中心，控制中心服务器GNSS数据处理软件实时差分解算出各监测点的三维坐标，数据分析软件快速获取各监测点的实时三维坐标，与初始坐标进行对比而获得各监测点的位移变化量，并将位移变化量与事先设定的预警值进行对比和显示，必要时进行报警提示。

图7-16　GNSS地表位移监测

GNSS作为一种三维的空间定位技术，在变形监测中得到了越来越广泛的应用和推广，与常规变形监测技术相比，其突出的优越性主要体现在以下几个方面：

①点间无需通视。GNSS定位测量对点间是否通视没有要求，只要测站信号接收良好、点位易于保存即可，因此，GNSS监测网点的选埋更加灵活、方便。

②全天候观测。GNSS接收机在任意时刻都可以同时观测到4颗以上的卫星，可全天候连续进行GNSS定位测量，不受气候条件的影响，即使在风雪雨雾的天气中也能进行正常工作，能够保证变形监测的连续性。

③自动化程度高。GNSS接收机能自动跟踪锁定卫星信号，自动实时地接收数据，而且还为用户预留了必要的接口，便于结合计算机技术建立无人值守的自动化监测系统，实现数据从采集、传输、处理、分析、报警到入库的自动化和实时化，减少外业观测与内业处理的工作量，提高变形监测的效率、可靠性以及用户对变形的响应能力。

④定位精度高。因测量环境、测量方法等各种因素的影响，采用传统测量方法进行变形监测时，一些点的监测精度不能完全得到保证，水平位移监测和垂直位移监测通常也不易同步进行，而GNSS技术能同时精确测定点的三维坐标，并能实现变形监测时域和空域的严格统一，更有利于数据处理和变形分析。

思 考 题

1. GPS 系统由哪几部分组成？分别承担什么任务？

2. GPS 卫星发射的信号是什么？包含哪些信息？

3. GPS 接收机的作用是什么？主要由哪几部分构成？

4. GPS 定位的方法有哪些？

5. GPS 载波相位观测值由哪几部分组成？

6. 什么叫周跳？它是如何产生的？

7. 什么叫静态相对定位？

8. 载波相位差分方式有几种？分别能达到什么效果？

9. GPS 测量的误差来源总体上可分为哪几类？每一类主要包括哪些误差？

10. 什么叫多路径效应？如何有效减弱其影响？

11. GPS 网的布设方式有哪几种？

12. GPS 天线安置时应注意哪些问题？

13. 如何进行 GPS 偏心观测与归心改正？

14. 从苏通大桥 GPS 网布设实例中学到了哪些知识？

15. GPS 基线解算的基本流程是什么？

16. GPS 外业数据质量检查的指标主要包括哪些？

17. GPS 网平差的基本流程是什么？

18. GPS 网的平差基准如何选择？

19. 怎样理解连续运行参考站系统在测绘地理信息学科中的作用？

20. 北斗卫星导航系统的最新发展情况如何？

第8章　测量数据粗差检验

8.1　粗差检验概述

控制测量数据的误差一般可以分为三类：偶然误差、系统误差和粗差。

大多数传统的统计方法对所研究的母体分布形式或其他特性都有一定的假设，当实际的母体不满足这些假设或测量数据中包含不能代表该母体特性的所谓异常点时，传统的统计方法就遇到了问题，即按传统统计方法计算得到的结果可能是有偏的，甚至是错误的。统计研究表明，在大量的测量数据中，不可避免地存在一定数量的偏离值，因此，测量误差的实际分布与正态分布相比较，其分布图形的两端经常出现明显的"尾巴"，理论中的正态分布在现实世界中是不存在的。

在测量数据处理中，最常用的模型是高斯-马尔可夫模型。该模型中，将观测值表达为未知参数的线性形式，在最小二乘原则下，参数解是最优线性无偏估计量，其前提条件是假设观测值中只含有偶然误差，但实际情况并非如此。当影响观测值的因素很多而无法全部考虑或观测值和参数之间的函数关系比较复杂时，建立的模型只是对实际情况的近似描述，即存在模型误差。当模型误差和偶然误差相比较大时，就会对估计结果产生较大的影响，甚至会导致错误的结论。

在工程控制测量的误差处理中，最小二乘法是最基本、最常用的计算方法，但最小二乘法是以假设观测误差为服从正态分布的偶然误差为基础的，而在实际的观测误差中，不仅包含偶然误差，而且不可避免地存在一定数量的粗差，这就使得最小二乘法在应用上不够严密、实用。另外，根据大量的试验和计算表明，最小二乘法还存在掩盖大误差的缺点，它将大的误差分配到许多观测值上，从而使大的观测误差不易被发现，影响计算结果的精确性和可靠性。

随着测量仪器和技术的发展，现代测量技术提供了大范围、长时间、不间断的空对地观测、地对空观测、空对空观测的可能性，但这类观测值中不可避免地包含系统误差。如利用 GPS 进行定位测量中，电离层延迟以及模糊度的解算被认为是系统误差，前者对于气象研究是很有用的观测量，而对于高精度的载波相位观测量，只有在准确地确定整周模糊度的前提下，精密定位才有意义。

基于以上种种原因，现今的数据处理理论和方法存在一定的缺陷，难以适应现代高精度、高效率及高可靠性的要求，完善和提高测量数据处理的理论和实用水平是目前急需解决的重要问题。本书只对控制测量粗差检验的一些基本方法进行介绍，并给出实例计算与分析。

8.2 粗差检验基本方法

8.2.1 极限误差法

根据测量平差的基本原理，可解得观测值的残差及其协因素阵为

$$V=\hat{L}-L=-(I-H)L=-(I-H)\Delta \tag{8-1}$$

$$Q_{VV}=(I-H)P^{-1} \tag{8-2}$$

式中，$V=[v_1, v_2, \cdots, v_n]^T$；$H$ 为帽子矩阵，且 $H=B(B^TPB)^{-1}B^TP$。

当 Δ 是偶然误差时，V 为正态随机向量。按正态分布表查得，在大量等精度观测的一组误差中，误差落在 $(-\sigma, \sigma)$、$(-2\sigma, 2\sigma)$ 和 $(-3\sigma, 3\sigma)$ 的概率分别为 68.3%、95.5% 和 99.7%。也就是说，绝对值大于 2 倍、3 倍中误差的偶然误差出现的概率分别为 4.5% 和 0.3%，均可认为是小概率事件，因此，一般采用 2σ 或 3σ 作为极限误差。实际应用中，通常以中误差的估值 $\hat{\sigma}$ 代替 σ，即以 $2\hat{\sigma}$ 或 $3\hat{\sigma}$ 作为极限误差，当 $|V|>2\hat{\sigma}$ 或 $|V|>3\hat{\sigma}$ 时，可认为该观测值存在粗差，相应的观测值 L 应被剔除。

8.2.2 数据探测法

在极限误差检验中，直接运用残差的绝对值超过极限误差来探测粗差。然而，对于残差 v_i，其方差和 h_{ii}（帽子矩阵 H 的对角线元素）有关，因此，直接比较残差大小来判定粗差是不很严密的，通常采用标准化残差 w_i，即巴尔达数据探测法。这种方法是荷兰巴尔达教授提出的，前提是一个平差系统只存在一个粗差，用统计假设检验探测并剔除粗差，已被广泛用于测量数据的处理中。

原假设 H_0：$E(v_i)=0$，即观测值 L_i 不为粗差；备选假设 H_1：$E(v_i)\neq0$。在 H_0 下，v_i 服从正态分布 $N(0, \sigma_0^2 Q_{v_iv_i})$，其中 σ_0 为单位权中误差，$Q_{v_iv_i}$ 为协因数阵。作服从标准正态 $N(0, 1)$ 分布的统计量

$$w_i=\frac{v_i}{\sigma_0\sqrt{Q_{v_iv_i}}} \tag{8-3}$$

拒绝域为

$$|w_i|>u_{\frac{\alpha}{2}} \tag{8-4}$$

式中，α 为粗差探测选定的显著水平。当 σ_0 未知时，用估值 $\hat{\sigma}_0$ 来代替，则

$$w_i=\frac{v_i}{\hat{\sigma}_0\sqrt{Q_{v_iv_i}}} \tag{8-5}$$

拒绝域为

$$|w_i|>t_{\frac{\alpha}{2}} \tag{8-6}$$

利用数据探测法检验粗差时，一次只能剔除最大的一个 w_i 所对应的观测值 L_i，若要检验另一粗差，则应重新进行平差，计算统计量，逐次进行，直至不再发现粗差为止。这种方法也称为向后选择法，其优点是计算简便实用，但若存在多个粗差时，未顾及粗差之间的相关性，检验结果的可靠性受到一定的限制。

8.2.3 稳健估计法

稳健估计法通过对密度函数的合理选择，增强模型的抗粗差性能，从而达到在抗差前提下最优或接近最优参数解。稳健估计中应用较广泛的是 M 估计，属于一种广义的极大似然估计。由于密度函数 ρ 选择的不同，M 估计的方法也不相同，其中最常用的方法就是选权迭代法。

选权迭代法是一种目前应用较为广泛的抗差估计方法。它的基本思想是：通过连续降权和迭代计算，逐步地抵制异常数据的干扰。其计算过程在形式上与传统的最小二乘法相同，不同的是，在每次迭代计算完成后，必须根据新的观测值残差修正每一个观测值在下一步迭代计算中的权值。如果权函数和迭代初值选择得当，可逐步定位异常值，通过降低异常值所对应的权值，直至趋近于零，来降低或最终消除该异常值对平差结果的影响。

选权迭代法与最小二乘估计的区别在于，前者的估计准则为 $V^{\mathrm{T}} P(V) V = \min$，即用权函数矩阵 $P(V) = \mathrm{diag}(p_1(v_1), p_2(v_2), \cdots, p_n(v_n))$ 代替后者的观测权阵 P，其中 $p_i(v_i)$ 是残差 v_i 的函数。

根据权函数的不同，常用的选权迭代法包括 Huber 法、一次范数最小法、p 范数最小法以及丹麦法等。以下为一些常用的迭代权函数：

（1）Huber 函数

$$p(v) = \begin{cases} 1, & |v| \leqslant 2\sigma \\ \dfrac{2\sigma}{|v|}, & |v| > 2\sigma \end{cases} \tag{8-7}$$

（2）Hample 函数

$$p(v) = \begin{cases} 1, & \left|\dfrac{v}{\sigma}\right| < a \\[2mm] \dfrac{a}{\left|\dfrac{v}{\sigma}\right|}, & a \leqslant \left|\dfrac{v}{\sigma}\right| < b \\[2mm] a \cdot \dfrac{c - \left|\dfrac{v}{\sigma}\right|}{\dfrac{c-b}{\left|\dfrac{v}{\sigma}\right|}}, & b \leqslant \left|\dfrac{v}{\sigma}\right| < c \\[2mm] 0, & c \leqslant \left|\dfrac{v}{\sigma}\right| \end{cases} \tag{8-8}$$

式中，$a = 1.7$；$b = 3.4$；$c = 8.5$。

（3）Andraw 函数

$$p(v) = \begin{cases} \dfrac{\sin\left(\dfrac{v}{a\sigma}\right)}{\left|\dfrac{v}{\sigma}\right|}, & \left|\dfrac{v}{\sigma}\right| \leqslant a\pi \\[2mm] 0, & \left|\dfrac{v}{\sigma}\right| > a\pi \end{cases} \tag{8-9}$$

式中，$a = 1.5$。

（4）Tukey 函数

$$p(v) = \begin{cases} \left(1 - \left(\dfrac{v}{a\sigma}\right)^2\right)^2, & \left|\dfrac{v}{\sigma}\right| \leq a \\ 0, & \left|\dfrac{v}{\sigma}\right| > a \end{cases} \tag{8-10}$$

式中，$a = 6.0$。

（5）丹麦函数

$$p(v) = \begin{cases} 1, & |v| \leq a\sigma \\ \exp\left(1 - \left(\dfrac{v}{a}\right)^2\right), & |v| > a\sigma \end{cases} \tag{8-11}$$

式中，$a = 1.5$ 或 2.0。

（6）IGG Ⅲ 函数

$$\overline{P}_i = \begin{cases} P_i, & |V'_i| \leq k_0 \\ P_i k_0 \dfrac{\left(\dfrac{k_1 - |V'_i|}{k_1 - k_0}\right)^2}{|V'_i|}, & k_0 < |V'_i| \leq k_1 \\ 0, & |V'_i| > k_1 \end{cases} \tag{8-12}$$

式中，$V'_i = \dfrac{V_i}{\hat{\sigma}_i}$；$k_0$ 和 k_1 可分别取为 1.0 ~ 1.5 和 2.0 ~ 3.0；$\hat{\sigma}_i$ 为第 k 次迭代中的单位权中误差。

8.3 GPS 测量数据的粗差处理

8.3.1 周跳的探测与修复

1. 周跳产生的原因

在任意时刻 t_i，GPS 载波相位测量的实际观测值 $\tilde{\varphi}$ 由不足一周的部分和整周计数部分。如果由于某种原因使计数器在 $t_0 \sim t_i$ 期间的累计工作发生中断，那么回复累计后，所有的计数中都会含有同一偏差，即中断期间所丢失的整周数。

产生整周计数暂时中断的原因很多，例如，由于卫星信号被某些障碍物遮挡而暂时中断；由于仪器线路的瞬间故障，使基准信号无法和卫星信号混频以产生差频信号，或虽产生了差频信号，但无法正确计数；由于外界干扰或接收机所处的条件恶劣，使载波跟踪环路无法锁定信号而引起信号的暂时失锁等。

如果能探测出在何时发生了整周跳变，并求出丢失的整周数，就有可能对中断后的整周计数进行改正，将其恢复为正确计数，使这部分观测值仍可照常使用，这一工作称为周跳的探测与修复。

2. 周跳探测与修复方法

周跳的探测与修复的方法较多，下面介绍几种常用的方法：

（1）屏幕扫描法

如果观测值中出现整周跳变，相位观测值的变化率将不再连续，因此，当曲线出现不规则的突变时，就意味着在相位观测值中出现了整周跳变。早期进行 GPS 相位测量数据处理时，就是由工作人员在计算机屏幕前依次对每个测站、每个时段、每颗卫星的相位观测值变化率的图像进行逐段检查，观察其变化率是否连续，若出现不规则变化，则采用手工编辑的方法逐段、逐点修复。这种手工编辑方法一般只能探测和修复较大的整周跳变，目前已很少使用。

（2）高次差或多项式拟合法

在载波相位观测期间，卫星至接收机间的距离在发生连续不断的变化，由于各时刻载波相位观测值中都包括相同的整周未知数 N_0，载波相位观测值 $Int(\varphi) + F_r(\varphi)$ 应是随时间变化的连续数据，因此这种变化应该是有规律的和平滑的。如果发生周跳，则此规律将被破坏，根据这一特性，可寻找出一些大的周跳。

GPS 卫星的径向速度最大可达 0.9km/s，因而整周计数每秒可变化上千周，若采样间隔为 15s，则相邻观测值的载波相位差值可达数万周，因此，几十周的周跳就不容易被发现。但若在相邻的两个相位观测值之间依次求差而得到观测值一次差，则这些一次差的变化比直接观测值的变化就小多了。同样，可以在一次差的基础上求二次差，其变化将更加平缓。如果再继续求至四次差或五次差，其变化则将更小，此时就能发现含有周跳的时段。由于受接收机振荡器随机误差的影响，有时用求差的方法也不易探测出只有几周的小周跳。

为了便于计算机计算，也可采用曲线拟合方法探测和修复周跳，即根据 n 个相位观测值拟合出一个 n 阶多项式，据此多项式来预估下一个观测值，并与实测值比较，从而发现周跳并对其修正。由于四次差或五次差已呈现偶然误差特性，无法再用函数加以拟合，所以用多项式拟合时通常只需取自 4~5 阶即可。

（3）在卫星间求差以及在卫星和接收机间求差的方法

高次差法不能解决小周跳问题，是由于受到接收机振荡器的随机误差影响。由于接收机同时观测几颗卫星，那么同时刻由接收机振荡器随机误差影响的小周跳对各卫星观测值的影响将是相同的。因此，通过卫星间求差即可消除该误差影响。在卫星间求差消除了接收机随机误差的影响，残留下来的值很小，这样就有可能发现小的周跳。

利用这一方法可以发现与卫星有关的周跳，但不一定能发现与接收机有关的周跳。此时，可通过分析比较双差相位观测值（在星际和站际间求差）的高次差来发现小周跳。同时，双差观测值还可进一步消除卫星振荡器的随机误差影响。

（4）根据平差的残差发现和修复周跳

经过上述处理的相位观测值还可能存在一些未被发现的小周跳，利用这些观测值进行平差计算，可求得各观测值的残差。由于载波相位测量的精度很高，正常情况下，这些残差的数值一般很小，而有周跳的观测值则会出现很大的残差，据此可以发现和修复周跳。

图 8-1(a)是一种常见双差观测值残差图的形式，它的横轴表示观测时间，纵轴表示观测值的残差，右上角的"SV12-SV15"表示此残差是 SV12 号卫星与 SV15 号卫星的差分观测值的残差。正常的残差图一般为残差绕着零轴上下摆动，振幅一般不超过 0.1 周。

图 8-1(b)表明 SV12 号卫星的观测值中含有周跳。

8.3.2 基于基线解算的粗差处理

从第 7 章 7.5 节中已经知道，可以利用基线解算的结果所获得的同步环、异步环、重

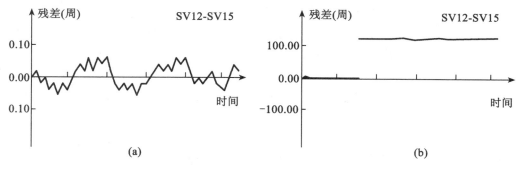

图 8-1　双差观测值残差图

复基线的闭合差等检查外业观测数据的质量，这些闭合差同样可以用于测量数据的粗差处理，此外，基线解算的单位权中误差、整周模糊度检验值等，也可以用于测量数据的粗差处理。当基线解算所得的这些误差大于某一个阈值时，则认为该观测值中含有粗差，对含有粗差的基线应进行误差来源分析，当确认基线解算无误后，应删除不合格的基线，并视需要重新组织测量。

1. 单位权中误差

基线解算的单位权中误差 RMS 是表示观测值内符合精度的一项指标，RMS 表明了观测值的质量，RMS 越小，观测值质量越好，当 RMS 超过某一限差要求时，则认为该观测值中可能含有粗差。

$$\mathrm{RMS} = \sqrt{\frac{V^{\mathrm{T}}PV}{f}} \tag{8-13}$$

式中，V 为观测值的残差；P 为观测值的权矩阵；f 为多余观测数。

2. 相位差分的残差图

如果观测时段内的观测值质量较高，各条相位差分的残差曲线应为一条平稳的近似直线，其曲线波动幅度较小。如果残差曲线波动幅度较大，则说明某颗或某几颗卫星的观测数据质量欠佳，或者是所选的参考星有问题。

3. 模糊度检验值

模糊度检验值 RATIO 反映了所确定出的整周模糊度固定为整数的可信度，它可以表示为

$$\mathrm{RATIO} = \frac{\mathrm{RMS}_{次最小值}}{\mathrm{RMS}_{最小值}} \tag{8-14}$$

可以看出，RATIO 值应大于或等于 1。这项指标与观测值的质量有关，也与观测条件的好坏有关。RATIO 的值越大，说明整周模糊度固定为整数的可信度越高。双差解将整周模糊度固定，只把测站的坐标作为未知数来平差，得到的解叫做双差固定解，只要能够成功固定整周模糊度，双差固定解的精度将会最高。

4. 相对定位精度因子

相对定位精度因子 RDOP 值指基线解算时待定参数的协因数阵的迹 $\mathrm{Tr}(Q)$，其表达式为

$$\mathrm{RDOP} = \left| \mathrm{Tr} \left| A^{\mathrm{T}}PA \right|^{-1} \right|^{\frac{1}{2}} \tag{8-15}$$

式中，A 为误差方程式中待定坐标未知数前面的系数阵；P 为相应观测值的权矩阵。

RDOP 值的大小与基线位置和卫星在空间的几何分布及观测条件有关，当位置确定以后，RDOP 值就只与观测条件有关。观测条件是时间的函数，因此对于某一条基线向量来说，RDOP 值的大小与观测时间段有关。RDOP 值更客观地反映了整个测段中卫星的几何强度（观测条件）对相对定位精度的影响，为了保证相对定位的精度，RDOP 值一般不超过某一定值。对于约 1 小时的静态定位，RDOP 值一般为 0.1，对于经过初始化确定了整周模糊度的动态相对定位，由于观测值很少，RDOP 值约为 0.4。

5. 基线长度的中误差

基线解算后，要求基线长度中误差在标称精度计算的精度范围内。通常，大多数厂家的软件规定的基线长度标称精度为 (0.5~1.0cm)+(1ppm~2ppm)×D（D 为基线长度，单位为 km），小于 10km 的基线中误差应为 0.01~0.02m，如果超过此限度，则基线解算结果的可信度将会较差。

6. 双差固定解和双差浮动解

对于短基线来说，由于双差模糊度具有良好的整数特性，就将整周模糊度确定为整数，在进一步平差时不作为未知数求解，这种解算方法解算出的基线结果称为双差固定解。对于长基线来说，由于电离层折射误差、卫星轨道误差等难以有效地消除，整周模糊度求解精度往往较低，这时将整周模糊度近似取整，会降低相对定位的精度，因而采用整周模糊度的实数解，由此解算出的基线结果称为双差浮动解。当双差固定解与双差浮动解的向量坐标差达到分米级时，应仔细分析造成此结果的原因。

7. 同步环、异步环、复测基线的闭合差

根据国家测绘行业 GPS 测量规范规定，重复基线的较差应小于等于接收机标称精度的 $2\sqrt{2}$ 倍。同步环闭合差应小于等于 GPS 测量规范规定的容许值，如果同步环闭合差超限，则说明组成同步环的基线中至少一条有问题，对于有问题的基线要删去，若要保留，就应重新观测。当异步环闭合差满足限差要求时，同步环闭合差一定符合限差要求，如果异步环闭合差超限，则说明组成异步环的基线中至少有一条基线质量不合格，可通过相邻异步环或重复基线查出质量不合格的基线。

8. GPS 基线边和测距边较差

对于一些精度要求高、网点数较多的 GPS 测量控制网，常常需要加测一些测距边，其长度较差应符合相应的测距标称精度，即

$$\Delta d \leqslant 2\sqrt{m_{GPS}^2 + m_{测距}^2} \tag{8-16}$$

式中，Δd 为长度较差；m_{GPS}、$m_{测距}$ 分别为 GPS 接收机和测距仪的标称精度。

8.3.3 电离层延迟误差修正模型

现有的电离层延迟误差修正模型大体可分为两类。第一类模型是依据建立模型以前长时期内收集到的观测资料而建立起来的反映电离层变化规律的一些经验公式，如本特（Bent）模型、国际参考电离层（International Reference Ionosphere，IRI）模型、克罗布歇（Klobuchar）模型等。第二类模型是依据某一时段中在某一区域内实际测定的电离层延迟，采用数学方法拟合出来的模型。

1. Bent 模型

Bent 模型是由美国的 R. B. Bent 等人于 1978 年根据卫星测量结果、F2 层峰值模型及

地面站位置所推导的适用于计算电子总含量的统计经验模型。用该模型计算 1000km 以下电子密度高程剖面图，从而获得电子含量 TEC 和电离层延迟等参数。在 Bent 模型中，顶部电离层用 3 个指数层和 1 个抛物线层来逼近，下部的电离层则用双抛物线层来近似。该模型着眼于使总电子含量 VTEC 尽可能正确，以便获得较准确的电离层延迟量。输入参数为日期、时间、测站位置、太阳黑子数和太阳辐射流量。

2. IRI 模型

根据大量的地面观测资料和多年积累的电离层研究成果，空间研究委员会（COSPAR）和国际无线电科学联合会（URSI）联合工作组，编制了全球参考电离层（IRI）模型。IRI 模型基于地面、卫星和火箭的探测资料而建立，成型于 1975 年，经过多次修正，已发展为专门的计算软件，可在网上进行实时计算。IRI 采用预报的电离层特征参数描述电离层剖面，只要给出经纬度、太阳黑子数、月份及地方时，就可利用计算机计算出 50 ~ 2000km 高度范围内的电子密度、离子温度等。

3. Klobuchar 模型

Klobuchar 模型把晚间的电离层时延看成是一个常数，取值为 5ns，把白天的电离层时延看成是余弦函数中正的部分，每天电离层的最大影响定为当地时间的 14 点，振幅和周期分别由电离层星下点的地方时和地磁纬度构成的两组 3 阶多项式来表达。系数 α_n 和 β_n 是地面控制系统根据日期及前 5 天太阳的平均辐射流量而选取的，并编入 GPS 卫星的导航电文中发播给用户。经验表明，Klobuchar 模型仅改正电离层影响的 50% ~ 60%，理想情况下可改正至 75%。

4. VTEC 多项式模型

VTEC 多项式模型是目前使用最多的局部电离层函数模型。该模型将 VTEC 看成纬度差 $\varphi - \varphi_0$ 和太阳时角差 $S - S_0$ 的函数，用一个规则的曲面来拟合各穿刺点处实际测定 VTEC 值，其具体表达式为

$$\text{VTEC} = \sum_{i=0}^{n} \sum_{k=0}^{m=0} E_{ik} (\varphi - \varphi_0)^i (s - s_0)^k \tag{8-17}$$

式中，$s - s_0 = (\lambda - \lambda_0) + (t - t_0)$；$\varphi_0$ 为测区中心点的地理纬度；s_0 为测区中心点（φ_0，λ_0）在该时段中央时刻 t_0 时的太阳时角；λ 为信号路径与单层的交点的地理经度；t 为观测时刻。

8.3.4 对流层延迟误差改正模型

用于流动站对流层延迟的改正模型分为两类：一类是内插模型，主要是反距离加权内插法（IDW）以及在此基础上进行改进的反距离加权内插法（IIDW）；另一类是含高程因子的区域拟合模型，包括高程线性拟合模型和高程指数拟合模型。

1. 反距离加权内插法

反距离加权内插法是一种常用而简便的空间插值方法，它假设两个事物的相似程度随着彼此间距离的缩短而增加。因此，可以根据待插值点和样本点间的距离确定权重进行加权平均，距离待插值点越近的样本点赋予的权重越大，可表示为

$$\overline{D}(\lambda_0, \varphi_0, h_0) = \sum_{i=1}^{N} \omega_i D(\lambda_i, \varphi_i, h_i) \tag{8-18}$$

式中，$\overline{D}(\lambda_0, \varphi_0, h_0)$ 是坐标为（λ_0，φ_0，h_0）的待插值点的值；$D(\lambda_i, \varphi_i, h_i)$（$i =$

1，2，…，N）是坐标为$(\lambda_i，\varphi_i，h_i)$样本点的值；$N$是样本个数；$\omega_i(i=1，2，…，N)$是样本$i$的权，$\omega_i$由下式确定：

$$\omega_i = \frac{d_{i0}^{-P}}{\sum_{i=1}^{N} d_{i0}^{-P}} \tag{8-19}$$

$$d_{i0} = \sqrt{(\lambda_i - \lambda_0)^2 + (\varphi_i - \varphi_0)^2 + (h_i - h_0)^2} \qquad (i=1，2，…，N) \tag{8-20}$$

式中，$d_{i0}(i=1，2，…，N)$是样本点i到待插值点的距离，且有$\sum_{i=1}^{N} \omega_i = 1$。

2. 含高程因子的区域拟合模型

含高程影响因子的对流层延迟区域拟合模型是指利用基准站上的高精度对流层天顶延迟值，采用带有高程影响因子的多项式进行最小二乘拟合，从而获得局部大气模型，再利用求得的拟合系数，对流动站进行内插，从而获得较高精度的流动站对流层延迟值。按高程和天顶延迟的关系，可细分为高程线性拟合模型和高程指数拟合模型，在实际应用中，需根据不同地理环境及气候分析比较，选取较为合适的模型。

含1个高程因子的平面拟合模型为

$$D_T = a_0 + a_1 X + a_2 Y + a_3 XY + a_4 H \tag{8-21}$$

考虑不同方向梯度变化的指数拟合模型为

$$D_T = a_0 \cdot e^{-a_1 H} + a_2 B + a_3 L + a_4 \tag{8-22}$$

8.4　粗差检验实例

8.4.1　平面控制网粗差检验

某水利水电工程的平面控制网（图8-2）于2006年建立，为保证施工测量的准确性和可靠性，再次对原控制网进行复测，以检查各控制点的稳定状况。该施工控制网共由8个点组成，各控制点均建立了混凝土观测墩，并埋设了强制对中底盘，观测墩底部基础上埋设了水准点。平面控制网采用GPS进行观测，执行C级网的精度要求。

平面控制网复测时，采用二等边角网形式进行，由于原控制网采用GPS观测，部分控制点通视条件较差，因此，控制网复测时对所有通视的点进行全面测量。在原平面控制网的基础上，综合考虑首次测量方案和控制点的稳定情况，决定采用C03、C05作为平面控制的已知点。复测工作依据的主要技术规范有《水利水电测量规范》、《中短程光电测距规范》、《水利水电施工测量规范》、《混凝土坝安全监测技术规范》等。

水平角观测采用经检定过的全站仪TCA 2003进行，按二等三角测量规范要求实施，采用方向观测法测量9测回。观测中的限差为：一测回中两次照准读数差≤6″；半测回归零差≤6.0″；一测回中2C值互差≤9.0″；同一方向各测回方向值之差≤6.0″；三角形允许的最大闭合差≤3.5″；按菲列罗公式计算的测角中误差$m = \pm\sqrt{\dfrac{[\Delta\Delta]}{3n}} \leqslant 1.0″$；对网中所形成的大地四边形、中心多边形、扇形进行极条件自由项的检核。

边长观测采用全站仪TCA2003进行，每条边观测4测回，1测回读数4次，测回差≤2mm，边长进行往返测量，往返测不符值$\Delta_s \leqslant 2$ms。边长观测时，输入仪器常数，读取

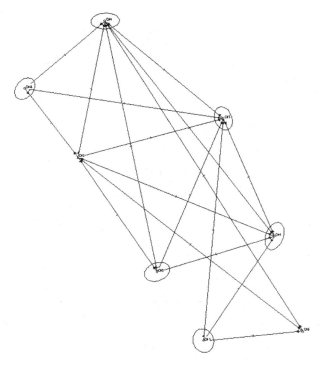

图 8-2 平面控制网

和输入温度和气压,由仪器自动完成仪器常数改正和气象改正,边长倾斜改正、投影改正由人工计算。

控制网平差处理所用软件为武汉大学编制的《控制测量数据处理通用软件包》(科傻系统),该软件已在许多大型工程中得到成功应用。控制网平差采用经典最小二乘法进行,以C03、C05 为已知点,平差结果表明,各点在 X、Y 方向上的中误差都在 2mm 左右,与首次观测结果相比,坐标差值在 3mm 以内,说明控制点的稳定性较好,没有发生明显的位移。

对该控制网的 3 个方向观测值分别加上−5″的粗差,采用数据探测法进行粗差检验,并根据残差的大小逐个剔除含有粗差的观测值,结果表明,该方法简单有效。同时,从残差的大小变化也可看出,粗差不仅影响含粗差观测值的残差,同时,也影响与之相关的观测值残差,因此,在使用数据探测法时,一次只能剔除一个可疑观测值。粗差检验分析的结果见表 8-1。

表 8-1   粗差检验分析

序号	没有粗差时的残差(″)	在 3、11、14 号观测值上分别加−5″粗差的残差(″)	剔除 14 号观测值后的残差(″)	剔除 14、3 号观测值后的残差(″)	剔除 14、3、11 号观测值后的残差(″)
1	−0.54	−1.65	−1.50	−1.00	−0.97
2	−0.44	−1.48	−1.35	−0.69	−0.63
3	−0.60	3.34	3.29		

序号	没有粗差时的残差(″)	在3、11、14号观测值上分别加−5″粗差的残差(″)	剔除14号观测值后的残差(″)	剔除14、3号观测值后的残差(″)	剔除14、3、11号观测值后的残差(″)
4	1.25	0.61	0.51	1.25	1.30
5	−0.19	−0.84	−0.90	−0.24	−0.35
6	0.52	0.02	−0.04	0.68	0.66
7	−0.35	−0.35	−0.35	−0.49	−0.63
8	0.87	0.94	0.90	0.98	1.03
9	−0.52	−0.58	−0.55	−0.49	−0.40
10	−0.18	−1.72	−1.73	−1.64	−0.14
11	−0.26	2.68	2.65	2.71	
12	0.44	−0.96	−0.92	−1.07	0.14
13	−0.69	−1.88	−0.63	−0.64	−0.69
14	−0.04	3.56			
15	0.08	−1.09	0.12	0.13	0.08
16	0.65	−0.59	0.52	0.51	0.62
17	1.10	1.29	1.30	1.33	1.34
18	−0.61	−0.66	−0.73	−0.63	−0.62
19	−0.49	−0.63	−0.57	−0.70	−0.72
20	−1.20	−1.89	−1.88	−1.92	−1.82
21	0.24	0.38	0.26	0.30	0.39
22	−0.35	−0.30	−0.31	−0.25	−0.25
23	−0.23	−0.24	−0.13	−0.15	−0.20
24	1.54	2.06	2.06	2.02	1.87
25	1.13	1.75	1.70	1.61	1.49
26	−1.96	−2.04	−2.06	−2.13	−2.14
27	2.08	2.40	2.32	2.33	2.30
28	−1.14	−1.41	−1.43	−1.29	−1.23
29	−0.71	−0.93	−0.88	−0.87	−0.83
30	0.61	0.24	0.36	0.36	0.41
31	−0.42	−0.73	−0.70	−0.63	−0.59
32	−0.05	0.12	0.07	0.07	0.05
33	−0.21	−0.14	−0.19	−0.22	−0.31
34	−0.20	−0.05	−0.08	−0.09	−0.11

序号	没有粗差时的残差(")	在 3、11、14 号观测值上分别加 -5"粗差的残差(")	剔除 14 号观测值后的残差(")	剔除 14、3 号观测值后的残差(")	剔除 14、3、11 号观测值后的残差(")
35	-0.56	-0.74	-0.68	-0.69	-0.65
36	1.45	1.54	1.57	1.57	1.61

8.4.2 高程控制网粗差检验

图 8-3 为某交通工程的高程控制网,共有 13 个控制点,记为 $A_1 \sim A_{13}$,采用二等水准观测,表 8-2 为各测段高差观测值及对应的权值。以深埋水准点 A_1 为高程起算点,以测段距离的倒数定权,用间接平差法进行平差计算。

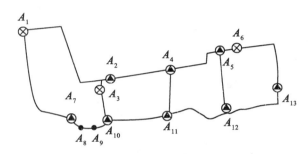

图 8-3　高程控制网

表 8-2　　　　　　　　　　　　　　测段高差观测值及权值

测段	$A_1\text{-}A_7$	$A_7\text{-}A_8$	$A_8\text{-}A_9$	$A_9\text{-}A_{10}$	$A_{10}\text{-}A_3$	$A_3\text{-}A_2$	$A_2\text{-}A_1$	$A_2\text{-}A_4$
高差(m)	0.9747	3.1930	-0.1046	-2.2566	-1.4943	1.5623	-1.8746	0.1740
权	0.3226	5.0	10.0	1.4286	1.4286	2.5	0.2703	0.8333
测段	$A_4\text{-}A_{11}$	$A_{11}\text{-}A_{10}$	$A_4\text{-}A_5$	$A_5\text{-}A_{12}$	$A_{12}\text{-}A_{11}$	$A_5\text{-}A_6$	$A_6\text{-}A_{13}$	$A_{13}\text{-}A_{12}$
高差(m)	0.1380	-0.3821	-0.0939	1.9886	-1.7549	-0.9632	3.3065	-0.3546
权	1	0.7692	0.7692	0.8081	0.7692	2.5	0.5882	0.7143

按最小二乘法平差获得高差改正数,并用数据探测法进行粗差检验,检验结果见表 8-3。设 $\alpha = 0.05$,查得 $K_{1-\alpha/2} = 3.28$,从表 8-3 可以看出,测段 $A_4\text{-}A_{11}$ 的统计量大于临界值,剔除该测段的改正数再进行平差和检验,结果不再存在粗差。

采用 Huber 权函数进行选权迭代平差,检验结果见表 8-3,最终结果表明测段 $A_4\text{-}A_{11}$ 的权系数值为 0.0003,可认为等于 0,该观测量在平差中已不起作用,自动被剔除出平差过程,而其他测段权系数值皆为 1,可判定测段 $A_4\text{-}A_{11}$ 观测高差中含有粗差,与数据探测法检验结果一致。

表 8-3 **粗差检验结果**

数据探测	测段	A_1-A_7	A_7-A_8	A_8-A_9	A_9-A_{10}	A_{10}-A_3	A_3-A_2	A_2-A_1	A_2-A_4
	w 值	0.3510	0.3510	0.3510	0.3510	2.0954	2.0954	0.3510	2.5840
	测段	A_4-A_{11}	A_{11}-A_{10}	A_4-A_5	A_5-A_{12}	A_{12}-A_{11}	A_5-A_6	A_6-A_{13}	A_{13}-A_{12}
	w 值	3.7371	2.5840	2.0740	1.1571	2.0740	0.6891	0.6891	0.6891
选权迭代	测段	A_1-A_7	A_7-A_8	A_8-A_9	A_9-A_{10}	A_{10}-A_3	A_3-A_2	A_2-A_1	A_2-A_4
	p 值	1	1	1	1	1	1	1	1
	测段	A_4-A_{11}	A_{11}-A_{10}	A_4-A_5	A_5-A_{12}	A_{12}-A_{11}	A_5-A_6	A_6-A_{13}	A_{13}-A_{12}
	p 值	0.0003	1	1	1	1	1	1	1

思 考 题

1. 怎样理解偶然误差、系统误差和粗差？
2. 什么叫极限误差法？
3. 什么叫数据探测法，有何特点？
4. 什么叫稳健估计法？
5. 选权迭代法有哪些常用的权函数？
6. GPS 周跳探测和修复的方法有哪几种？
7. 基于 GPS 基线解算的粗差探测指标有哪些？
8. 电离层延迟误差修正模型有哪些？
9. 对流层延迟误差改正模型有哪些？
10. 从粗差检验实例中学到了哪些知识？

第9章　工程控制网平差

9.1　平面控制测量概算

9.1.1　概算目的与流程

平面控制测量概算的目的主要是：系统地检查外业成果质量；将地面上的观测成果化算至高斯平面上，为平差计算做好数据准备工作；计算控制点的资用坐标，为其他急需开展的测量工作提供未经平差的基础数据。

平面控制测量概算的基本流程为：概算的准备工作—观测值化算至标石中心—观测值化算至参考椭球面—椭球面观测值化算至高斯平面—资用坐标的计算。

9.1.2　概算的主要内容与方法

1. 概算资料的检查和准备

对投入使用的经纬仪、全站仪等仪器的检验资料进行检查，如仪器的检验项目和检验方法等是否符合规定，计算是否正确，检验结果是否满足限差要求。

对外业观测记录手簿进行检查，如记录格式是否正确，记录内容是否完整，记录内容是否有差错，测站计算是否准确和合乎要求，各项限差是否满足规范的要求，成果的取舍和重测是否合理等。

如果存在偏心观测，则应对归心改正资料进行检查，如归心投影用纸上的投影点和线是否清楚，示误三角形、检查角及投影偏差是否合限，应改正的方向是否有错漏，归心元素的量取或计算是否正确，注记和整饰是否齐全等。

编制已知数据表(包括坐标、边长、方位角等)，绘制平面控制网略图，检查点之记注记是否完整，觇标及标石委托保管书有无遗漏。

2. 观测值化算至标石中心

对于控制网中涉及归心改正数、近似坐标、球面角超的计算及三角高程的推算，但又没有实测边长的有关各边，应计算相应边的近似边长。对于三角形网，首先计算角度闭合差，将角度闭合差反号平均分配于各角，计算各角的近似平差值(一、二等网凑至 $1''$，三、四等网凑至 $10''$)，然后按三角函数等方法，计算有关各边的近似边长，近似边长计算至 $0.1m$。通常情况下，起算边为椭球面上的大地线长度，所以计算的近似边长为球面边长 S，为了便于以后近似坐标的计算，还需要计算近似平面边长 D，$D = S\left(1 + \dfrac{y_m^2}{2R_m^2}\right)$，其中，$R_m$ 以测区的平均纬度 B_m 为引数从《测量计算用表》查取，y_m 和 B_m 由三角网略图查取。

201

为了检查方向改正的正确性和计算近似平面角，要计算球面角超 ε，计算公式为

$$\varepsilon'' = fab\sin C = fac\sin B = fbc\sin A \tag{9-1}$$

式中，$f = \dfrac{\rho''}{2R^2}$，以测区平均纬度 B_m 在《高斯-克吕格投影用表》中查取；a、b、c 为椭球面上边长，以 km 为单位，取至 0.01km；对一、二等网，ε 计算到 0.01″，对三、四等网则计算到 0.1″。

对于三角形网和导线网，当方向观测存在测站偏心或目标偏心观测时，归心改正数分别按式（3-7）和式（3-9）进行计算，一、二等网归心改正计算到 0.001″，取至 0.01″；三、四等网则计算到 0.01″，取至 0.1″。计算时应注意：①c''、r'' 有正负之分，其正负号取决于正弦函数的值；②当观测的零方向和偏心角所测的零方向不一致时，化成测站零方向后再计算；③同一测站上不同方向的测站归心改正数 c'' 不同，同一照准点上对周围各测站的照准点归心改正数 r'' 也不同；④测站归心改正数是改正本测站各照准点的方向值，而照准点归心改正数是改正周围各测站观测本点的方向值；⑤如果测站偏心或目标偏心同时存在，归心改正数应取 c'' 和 r'' 的代数和。归心改正数计算完毕后，计算归零值，即得归零后的归心改正数，将它加到相应的方向观测值上去，即得到归心改正后化至标石中心的方向观测值。当边长观测存在测站偏心或目标偏心观测时，归心改正数分别按式（4-62）和式（4-63）进行计算，一、二等网归心改正计算到 0.01mm，取至 0.1mm，三、四等网可计算到 0.1mm，取至 1mm。对于 GPS 网，归心改正数按第 7 章所述方法进行计算。

3. 观测值化算至椭球面

（1）角度闭合差的计算与调整

进行角度闭合差 W 的计算与调整是为了计算近似平面归化角，以便进一步求得各边的近似坐标方位角和各点的近似坐标。三角形闭合差为

$$W'' = \sum \beta - (180° + \varepsilon'') \tag{9-2}$$

水平方向观测值经归心改正后，再把 ε'' 与 W'' 分别以 $-\varepsilon''/3$ 和 $-W''/3$ 平均分配给各角，即为平面归化角，一、二等网计算到 0.01″，三、四等网计算到 0.1″。

（2）近似坐标的计算

为了计算近似子午线收敛角及方向改化和距离改正，需计算各三角点的近似坐标。坐标计算有两种方法，即戎格公式和坐标增量公式，戎格增量公式为

$$x_C = \frac{x_A \cot B + x_B \cot A - y_A + y_B}{\cot A + \cot B} \tag{9-3}$$

$$y_C = \frac{y_A \cot B + y_B \cot A + x_A - x_B}{\cot A + \cot B}$$

式中，A、B、C 为三角点按顺时针方式的编号。坐标增量公式为

$$x_B = x_A + \Delta x_{AB} = x_A + D'_{AB} \cos T'_{AB} \tag{9-4}$$

$$y_B = y_A + \Delta y_{AB} = y_A + D'_{AB} \sin T'_{AB}$$

式中，D'_{AB} 为近似平面边长；T'_{AB} 为近似坐标方位角；一、二等网近似坐标计算到 0.1m，三、四等网计算到 1m。

（3）近似子午线收敛角及近似大地方位角的计算

近似子午线收敛角的计算公式为

$$\gamma' = ky + \delta_r \qquad (9\text{-}5)$$

式中，$k = \dfrac{\rho' \tan B}{N}$；$\delta_r = -\dfrac{y^3 \rho'(\tan B + \tan^3 B - \eta^2 \tan B)}{3N^3}$。$k$ 和 δ_r 也可以在《测量计算用表》中以近似坐标(x, y)查取。

近似大地方位角的计算公式为

$$A'_{12} = T'_{12} + \gamma' \qquad (9\text{-}6)$$

式中，T'_{12} 为由近似坐标计算的坐标方位角。

（4）方向观测值的归算

水平方向观测值归算到椭球面上需加入垂线偏差改正、标高差改正和截面差改正。垂线偏差改正的计算公式见式（3-29）。

标高差改正的计算公式为

$$\delta''_h = \left(\frac{e^2}{2}\right) H_2 \left(\frac{\rho''}{M_2}\right) \cos^2 B_2 \sin 2A'_{12} = K_1 \sin 2A'_{12} \qquad (9\text{-}7)$$

式中，B_2 为照准点大地纬度；A'_{12} 为测站点至照准点的近似大地方位角；M_2 为与照准点纬度 B_2 相应的子午圈曲率半径；H_2 为照准点高出椭球面的高程，它由照准点标石中心的正常高、高程异常以及照准点的觇标高三部分组成；K_1 可在《测量计算用表集》中以照准点的高程 H_2（单位：m）和照准点纬度 B_2 为引数查取。

截面差改正的计算公式为

$$\delta''_g = -\frac{e^2}{12\rho} S^2 \frac{\rho^2}{N_1^2} \cos^2 B_1 \sin 2A'_{12} = K_2 \sin 2A'_{12} \qquad (9\text{-}8)$$

式中，S 为 AB 间的大地线长度，单位为 m；N_1 为测站点纬度 B_1 相应的卯酉圈曲率半径；K_2 可在《测量计算用表集》中以 S 和 B_1 为引数查取。

取各改正数的代数和，然后化算归零值，即得到方向观测值归算到椭球面上的改正数。把归算到标石中心的方向值加上相应的归化改正数，即获得归算到椭球面的方向值。

（5）边长观测值的归算

将电磁波测距仪实测的边长归算为椭球面上的大地线长度，按式（4-65）进行计算，改正数计算公式为

$$\Delta s = -d \frac{H_m}{R_A + H_m} \qquad (9\text{-}9)$$

式中，d 为经过仪器误差改正、大气折射改正、斜化平改正和归心改正后的水平距离；H_m 是控制点两端点的平均大地高，$H_m = (H_1 + H_2)/2$；R_A 为参考椭球在测距边方向法截弧的曲率半径，其计算公式为

$$R_A = \frac{N}{1 + e'^2 \cos^2 B_1 \cos^2 A'_{12}} \qquad (9\text{-}10)$$

4. 椭球面上的观测值化算至高斯平面

为了在平面上进行平差，还必须将椭球面上的观测值化算到高斯平面上，这项工作主要包括方向改化和距离改化。

（1）方向改化

如图 9-1 所示，椭球面上的大地线投影到高斯平面上是一条曲线，曲线和直线之间的夹角 δ 就是方向改化应加的改正数，方向改正数的计算公式分别见式（3-33）和式（3-34），其中 x、y 均为近似坐标，取至 0.1m，y_m 为两端点 y 坐标平均值。若令 $f_m = \rho''/2R_m^2$，其值可在《高斯-克吕格投影计算用表》中以两点间平均纬度查取。每个三角形三个内角的角度方向改化的代数和应等于该三角形的球面角超之和的反号，以此作为方向改正数计算正确性的检核，不符值对一、二等网应在 0.002″内，对三、四等网应在 0.02″之内。归零后再加到已归算至椭球面上的方向值上，便得到化算至高斯平面上的方向值。对一、二等网和三、四等网，高斯平面上的方向值分别取至 0.01″和 0.1″。

（2）距离改化

如图 9-1 所示，将椭球面上大地线的长度化算为高斯平面上的直线长度，实际上包含两部分，其一是将椭球面上的大地线长度化算为高斯平面上的曲线长度，其二是将高斯平面上的曲线长度化算为直线长度，由于平面上曲线和直线的长度之差很小，可忽略不计，因此，距离改化实际上就是投影改正，改正数计算公式见式（4-66），式中 R_m 可在《测量计算用表》中以两点间平均纬度查取，以 km 为单位，距离改化计算取至 1mm。

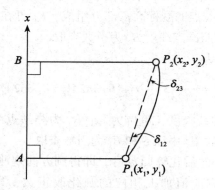

图 9-1 椭球面化至高斯平面

9.1.3 资用坐标的计算

平面控制网全部观测完成并经上述有关归算后，就可以进行平差计算，但是，如果平面控制网没有全部观测完成，而某些地区或工程又因任务紧迫急需平面坐标，此时可计算并提供未经平差的控制点概略坐标，即资用坐标，以满足测区和其他一般性工作的需要。资用坐标是利用概算所得的高斯平面上的方向值或与边长相结合进行推算的，经常是控制网中的一部分，没有经过严密和完整地控制网平差，因而精度相对较低。

针对不同形式的控制网，资用坐标的计算可以采用前述的戎格公式、坐标增量公式或其他适宜的方法。资用坐标计算完后，若需要有关各边的坐标方位角等推算值，可采用资用坐标进行平面坐标反算。为了使用方便，往往将资用坐标按点号抄编在控制点资用成果表上，同时写出成果的使用说明。

9.2 水准测量概算

9.2.1 概算目的与流程

水准测量概算的目的主要是：系统地检查外业成果质量；对观测高差进行有关改正，为平差计算做好数据准备工作；计算控制点的资用高程，为其他急需开展的测量工作提供未经平差的基础数据。

水准测量概算的基本流程为：概算的准备工作—观测高差各项改正数的计算—控制点概略高程的计算。

9.2.2 概算的主要内容与方法

1. 概算资料的检查和准备

对投入使用的水准仪、水准标尺等仪器设备的检验资料进行检查，如：仪器和标尺的检验项目和检验方法等是否符合规定，计算是否正确，检验结果是否满足限差要求。

对外业观测记录手簿进行检查，如：记录格式是否正确，记录内容是否完整，记录内容是否有差错，测站计算是否准确和合乎要求，各项限差是否满足规范的要求，成果的取舍和重测是否合理等。把检查后确认无误的观测高差填入相应的表中。

编制已知数据表，绘制高程控制网略图，检查点之记注记是否完整，标石委托保管书有无遗漏。

2. 观测高差各项改正数的计算

(1) 水准标尺每米真长误差改正

水准标尺每米真长误差对高差的影响是系统性的。《国家一、二等水准测量规范》规定，铟瓦水准标尺的每米真长误差不应超过 0.10mm；《工程测量规范》规定，铟瓦水准标尺的每米真长误差不应超过 0.15mm，数字水准仪条形码水准标尺的每米真长误差不应超过 0.10mm，双面木质水准标尺的每米真长误差不应超过 0.50mm。对精密水准测量，当一对水准标尺每米平均真长误差 $f > \pm0.02$mm 时，就应对观测高差进行改正。对于一个测段，标尺每米真长误差改正数 δ_f 的计算公式为

$$\delta_f = f\,h \tag{9-11}$$

式中，f 为一对水准标尺每米平均真长误差，单位为 mm/m；h 为一个测段往测或返测的高差，单位为 m。

(2) 水准标尺温度改正

铟瓦水准标尺的长度受温度的影响，进而使观测高差产生误差，一测段标尺温度改正数 δ_t 的计算公式为

$$\delta_t = (t - t_0)\alpha h \tag{9-12}$$

式中，t 为水准标尺温度，单位为℃；t_0 为标尺长度检定温度，单位为℃；α 为标尺铟瓦带膨胀系数，单位为 mm/(m·℃)；h 为一个测段的高差，单位为 m。

(3) 正常水准面不平行改正

按水准测量规范规定，四等及以上水准测量结果应进行正常水准面不平行的改正。第 i 测段正常水准面不平行改正数 ε_i 的计算公式为

$$\varepsilon_i = -AH_i(\Delta\varphi)'$$ （9-13）

式中，$(\Delta\varphi)' = \varphi_2 - \varphi_1$，$\varphi_1$ 和 φ_2 分别为第 i 测段始末点的纬度值，以 ′ 为单位，可由水准路线图查取或某种测量方法获得；H_i 为第 i 测段始末点近似高程的平均值，以 m 为单位；A 为常系数，当水准路线的纬差不大时，可按水准路线纬度中数 φ_m 为引数在现成的系数表中查取。

（4）水准路线闭合差改正

水准路线闭合差 W 的计算公式为

$$W = (H_0 - H_m) + \sum h' + \sum \varepsilon$$ （9-14）

式中，H_0 和 H_m 分别为水准路线两端点的已知高程；$\sum h'$ 为水准路线中各测段往返测观测高差加入 δ_f 和 δ_i 后所得的高差中数；$\sum \varepsilon$ 为水准路线中各测段的正常水准面不平行改正数之和。

水准路线中每个测段的高差改正数 v_i 计算公式为

$$v_i = -\frac{S_i}{\sum S}W$$ （9-15）

即把水准测量路线闭合差 W 按测段长度 S_i 成比例地分配到各测段的高差中。

9.2.3　资用高程的计算

与平面控制网计算并提供控制点资用坐标的道理相同，需要时，高程控制网也可以计算并提供控制点资用高程。根据已知点高程及改正后的高差计算控制点资用高程的公式为

$$H = H_0 + \sum h' + \sum \varepsilon + \sum v$$ （9-16）

9.3　坐标系统的选择

9.3.1　概述

中华人民共和国成立后，在全国范围内开展了全面的大地测量工作，先后完成了一等三角锁、二等三角锁网以及三等和四等三角网的测量工作，建立了"1954 年北京坐标系"。为了适应我国大地测量不断发展的需要，后又在"1954 年北京坐标系"的基础上，经过测量和计算，建立了"1980 年国家大地坐标系"。随着现代测量新仪器和新技术的发展，又在全国开展了高精度的 GPS 测量，建立了新的国家大地测量控制网。

国家大地测量控制网将测量成果归算到参考椭球面上，并以高斯正形投影方法按 6°带或 3°带进行分带和计算，这样的规定不仅符合高斯投影分带原则和计算方法，与国际惯例相一致，而且也有利于大地测量成果的统一、使用和互算。

国家大地测量控制网内业平差计算的基准面是参考椭球面，大地坐标是先将地球自然表面的观测值归算到参考椭球面上，再投影到高斯平面上进行平差计算得到的。观测值归算到参考椭球面上必然产生一定的变形，采用这些归算后的观测值进行平差计算，将其平差结果直接应用到地球自然表面上或高于自然表面的某一个高程面上时，就会产生一定的差异，最容易理解的就是两个控制点之间的实测距离与坐标反算的距离不一致，这种差异

对一般的大比例尺地形图测绘影响不大，而对其他精度要求较高的工程测量和精密工程测量则是不能接受的，而且使用起来也不方便。因此，在许多工程测量中，特别当精度要求较高时，地球自然表面的观测值并不是归算到参考椭球面上，而是归算到某个高程面上，这个高程面就是一个投影面，此时就涉及投影面的重新合理选择问题。

高斯正形投影的优点是保证投影前后角度不发生变形，但是长度变形仍较为严重。为了控制长度变形的量值，按 6° 或 3° 进行分带，并确定中央子午线的位置，将投影限制在中央子午线东、西两侧一定的范围内分别进行，在工程测量中，包括城市测量，既要满足测绘大比例尺地形图的需要，又要满足各种工程施工放样的精度要求，如果按照国家标准分带投影，其投影变形误差仍然较大，甚至不能满足工程测量的精度要求，对精度要求更高的精密工程测量更是如此，此时，就需要根据测区实际的地理位置选择合理的投影带进行投影计算。此外，分带投影将统一的坐标系分割成各带的独立坐标系，就产生了平面坐标的邻带换算问题，重新选择投影带进行投影计算也必然涉及平面坐标的邻带换算。

9.3.2　投影面和投影带的选择

1. 投影变形分析

实测边长归算到参考椭球面上的变形量 Δs_1 可简写为

$$\Delta s_1 = -\frac{H_m}{R_A}s \tag{9-17}$$

式中，s 为归算边的长度；H_m 为归算边高出参考椭球面的平均大地高；R_A 为归算边方向参考椭球法截弧的曲率半径。归算边长的相对变形为

$$\frac{\Delta s_1}{s} = -\frac{H_m}{R_A} \tag{9-18}$$

设 R_A 的概略值为 6371km，根据式(9-17)、式(9-18)分别计算不同高程面上的每千米长度投影变形量及相对变形，见表 9-1。从表 9-1 可见，将地面实测距离归算到参考椭球面上总是变短的，$|\Delta s_1|$ 值与 H_m 成正比，随 H_m 增大而增大。

表 9-1　　　　　　　　　　　　　　实测边长归算到参考椭球面上的变形

H_m （m）	10	20	30	40	50	60	70	80	90	100	160	1000	2000	3000
Δs_1 （mm）	-1.6	-3.1	-4.7	-6.3	-7.8	-9.4	-11.0	-12.6	-14.1	-15.7	-25.1	-157	-314	-472
$\dfrac{\Delta s_1}{s}$	$\dfrac{1}{637000}$	$\dfrac{1}{318500}$	$\dfrac{1}{212000}$	$\dfrac{1}{159000}$	$\dfrac{1}{127400}$	$\dfrac{1}{106000}$	$\dfrac{1}{91000}$	$\dfrac{1}{79000}$	$\dfrac{1}{70000}$	$\dfrac{1}{63700}$	$\dfrac{1}{39000}$	$\dfrac{1}{6370}$	$\dfrac{1}{3180}$	$\dfrac{1}{2120}$

将参考椭球面上的边长归算到高斯投影面上的变形量 Δs_2 可简写为

$$\Delta s_2 = \frac{1}{2}\left(\frac{y_m}{R_m}\right)^2 s_0 \tag{9-19}$$

式中，s_0 为投影归算边长，$s_0 = s + \Delta s_1$；y_m 为归算边两端点横坐标的平均值；R_m 为参考椭

球面平均曲率半径。投影边长的相对变形为

$$\frac{\Delta s_2}{s_0} = \frac{1}{2}\left(\frac{y_m}{R_m}\right)^2 \tag{9-20}$$

设按测区平均纬度求得的 R_m 为 6376km，根据式(9-19)、式(9-20)分别计算每千米长度投影变形量及相对变形，见表 9-2。从表 9-2 可见，将参考椭球面上的距离投影到高斯平面上总是变长的，Δs_2 值随着 y_m 的平方成正比变化，离中央子午线越远，其变形越大。

表 9-2　　　　　　　　　　椭球面上的距离投影到高斯面上的变形

$y(m)$	10	20	30	40	50	60	70	80	90	100	150
$\Delta s_2(mm)$	1.2	4.9	11.1	19.7	30.7	44.3	60.3	78.7	99.6	133.0	
$\dfrac{\Delta s_2}{s_0}$	$\dfrac{1}{810000}$	$\dfrac{1}{200000}$	$\dfrac{1}{90000}$	$\dfrac{1}{50000}$	$\dfrac{1}{32000}$	$\dfrac{1}{22000}$	$\dfrac{1}{16500}$	$\dfrac{1}{12700}$	$\dfrac{1}{10000}$	$\dfrac{1}{8000}$	$\dfrac{1}{3500}$

2. 投影面和投影带的选择形式

工程控制网既是测绘大比例尺地形图的基础，又是其他各种工程测量的依据，用途不同，对控制网精度的要求也不同，也就对投影变形提出不同的控制要求。在工程施工放样中，通常要求由控制点坐标直接反算的距离应等于或接近于实地测得的距离，以便施工放样工作的顺利进行，这就要求由上述两项归算投影改正而带来的长度变形分别不大于施工放样的精度要求。对于用于大比例尺地形图测绘和一般工程施工测量的控制网，通常要求每千米的长度变形不应大于 10～2.5cm；对于精度要求较高的工程控制网，通常要求每千米的长度变形不应大于 2.5cm；对于精密工程控制网，对每千米的长度变形控制要求则更高。基于上述的投影变形分析以及不同工程对投影变形的控制要求，工程控制测量的投影面和投影带可以选择以下几种形式：

①在满足工程测量精度要求的前提下，应将观测结果归算至参考椭球面上，采用国家统一的 3°带高斯平面直角坐标系，这种情况下，测量成果可以一测多用，同时，工程控制网坐标系统就与国家大地测量系统一致，两者的测量成果也可以互相利用。

②当边长的两次归算投影改正不能满足工程测量精度时，投影面可以根据测区的实际情况重新选择，投影带可以采用任意带，进行独立高斯正形投影，形成独立坐标系统。为此，可选择这样几种方法来实现：a. 选择国家统一的 3°带，改变 H_m，即选择合适的高程参考面，抵偿分带投影变形，这种方法通常称为抵偿投影面的高斯投影；b. 选择参考椭球面，改变 y_m，即移动中央子午线位置，抵偿实测边长归算到参考椭球面上的投影变形，这种方法通常称为任意带高斯投影；c. 既改变 H_m，又改变 y_m，共同抵偿两项归算投影变形，这种方法通常称为具有高程抵偿面的任意带高斯投影。

3. 工程控制测量采用的几种独立坐标系

由表 9-1、表 9-2 可以看出，当测区平均高程 H_m 在 100m 以下且 y_m 值不大于 40km 时，其投影变形值 Δs_1 及 Δs_2 均小于 2.5cm，可以满足大比例尺测图和大多数工程施工放样的精度要求，因此，在地面平均高程不大和偏离中央子午线不远的地区，无需考虑投影变形问题，直接采用国家统一的3°带高斯平面直角坐标系作为工程控制测量的坐标系。否则，应通过改变 H_m、y_m 其中之一或者同时改变 H_m 和 y_m，建立工程测量独立坐标系。

（1）抵偿投影面、3°带高斯平面直角坐标系

采用国家3°带高斯投影，投影面不是参考椭球面，而是选择能够有效补偿高斯投影长度变形的某一高程面，即保持 y_m 不变，改变 H_m，使得在这个高程面上的长度变形 $\Delta s = \Delta s_1 + \Delta s_2 = 0$。根据式（9-17）和式（9-19）可推得

$$H_m = \frac{y_m^2}{2R_m} \tag{9-21}$$

值得注意的是，式（9-21）中的 H_m 实际上为归算投影边的大地高（通常取测区所有控制点大地高的平均值）到所选高程面的高差，该高程面的大地高应等于测区大地高的平均值减去该 H_m。假设某测区大地高的平均值为2000m，当 $y_m = 100$km 时，根据式（9-21）求得 $H_m = 785$m，该高程面的大地高则为1215m，同时也说明，将地面实测距离归算到大地高为1215m的高程面上时，两项归算投影的长度变形将得到完全补偿。

（2）参考椭球面、任意带高斯平面直角坐标系

将地面观测结果归算到参考椭球面上，但投影带的中央子午线不按国家3°带的划分方法，而是选择能够有效补偿边长归算长度变形的某一条子午线作为中央子午线，即保持 H_m 不变，改变 y_m，使得长度变形 $\Delta s = \Delta s_1 + \Delta s_2 = 0$。根据式（9-17）和式（9-19）可推得

$$y_m = \sqrt{2R_m H_m} \tag{9-22}$$

式中，y_m 为归算投影边到所选中央子午线的距离，通常视为测区到所选中央子午线的平均距离，说明当选择与该测区相距 y_m 处的子午线作为中央子午线时，两项归算投影的长度变形将得到完全补偿。但在实际应用中，通常选取过测区边缘、过测区中央或过测区内某一点的子午线作为中央子午线。

（3）任意投影面、任意带高斯平面直角坐标系

既改变 H_m，又改变 y_m，使得两项归算投影的长度变形都尽量小。实际应用中，通常将地面观测值归算到测区平均高程面上，将中央子午线选在测区的中央，按高斯正形投影计算平面直角坐标。这是综合上述两种坐标系长处的一种任意高斯直角坐标系，能更有效地实现两项归算投影长度变形的补偿。

当地面观测距离 $S \leq 15$km 时，其测区平均高程面上的距离可采用公式直接归算，计算公式为

$$D_H = \sqrt{\frac{(S+h)(S-h)}{\left(1+\dfrac{H_1-H_0}{R+H_0}\right)\left(1+\dfrac{H_2-H_0}{R+H_0}\right)}} \tag{9-23}$$

式中，D_H 为地面观测距离归算为测区平均高程面上的水平距离，单位为m；H_0 为测区平均高程面的大地高，单位为m；S 为经过仪器、气象等改正后的斜距，单位为m；H_1、H_2 分别为仪器中心与发射镜中心的大地高，单位为m；h 为仪器中心与发射镜中心之间的高差，$h = H_1 - H_2$，单位为m；R 为地球的平均曲率半径，单位为m。

由式（9-23）也可以看出，当 H_0 取 0 时，计算结果为椭球面上的水平距离；当 H_0 取抵偿高程面的高程时，计算结果为抵偿高程面上的水平距离；当 H_0 取测线两端的平均高程时，计算结果为测线的水平距离。因此，可以将式（9-23）看成是距离归算的通用公式。

（4）假定平面直角坐标系

当测区控制面积小于100km²时，可以把该测区的局部地球表面视为平面，不进行方向和距离的归算投影改正，直接建立独立的平面直角坐标系。这种情况下，控制网的起算点坐标及起算方位角最好能与国家控制点联系，如果联系确实有困难，起始点坐标可假定，起始点通常选在该测区外缘的西南角，方位角也可自行测定或假定，但应尽量接近实际的坐标北方向，边长可自行测定。这种坐标系一般只限于测绘大比例尺地形图或某种工程的建筑施工之用。

9.3.3 坐标的邻带换算

坐标的邻带换算是分带投影导致的结果，也是为了减小投影变形的需要，工程控制测量中出现以下几种情况时，需要进行坐标的邻带换算：

①如图9-2(a)所示，控制网位于两个相邻带边缘地区或跨越两个投影带（东、西带），如果起算点 A、B 及 C、D 的坐标是按两带分别给出的，为了能在同一带内进行平差计算，必须把已知点的坐标换算到同一投影带内，例如，将西带的 A、B 点的坐标换算到东带，或者将东带的 C、D 点的坐标换算到西带。

②如图9-2(b)所示，在分界子午线附近地区测图时，为实现两邻带地形图的拼接和使用，位于45′（或37.5′）重叠地区的控制点需具有相邻两带的坐标值，即重叠区的控制点需进行坐标的邻带换算。

③在多数工程测量中，要求采用3°带、1.5°带或任意带的坐标，而国家控制点主要为6°带坐标，因此，必须进行6°带与3°带、1.5°带或任意带之间的坐标换带计算。

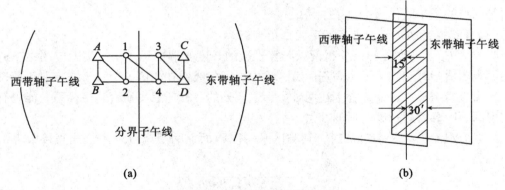

(a)　　　　　　　　　　　　　　　　　**(b)**

图 9-2　坐标邻带换算

坐标邻带换算的主要方法是高斯投影正算和反算（在第10章中介绍），其实质是把椭球面上的大地坐标作为过渡坐标。假设投影带Ⅰ的中央子午线经度为 L_0^I，相邻投影带Ⅱ的中央子午线经度为 L_0^{II}，某点 P 在Ⅰ带内的通用坐标为 $(X_I，Y_I)$，点 P 在Ⅱ带内的通用坐标为 $(X_{II}，Y_{II})$，将 $(X_I，Y_I)$ 换算成 $(X_{II}，Y_{II})$ 的基本过程为：

①求点 P 在Ⅰ带内的平面直角坐标 $(x_I，y_I)$，其中，$x_I=X_I$，$y_I=Y_I-500km$；

②利用高斯投影反算公式，将 $(x_I，y_I)$ 换算成椭球面上的大地坐标 $(B_I，l_I)$，其中，l_I 为点 P 所在子午线与Ⅰ带中央子午线之间的经差，从而得到点 P 的经度为 $L=$

$L_0^I + l_I$；

③以Ⅱ带中央子午线为基准，将(B_I, l_I)换算成$(B_Ⅱ, l_Ⅱ)$，其中，$l_Ⅱ$为点P所在子午线与Ⅱ带中央子午线之间的经差，$B_Ⅱ = B_I$，$l_Ⅱ = L - L_0^Ⅱ$；

④利用高斯投影正算公式，将$(B_Ⅱ, l_Ⅱ)$换算成点P在Ⅱ带内的平面直角坐标$(x_Ⅱ, y_Ⅱ)$；

⑤求点P在Ⅱ带内的通用坐标$(X_Ⅱ, Y_Ⅱ)$，其中，$X_Ⅱ = x_Ⅱ$，$Y_Ⅱ = y_Ⅱ + 500km$。

9.4 控制网间接平差

9.4.1 边角网间接平差

常规工程测量平面控制网的观测值不外乎方向(或角度)和边长，根据观测值类型不同，控制网也相应地称为测角网、测边网、边角网(或导线网)。间接平差时，通常取待定点的平差坐标作为未知数，首先建立各方向和边长与待定点平差坐标之间的误差方程式，再按照间接平差的原理和步骤，由误差方程和观测值的权组成未知数法方程，求解各待定点的坐标平差值，并进行精度评定。这种以待定点的平差坐标作为未知数建立误差方程式，平差后直接求得各待定点坐标平差值的平差方法，也称为坐标平差法。

1. 方向误差方程式

设在测站k上观测了k_0，k_i，$\cdots$，k_n等方向，其方向观测值分别为N_{k_0}，N_{k_i}，$\cdots$，N_{k_n}，对应的方向改正数为v_{k_0}，v_{k_i}，$\cdots$，v_{k_n}。设k_0为测站k上的零方向，则任意方向k_i的坐标方位角平差值方程为

$$\alpha_{k_i} = \overline{Z}_k + \overline{N}_{k_i} = Z_k + \zeta_k + N_{k_i} + v_{k_i} \tag{9-24}$$

式中，$\overline{Z}_k$为k_0方向的坐标方位角，通常称为测站定向角；$\overline{N}_{k_i}$为k_i的方向平差值；Z_k为定向角$\overline{Z}_k$的近似值；ζ_k为定向角改正数，是一个未知参数。

令k，i两点的近似坐标分别为(x_k^0, y_k^0)和(x_i^0, y_i^0)，对应的改正数分别为$(\delta x_k, \delta y_k)$和$(\delta x_i, \delta y_i)$，坐标的平差值分别为(x_k, y_k)和(x_i, y_i)，根据坐标方位角反算公式有

$$\alpha_{ki} = \arctan \frac{y_i - y_k}{x_i - x_k} = \alpha_{ki}^0 + \delta\alpha_{ki} \tag{9-25}$$

式中，$\alpha_{k_i}^0$为k_i方向的近似坐标方位角，由k，i两点的近似坐标计算；$\delta\alpha_{k_i}$为k_i方向的坐标方位角改正数。将式(9-25)按泰勒级数展开并取至一次项，得

$$\delta\alpha_{k_i} = \frac{\Delta y_{k_i}^0}{s_{k_i}^{02}}\delta x_k - \frac{\Delta x_{k_i}^0}{s_{k_i}^{02}}\delta y_k - \frac{\Delta y_{k_i}^0}{s_{k_i}^{02}}\delta x_i + \frac{\Delta x_{k_i}^0}{s_{k_i}^{02}}\delta y_i \tag{9-26}$$

式中，$s_{k_i}^0$为k，i两点的近似距离，由近似坐标计算；$s_{k_i}^0$和各个坐标改正数均以 m 为单位，$\delta\alpha_{k_i}$以弧度为单位。将式(9-26)代入式(9-24)得方向误差方程式

$$v_{k_i} = -\zeta_k + \frac{\Delta y_{k_i}^0}{s_{k_i}^{02}}\delta x_k - \frac{\Delta x_{k_i}^0}{s_{k_i}^{02}}\delta y_k - \frac{\Delta y_{k_i}^0}{s_{k_i}^{02}}\delta x_i + \frac{\Delta x_{k_i}^0}{s_{k_i}^{02}}\delta y_i + l_{k_i} \tag{9-27}$$

式中，$l_{k_i} = \alpha_{k_i}^0 - N_{k_i} - Z_k$。实际测量与计算中，可能会遇到一些特殊情况，例如，k点为固定点，或i点为固定点，或k，i两点皆为固定点，因为固定点的坐标改正数为 0，则该

211

方向的方向误差方程式将大大简化。

2. 边长误差方程式

k, i 两点间的边长观测值为 s_{k_i}, 平差值方程为

$$\bar{s}_{k_i}=\sqrt{(x_i-x_k)^2+(y_i-y_k)^2} \tag{9-28}$$

将式(9-28)线性化, 得边长误差方程式为

$$v_{s_{k_i}}=-\cos\alpha^0_{k_i}\delta x_k-\sin\alpha^0_{k_i}\delta y_k+\cos\alpha^0_{k_i}\delta x_i+\sin\alpha^0_{k_i}\delta y_i+l_{s_{k_i}} \tag{9-29}$$

式中, $\alpha^0_{k_i}$ 为 k_i 方向的近似坐标方位角, 由 k, i 两点的近似坐标计算; $l_{s_{k_i}}$ 为误差方程式的常数项, $l_{s_{k_i}}=s^0_{k_i}-s_{k_i}$, $s^0_{k_i}$ 为 k, i 两点间的近似边长, 由 k, i 两点的近似坐标计算。实际测量与计算中, 同样会遇到一些特殊情况, 例如, k 点为固定点或 i 点为固定点, 则相应的固定点的坐标改正数为 0, 当 k, i 两点皆为固定点时, 可不测此边, 也无需列出该边的边长误差方程式, 如果观测了此边, 则

$$v_{s_{k_i}}=l_{s_{k_i}} \tag{9-30}$$

式(9-30)不涉及未知数, 与解算未知数无关, 仅参与精度计算。

3. 边角网误差方程式

边角网含有两类观测值, 即方向和边长, 因此其误差方程式也含有两类, 即方向误差方程式和边长误差方程式, 误差方程式的总数等于两类观测元素误差方程式的个数之和。综合式(9-27)和式(9-29), 以 k, i 两点间的方向和边长改正数表示的边角网误差方程式为

$$\begin{cases} v_{k_i}=-\zeta_k+\dfrac{\Delta y^0_{k_i}}{s^{02}_{k_i}}\delta x_k-\dfrac{\Delta x^0_{k_i}}{s^{02}_{k_i}}\delta y_k-\dfrac{\Delta y^0_{k_i}}{s^{02}_{k_i}}\delta x_i+\dfrac{\Delta x^0_{k_i}}{s^{02}_{k_i}}\delta y_i+l_{k_i} \\ v_{s_{k_i}}=-\cos\alpha^0_{k_i}\delta x_k-\sin\alpha^0_{k_i}\delta y_k+\cos\alpha^0_{k_i}\delta x_i+\sin\alpha^0_{k_i}\delta y_i+l_{s_{k_i}} \end{cases} \tag{9-31}$$

4. 观测值权的确定与方差估计

(1)定权公式

边角网平差时, 设角度与边长观测值的方差分别为 m^2_β 和 m^2_s, 则观测值的权与中误差的关系为

$$P_\beta=\frac{\sigma^2_0}{m^2_\beta}, \qquad P_s=\frac{\sigma^2_0}{m^2_s} \tag{9-32}$$

式中, σ^2_0 是可以任意选择的常数, 通常称为单位权方差。因为 m_β 和 m_s 的单位分别为 s 和 mm, 权 P_β 和 P_s 是有量纲的, 故边角网可以在 $[P_\beta v_\beta v_\beta]+[P_s v_s v_s]=\min$ 的原则下进行整体平差。

在边角网中, 如果认为角度观测的精度相同, 但测边精度不同, 可令 $\sigma^2_0=m^2_\beta$, 则式(9-32)变为

$$P_\beta=1, \qquad P_{s_i}=\frac{m^2_\beta}{m^2_{s_i}} \tag{9-33}$$

此时, P_β 为纯量, P_s 的量纲为 s^2/mm^2, 平差后求得的 σ^2_0 即为 m^2_β, 边长观测中误差为 $\sigma_0/\sqrt{P_{s_i}}$, 单位为 mm。

当控制网的边长较短(如小于 1km)且边长大致相等时, 可以认为测角精度相同, 测

边精度也相同，可令 $\sigma_0^2 = m_s^2$，则式(9-32)变为

$$P_\beta = \frac{m_s^2}{m_\beta^2}, \qquad P_s = 1 \qquad\qquad (9\text{-}34)$$

此时，P_β 的量纲为 mm^2/s^2，P_s 为纯量。

（2）不同类观测值的方差估计

从定权公式可以看出，要定权就必须知道观测值的方差，而确切的方差值在平差前是未知的，只能设法找出方差的估值，这也称为方差估计。

① 按仪器的标称精度确定方差的估值。按照测角仪器的标称精度确定测角中误差 m_β，按照测距仪器的标称精度确定测边中误差 m_{s_i}，再按式(9-33)定权。

② 按大量观测资料确定方差的估值。按照式(3-27)计算 m_β，按照式(4-26)计算 m_{s_i}，再按式(9-33)定权。

③ 按单一网平差的改正数确定方差的估值。将边角网分成单一的测角网和测边网进行平差，由平差的角度改正数和边长改正数分别计算 m_β 和 m_s，再进一步计算各边的测边中误差 m_{s_i}，再按式(9-33)定权。

④ 按赫尔默特方差估计方法确定方差的估值。基本思路为：设网中角、边的观测值分别为 L_1 和 L_2，相应的改正数分别为 v_1 和 v_2，相应的权阵分别为 P_1 和 P_2，相应的方差分别为 σ_1^2 和 σ_2^2，相应的单位权方差估值分别为 σ_{01}^2 和 σ_{02}^2，利用各次平差后各类改正数的平方和 $V_1^T P_1 V_1$、$V_2^T P_2 V_2$ 分别计算 σ_{01}^2 和 σ_{02}^2，再由 σ_{01}^2 和 σ_{02}^2 分别计算 m_β 和 m_{s_i}，再按式(9-33)定权。

5. 平差及精度评定

间接平差的函数模型是边角网误差方程式，可以表达为

$$\begin{pmatrix} V_1 \\ V_2 \end{pmatrix} = \begin{pmatrix} B_1 \\ B_2 \end{pmatrix} X - \begin{pmatrix} f_1 \\ f_2 \end{pmatrix} \qquad\qquad (9\text{-}35)$$

简写成

$$\underset{n\cdot 1}{V} = \underset{n\cdot t}{B}\ \underset{t\cdot 1}{X} - \underset{n\cdot 1}{f} \qquad\qquad (9\text{-}36)$$

式中，B 为误差方程组的系数阵；X 为待定点的坐标；$-f = F(X^0) - L$，L 为观测值；n 为网中方向与边长的观测值总数；t 为必要观测数，等于 2 倍待定点点数与观测方向测站数之和。

在 $[P_r v_r v_r] + [P_s v_s v_s] = \min$ 的原则下进行整体平差，可以求得待定点的平差坐标，其表达式为

$$\underset{t\cdot 1}{X} = (B^T P B)^{-1} B^T P f \qquad\qquad (9\text{-}37)$$

式中，P 为方向观测值权阵 P_r 和边长观测值权阵 P_s 组成的权矩阵。将由式(9-37)求得的 X 代入式(9-36)，即可求得方向值改正数 v_r 和边长改正数 v_s。

根据平差结果，可以进一步对边角网的精度进行评定。边角网的单位权中误差为

$$m_0 = \pm\sqrt{\frac{[P_r v_r v_r] + [P_s v_s v_s]}{n - t}} \qquad\qquad (9\text{-}38)$$

根据未知数协因数阵 $Q_X = (B^T P B)^{-1}$ 中的有关元素，可以评定网中的点位精度，网中任意一点的坐标中误差及点位中误差的计算公式为

$$\begin{cases} m_{x_i} = \pm m_0 \sqrt{Q_{x_i x_i}} \\ m_{y_i} = \pm m_0 \sqrt{Q_{y_i y_i}} \\ M_i = \pm \sqrt{m_{x_i}^2 + m_{y_i}^2} \end{cases} \tag{9-39}$$

如果要评定网中某条边的方位角精度或边长精度，首先要写出该边的方位角或边长的权函数式，计算它们的权倒数 $1/P_{\alpha_{k_i}}$ 或 $1/P_{s_{k_i}}$，再分别按式（9-40）和式（9-41）计算方位角中误差或边长中误差。

$$m_{\alpha_{k_i}} = \pm m_0 \sqrt{\frac{1}{P_{\alpha_{k_i}}}} \tag{9-40}$$

$$m_{s_{k_i}} = \pm m_0 \sqrt{\frac{1}{P_{s_{k_i}}}} \tag{9-41}$$

由 $m_{\alpha_{k_i}}$ 和 $m_{s_{k_i}}$ 还可以进一步求得 k，i 两点间的相对点位中误差，其计算公式为

$$M_{ki} = \pm \sqrt{m_{s_{k_i}}^2 + \left(\frac{m_{\alpha_{k_i}}}{e''} s_{k_i}\right)^2} \tag{9-42}$$

9.4.2 水准网间接平差

1. 高程系统的选择

我国在全国范围内布设了大地测量高程控制网，采用水准测量方法进行观测，采用正常高高程系统作为高程的统一系统，先后建立了"1956 年黄海高程系"（水准原点高程 72.289m）和"1985 年国家高程基准"（水准原点高程 72.260m）。

在工程高程控制测量中，应根据测量范围的大小、测量任务的性质和目的等因素，合理选择高程系统，一般采用正常高高程系统，即与国家高程系统一致，对于大型水利等工程，可以采用力高高程系统；对某些小型工程，可以采用任意假定的高程系统。

测区首级高程控制网一般应与两个及以上国家或地方已有的高程控制点进行联测，高程控制点的等级应高于首级控制网的等级。对于小型或局部工程，也可只与一个国家或地方已有的高程控制点进行联测，甚至采用假定高程，但测量成果一般只限于本工程使用。测区首级高程控制网通常布设成闭合环形式，布设低一级网时，可以采用闭合环形式，也可以采用附合水准路线。

2. 平差及精度评定

水准网只含有一种观测值，即高差，实测高差经过尺长、温度、水准面不平行等有关改正后，就可以用于平差计算。水准网按间接平差时，通常取待定点的高程作为未知数，首先建立各观测高差与待定点高程之间的误差方程式，再按照间接平差的原理和步骤，由误差方程和观测值的权组成未知数法方程，求解各待定点的高程。

水准网的间接平差模型为

$$\begin{cases} V = BX - f \\ V^{\mathrm{T}} PV = \min \end{cases} \tag{9-43}$$

式中，V 为高差改正数；B 为误差方程组的系数阵；X 为待定点的高程；$-f = F(X^0) - L$，其中，$F(X^0)$ 是由待定点近似高程计算的测段高差，L 为测段高差观测值；P 为高差观

测值对应的权阵。

测段高差观测值所对应的权通常按照测站数或距离来确定，其计算公式为

$$p_i = \frac{C}{n_i}, \qquad p_i = \frac{C}{s_i} \tag{9-44}$$

式中，C 为任意一个常数，通常取为 1。

在 $V^T PV = \min$ 的原则下进行平差，可以求得待定点的平差高程，其表达式形同式（9-37），同时，可求得高差改正数 V。根据高差改正数可计算单位权中误差，计算公式为

$$m_0 = \pm \sqrt{\frac{[Pvv]}{n-t}} \tag{9-45}$$

式中，n 为高差观测总数；t 为高差必要观测数。假设水准网中待定点的总数为 j，当网中有已知点时，$t=j$；当网中没有已知点时，$t=j-1$。

如果要评定网中某个别点的高程或个别高差的精度，首先要写出该点的高程或个别高差的权函数式，计算它们的权倒数，再按类似于式（9-40）的方法求得相应的精度。

9.5 工程控制网平差实例

9.5.1 润扬大桥平面控制网测量与平差

1. 工程概况

润扬长江公路大桥是我国第一座由悬索桥和斜拉桥构成的现代化组合桥梁，是江苏省"四纵四横四联"公路主骨架和南北跨长江公路通道的重要组成部分。该桥南接镇江市，北连扬州市，中间跨越世业洲。该工程的南汊钢悬索桥主跨长 1490m，为目前"中国第一、世界第三"的大跨径桥梁，北汊为斜拉桥，其主跨长为 406m，两桥在世业洲上以曲线高架桥连接。桥址区施工控制网的范围东西方向约 3km，南北方向约 7km。

该工程位于长江中下游平原，地势平坦，海拔高度 3~4m。测区属温带气候，夏季炎热，冬季寒冷，春夏降雨频繁。测区树林密集，芦苇杂草丛生，镇江岸及世业洲上房屋众多，通视条件较差。测区较高的部位是沿长江两岸构筑的江堤，堤顶高程 7m 左右，为控制点的通视提供了有利条件，因此，大部分控制点建立在江堤上。

在工程勘测及设计阶段，桥址区布设了精密的 GPS 控制网。为使设计与施工的坐标系统一，降低施工控制网的建立成本，施工控制网充分利用原有的测量标点，并对原网进行了加密改造，使其在精度和密度上都能满足施工测量的要求。

2. 平面控制网布设与观测

（1）布设

如图 9-3 所示，润扬大桥施工控制网共有 24 个控制点，其中 4 个为桥轴线点（轴 1、轴 2、20、21），每个控制点都建有混凝土观测墩，墩高 1.2m，基础厚度 0.6m，每个观测墩基础下埋入 8m 深的钢管 4 根，以加强观测墩的稳定性。观测墩顶部均设置强制对中底盘及保护罩，观测墩基础上埋设有水准标志。

利用观测仪器的先验精度（测角精度为 0.5″，测距精度为 $1mm + 1 \times 10^{-6}D$）和设计图形数据，对该控制网进行精度估算，全部控制点的点位误差都在 ±2mm 以内，其中，最弱点为 35 号点，其点位中误差为 ±1.9mm。因此，该网的设计达到了建设单位提出的 ±2mm 的

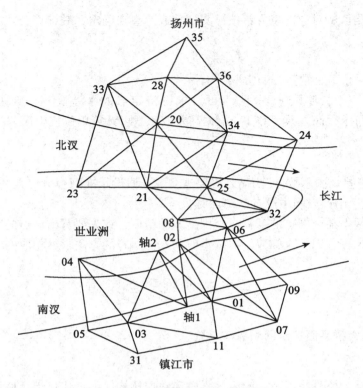

图 9-3　润扬大桥施工控制网

精度要求。

（2）观测

润扬大桥施工控制网为全边全角网，按国家二等三角测量的精度要求观测。采用精密全站仪 TC 2003 测角和测距，角度观测采用方向观测法测量 9 测回，边长测量 2 测回（基线边至少 4 测回），并进行往返测量。观测中的限差为：一测回中 2C 值的互差≤9.0″；同一方向各测回较差≤6.0″；三角形允许的最大闭合差≤3.5″；测角中误差 m_β≤1.0″；往返边长观测不符值≤$2\sqrt{1^2+(1\cdot S)^2}$ mm。

施工控制网观测前，首先对所采用的仪器进行检验与校正。在观测过程中，严格按操作规程进行测量。由于控制网的许多视线跨越长江，容易受到大气折光的影响，因此，尽量选择有利的观测时间段。由于三角网的边长相差很大，所以在施测时特别注意了望远镜调焦螺旋的使用，选择合适的零方向，尽量减少视准轴变化所产生的误差。控制网观测期间的天气以多云和阴天为主，且有微风，气温在 25℃ 左右，对观测作业比较有利，对确保成果的高质量、有效克服大气折光的影响等都有积极作用。

另外，为提高控制网的整体精度，在控制网中加测了 4 条基线边，基线边分别为：轴1-轴2、02-06、21-25、20-21，4 条基线边分别进行 4 测回的往返测，其相对精度在 1/65万以上。

对外业观测的角度首先进行测站平差，然后进行三角形闭合差的检验，该控制网共统计出三角形 41 个，三角形闭合差均在规定的限差之内，其中最大为 2.43″。表 9-3 为三角形闭合差的分布统计表。

表 9-3 三角形闭合差统计表

三角形闭合差	$\Delta \leq 1''$	$1'' < \Delta \leq 2''$	$2'' < \Delta \leq 3''$	$3'' < \Delta \leq 3.5''$
个数	20	18	3	0
百分比（%）	49	44	7	0

按菲列罗公式计算的测角中误差 $m = \pm \sqrt{\dfrac{[\Delta\Delta]}{3n}} = \pm 0.70''$，满足二等三角测量测角中误差的限差要求。另外，根据规范要求，对网中所形成的大地四边形、中点多边形、扇形进行极条件自由项的检核，共统计出 18 个独立极条件，均小于允许限值，小于 1/2 限差的占 78%。对边角网余弦条件闭合差进行检验，也均满足规定的要求。该网共测边 57 条，边长往返测量之差均满足规定的限差要求。

3. 控制网平差及精度

施工控制网采用经典最小二乘间接平差模式，选用河海大学研制的二维网测量平差软件进行数据处理。首先根据国家统一的 3° 投影带和参考投影面进行平差计算，获得控制点在"1954 年北京坐标系"下的坐标。为使大桥的施工测量与设计成果坐标系统严格一致，选用轴 1 点为坐标起算点，选用轴 1-轴 2 的坐标方位角为起算方位角（桥轴线方位）。平差计算分两步进行，首先根据轴 1 点坐标和起算方位角推算 20、21 两点的坐标，然后，以轴 1、轴 2、20、21 四个控制点为已知点进行全网的整体平差，推算各点的坐标和点位中误差。

在施工控制网的平差计算时，以高斯任意带投影，边长观测值经仪器、气象等改正后，再归算到测区平均高程面上，中央子午线经度取桥轴线所在的经度 119°22′。为使施工测量更方便，在控制网平差时，又以南汉桥桥轴线、北汉桥桥轴线分别建立了桥轴线施工坐标系。

为了适应不同时期施工测量的精度要求，控制网平差时选择了 3 个投影面，即测区平均高程面、北汉桥桥面高程面和南汉桥桥面高程面，这样，既保证了精度要求最高的部位其归算投影变形最小，又使得施工测量更加方便。

该控制网经最小二乘平差后的单位权中误差（测角中误差）为 ±0.52″，最弱点的点位中误差为 ±1.39mm，满足点位中误差小于 ±2mm 的精度要求。桥轴线相对中误差为 1/1620000，最弱边（34-20）相对中误差为 1/540000。平差后各点的点位中误差见表 9-4。

表 9-4 平差后各点点位中误差

点号	中误差（mm）	点号	中误差（mm）
03	0.75	11	0.64
04	1.04	32	0.92
05	1.14	25	0.45
06	0.49	23	1.04

点号	中误差（mm）	点号	中误差（mm）
07	0.74	24	0.88
08	0.62	34	0.56
09	1.08	33	0.68
31	1.01	36	1.03
28	0.72	35	1.39

4. 控制网复测问题处理

（1）第一次复测

为了确保不因控制点的位移而影响施工测量的质量，依据相关规范和工程需要，对施工控制网进行复测，分析控制网点的稳定性，从而有效地保证了施工测量质量。

润扬大桥施工控制网第一次复测工作是在 2001 年 1 月进行的，其复测网形与建网时相同，复测前，对所有测量仪器和设备按规范要求进行了检校。边角网按二等三角测量的精度要求观测，对观测数据，首先采用《控制网观测数据预处理软件系统》进行预处理，即对所测边长进行加常数和乘常数改正、斜边改化并归算到测区平均高程面上，对所测水平角进行测站平差，对构成边角网的各项限差进行检查等，在满足二等网的各项限差要求后，再进行控制网的平差计算。

在数据处理完成后，通过对本次观测成果与首次观测成果比较后发现，部分点之间的位移迹象明显，再采用秩亏网平差，并利用平均间隙法对控制网进行稳定性检验和分析。检验结果表明，控制网部分网点发生了位移，然后利用变形分析通用法分析单点稳定性，其计算结果见表 9-5。

表 9-5　　　　　　　　　　控制网中单点稳定性判定结果

点　名	02	轴2	25	21	20	34	轴1
统计量 F	21.26	73.66	0.37	6.26	0.64	1.40	0.44
稳定性	不稳定	不稳定	稳定	不稳定	稳定	稳定	稳定
点　名	36	04	06	32	24	33	03
统计量 F	0.46	89.94	0.62	6.80	0.46	0.38	0.52
稳定性	稳定	不稳定	稳定	不稳定	稳定	稳定	稳定

通过上述分析，并顾及标石实际可能发生的变形量和方向，结合数据处理一致性的需要，确定了全网平差的起算点为 03、36、33，再使用《平面控制数据处理系统》软件进行平差计算，从而取得了理想的效果。

基于本次复测的成果，反映出建立在软基基础上的控制点变形显著。为保证施工测量质量，2001 年 4 月，分别在三个地段增设了 10 个高标准的控制点，其中镇江岸 3 个，世业洲 4 个，扬州岸 3 个，点号命名为 51-60。这些控制点基础均使用打桩机打入了 4 根直径 73mm、壁厚 5mm 的无缝钢管，深度达 15m。后续的检测工作表明，采用打桩机埋设钢管的建点方案，其点位稳定性要好许多。

（2）第二次复测

至 2002 年 10 月，润扬大桥许多主体建筑物已建立起来，北引桥和北汊桥南北塔柱已建成，世业洲引桥基础全面施工，南汊桥南北塔基本完工，南北锚碇基础已完成，即将进入锚体施工阶段，南引桥桥墩大多已完工。这时，受通视条件的影响，原网已无法按已有方案进行边角网复测。针对这种情况，第二次复测采用静态 GPS 与电磁波测距相结合的测量方案。采用 GPS 测量，目的是为了解决网点之间的通视问题。加测部分测距边是基于以下两点考虑：其一，可以作为外部条件，用于检核 GPS 网测量的可靠性；其二，可将测距边与 GPS 基线进行联合平差，以提高控制网的精度。

采用 4 台 Trimble 5700 双频接收机进行静态 GPS 测量，GPS 测量主要技术要求见表9-6，采用 Wild DI 2002 测距仪进行电磁波测距。

表 9-6　　　　　　　　　　　　静态 GPS 测量主要技术要求

卫星截止高度角(°)	15
同时观测有效卫星数(个)	≥4
有效卫星总数(个)	≥9
观测时段数(个)	≥2.5
时段长度(min)	120
采样间隔(s)	15

采用 GPSurvey 2.35 软件进行 GPS 网基线处理。通过对每条基线的 Ratio 值和参考因子的检查，结合重复基线和异步环闭合差的统计，对部分时段的部分基线，采用残差分析、周跳修复和挑选卫星等方法进行了精化处理。

采用 Power ADJ 3.0 软件进行 GPS 网平差。GPS 网平差是在独立坐标系中进行的，并进行了高斯投影，其大地高为 67.157m，中央子午线为东经 119°22′，测区高程异常为57.9m。利用点 60 和轴 1 两点的坐标进行二维约束平差，得到平面控制网各点的坐标。

在控制网的复测工作中，遇到了如下一些问题，并进行了相应的处理：

①关于高斯投影的问题。原有施工控制网成果是常规边角网，数据处理时直接将空间斜距投影到测区平均高程 9.257m(正常高)所在的高程面上，选测区平均经度所在的子午线为中央子午线，因此，要求 GPS 网平差时选择相同的投影带和投影面。

②关于 GPS 基线与测距边联合平差的问题。Power ADJ 3.0 软件主要是针对纯 GPS 网基线设计的，使得 GPS 基线与电磁波测距边不相容。尽管可以将测距边纳入进行计算，但在二维联合平差时发现，测距边并没有起到改化 GPS 基线的作用，且点位精度有所下降。考虑到短距离测量时，测距边的精度是高于 GPS 基线精度的，而 GPS 基线与测距边之间确实存在尺度比例因子问题，顾及到资料的连续性和统一性，决定将部分精度较高的测距边作为固定边约束条件进行二维联合约束平差。

③关于坐标转化问题。为了方便工程施工放样，润扬大桥分别建立了南汊桥和北汊桥的桥轴线坐标系。通常的做法是，采用观测数据进行直接平差，获得桥轴线坐标系的坐标，但平差软件无法实现此项功能，为了得到桥轴线坐标系坐标，利用前期的观测成果计

算出两种坐标系的转换关系，再将本次的坐标转换为桥轴线坐标系下的坐标。

④关于本次复测精度的外部检测。GPS 网平差后，其主要控制点的点位中误差见表9-7。为了检测 GPS 网的外部精度，运用 DI 2002 测距仪实测了 8 条边，其互差见表9-8。

表 9-7   **GPS 网点位中误差**

点名	点位中误差（mm）	点名	点位中误差（mm）
06	1.5	58	1.7
31	2.6	59	2.3
52	1.3	86	2.3
53	1.6	89	3.0
55	2.6	90	1.5
57	1.9	91	1.6

表 9-8   **GPS 网平差边与测距边比较**

边 名	GPS 平差边长（m）	测距边长（m）	差值（mm）
53—55	483.4049	483.4042	0.7
52—91	472.5175	472.5203	-2.8
89—54	389.9069	389.9119	-5.0
81—83	452.1389	452.1435	-4.6
54—52	525.6520	525.6468	5.2
88—87	384.1367	384.1431	-6.4
87—65	169.4810	169.4854	-4.4
65—90	187.1234	187.1224	1.0

由此可见，尽管 GPS 网的平差精度在±3mm 以内，但与实测边长比较的结果表明，本次 GPS 网的外部符合精度约为±5mm，说明在边长较短的 GPS 网测量时，应设法提高控制网的精度。因此，为了满足南汊桥上部结构施工的需要，将南塔、北塔周围的控制点构成局部边角网加以补强，经局部边角网测量后，点位中误差均满足±2mm 的精度要求。

9.5.2 淮河入海水道变形监测网测量与平差

1. 工程概况

淮河入海水道是国家重点防洪工程，防洪大堤西起洪泽湖东侧二河闸，沿苏北灌溉总渠北侧与总渠成二河三堤，东至扁担港注入黄海，全长 163.5km。工程的主要内容为泓道开挖、堤防填筑、滩面清障和青坎排水等。大堤分北堤和南堤，土质结构，北堤设计堤顶高程为 9.65m，南堤设计堤顶高程为 10.14m，堤顶宽为 8m，主堤两侧平台宽为 30m，主堤和两侧平台的坡度为 1:3。北堤北侧开挖一条调度河，北堤和南堤之间开挖两条河道，分称北泓和南泓，以北隔堤和南隔堤分开，北泓和南泓底宽分别为 50m 和 68m，设计河底高程为−2.0m。

位于江苏省阜宁县境内的防洪大堤，处地质条件很差的软土地区，因此需要在大堤整个施工阶段进行地面水平位移和沉降监测，通过变形监测及其分析，调节施工速率，保证大堤的施工安全。

2. 变形监测网布设与观测

(1) 布设

如图9-4所示，淮河入海水道阜宁Ⅰ标位于江苏省阜宁县境内，大堤分为南堤和北堤，每堤长约4km。变形监测点呈断面形式布设，北堤每个断面上布设7个监测点，分别布置在调度河河口、堤脚、压载平台、堤顶轴线和北泓河口等部位；南堤每个断面上布设4个测点，分别布置在南泓河口、坡脚、平台和堤顶轴线等部位。变形监测点采用两种标志形式，调度河河口1、取土坑边缘7、南泓河口8等3个点埋设普通混凝土标石，其他部位采用非坑式埋设沉降板，钢管每节80cm，钢管两端制成螺口，通过管套相互连接，管的一端刷上红漆作为保护监测点的一种警示标志。水平位移和沉降监测共用同一个监测标志，每个点均进行水平位移和沉降监测。按照设计和施工的要求，施工速率试验断面每3~4天左右监测1次，其他断面每7天左右监测1次，满足《土石坝安全监测技术规范》关于土石坝施工期6~3次/月的监测频率要求。

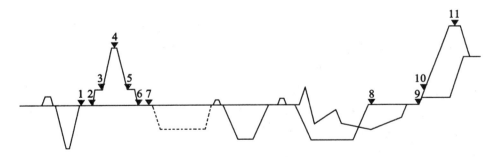

图9-4 大堤横断面与监测点布设

如图9-5所示，根据防洪大堤带状的特点、观测断面的设计要求和实际地形情况，在实地选定了8个观测断面Ⅰ-Ⅰ′~Ⅷ-Ⅷ′，断面间距约500m，其中，Ⅰ-Ⅰ′和Ⅳ-Ⅳ′为施工速率试验断面。在相应断面调度河子堰北侧和南隔堤南脚，以南3m左右分别选择8个工作基点，每个工作基点先用4根无缝钢管打入地下2m，然后浇筑钢筋混凝土观测墩，并安装强制对中底盘，观测墩底座埋入土层0.5m以下，底盘对中误差小于0.2mm。墩基上预留钢筋头作为沉降监测的工作基点标志，每个工作基点附近埋设两个混凝土标石水准点，用于工作基点高程的临时性检查。由于通视困难，网中增设了4个永久性过渡点和3个临时性过渡点，所有点构成以Ⅳ、2、Ⅳ′为结点的导线网和水准网。

(2) 观测

导线网和水准网于2000年5月进行第一次观测，堤防施工期间每半年复测一次。导线网和水准网首次观测与第一次复测时，都与施工控制网中的3个控制点A_1、A_2、A_3进行了联测。

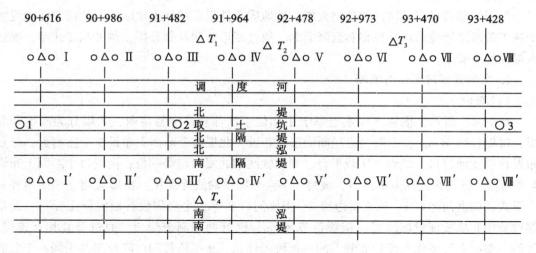

图 9-5 变形监测网布设略图

导线网水平角采用 T 2000 电子经纬仪(标称精度±0.5″)观测,边长采用 Wild DI5 测距仪(标称精度±(3mm+2×10⁻⁶D))观测,水平角和边长按四等电磁波测距导线的技术要求进行观测。导线网观测前,都按有关规范要求对所采用的仪器进行了检验与校正。导线网观测的同时,测量和记录温度和气压等气象元素,采用该仪器的气象改正公式对边长观测值进行气象改正。导线网观测完成后,及时对方位角闭合差进行计算与检查。

水准网采用自动安平水准仪 Ni007(±0.7mm/km)配合铟瓦水准标尺,按二等水准测量的技术要求进行观测。水准网观测前,除了按规范要求对水准仪的 i 角误差进行了检验和校正,还对水准标尺的每米真长误差进行了测定,并且在每次观测前后,都对水准仪的 i 角进行检查。水准网观测过程中,测量了气温,用于对水准标尺长度的温度改正。在跨越调度河、北泓时,按照跨河水准测量的技术要求实施观测。水准网观测完成后,及时对高差闭合差进行计算与检查。

3. 变形监测网平差及精度

(1)导线网平差

控制点选埋时增设了 4 个永久性过渡点,其中,北堤北面的 3 个点 T_1、T_2、T_3 离变形区较远,T_4 位于变形区内。导线网首次观测与第一次复测时,都与已有的 3 个施工控制网点进行了联测。导线网采用间接平差,平差时,投影面选择测区平均高程面,所有实测边长都归算到测区平均高程面上,选择与施工控制网相同的中央子午线经度,选择施工控制网中 A_1 点的坐标作为起算坐标,A_1-A_2 的方位角作为起算方位角,A_1-A_2 的边长则采用 DI5 测距仪实测并归算到测区平均高程面上。根据首次观测与第一次复测成果的坐标平差结果,对控制点的稳定性进行了分析,认为离变形区较远的点 T_1、T_2、T_3 是稳定的,因此,在导线网再次复测时,就不再联测控制点 A_1、A_2、A_3,平差计算时,采用控制点 T_1、T_2、T_3 的坐标作为起算坐标。导线网首次观测和第一次复测成果平差后的主要精度指标见表 9-9。

表 9-9   导线网平差后的主要精度指标

观测	方位角闭合差 ($''$)	测角中误差 ($''$)	测边中误差 （mm）	全长相对 闭合差
首期	−5.6，−8.2	±2.1	±3.4	1/54000
复测	+3.8，−7.3	±2.2	±3.2	1/62000

（2）水准网平差

水准网首次观测与第一次复测时，也与已有的 3 个施工控制网点进行了联测。平差前，先对观测高差进行尺长改正和温度改正，由于测区范围较小，没有进行水准面不平行改正。水准网采用间接平差，平差时，选择施工控制网中点 A_1 的高程作为起算高程，点 A_2、A_3 作为未知点参与平差并作为检核。根据首次观测与第一次复测成果的高程平差结果，对控制点的稳定性进行了分析，认为离变形区较远的点 T_1、T_2、T_3 是稳定的，因此，在水准网再次复测时就不再联测控制点 A_1、A_2、A_3，平差计算时采用控制点 T_1、T_2、T_3 的高程作为起算高程。水准网首次观测和第一次复测成果平差后的主要精度指标见表9-10。

表 9-10   水准网平差后的主要精度指标

观测	总测站数（个）	高差闭合差（mm）	单位权中误差（mm/km）
首期	108	−2.8，+4.6	±0.5
复测	121	−4.2，+6.3	±1.2

9.5.3 苏通大桥 GPS 网平差

苏通大桥 GPS 控制网共有 8 个 GPS 天的观测数据。观测结束后，收集了上海（SHAO）和武汉（WUHN）两个跟踪站相应 GPS 天的数据，室内在 SUN 工作站上用 Gamit 软件和 IGS 精密星历，以 GPS 首次观测值为参考历元进行基线解算和平差。应用武汉大学研制的软件包 POWERADJ3.0 进行平差，在 84 条基线中选择 32 条独立基线，首先在各自坐标系进行三维无约束平差，基线向量的改正数（$V_{\Delta X}$，$V_{\Delta Y}$，$V_{\Delta Z}$）均小于 3 倍标准差，然后固定一点一方位（ST02 的坐标、ST02-ST01 的方位角）进行二维平差，基线向量的改正数与剔除粗差的无约束平差结果的同名基线相应改正数的较差（$dV_{\Delta X}$，$dV_{\Delta Y}$，$dV_{\Delta Z}$）均小于 2 倍标准差，控制网精度满足 GPS B 级网相应的限差要求。最后上交所有观测、记录和计算资料，包括：GPS 接收机鉴定证书；气象仪器鉴定证书；原始观测数据及 RINEX 格式数据；观测记录手簿；GPS 归心投影用纸；同步环、异步环和重复基线检验文件；各坐标系的平差文件；平面控制点成果表；外业观测与数据处理总结报告；有关备份文件及说明。

桥位区位于 3° 带第 40 带，中央子午线经度为 120°，桥轴线所在经度为 120°59′，高程异常为 62.2m。控制网在平差中，根据平差结果的不同用途以及在不同施工阶段的应用情况，选择了以下几种平面坐标系进行控制网的平差计算：

WGS-84 坐标系：控制网起算数据为武汉跟踪站的空间直角坐标。

1954 北京坐标系：高斯正形投影，中央子午线经度 120°，投影面为参考椭球面，控制网起算数据为国家一等三角锁点 I001、I002、I003 的坐标。

独立坐标系 1：高斯正形投影，中央子午线经度 120°59′，投影面为参考椭球面，控制网起算数据为国家一等三角锁点 I003 的坐标、I003-I001 的方位角。

独立坐标系 2：高斯正形投影，中央子午线 120°59′，投影面为正常高 0m，控制网起算数据为国家一等三角锁点 I003 的坐标、I003-I001 的方位角。

独立坐标系 3：高斯正形投影，中央子午线 120°59′，投影面为正常高 8m，控制网起算数据为国家一等三角锁点 I003 的坐标、I003-I001 的方位角。

独立坐标系 4：高斯正形投影，中央子午线 120°59′，投影面为正常高 76m，控制网起算数据为国家一等三角锁点 I003 的坐标、I003-I001 的方位角。

桥轴线坐标系 1：高斯正形投影，中央子午线经度 120°59′，投影面为参考椭球面，控制网起算数据为 ST02 的坐标、ST02-ST01 的方位角。

桥轴线坐标系 2：高斯正形投影，中央子午线 120°59′，投影面为正常高 0m，控制网起算数据为 ST02 的坐标、ST02-ST01 的方位角。

桥轴线坐标系 3：高斯正形投影，中央子午线 120°59′，投影面为正常高 8m，控制网起算数据为 ST02 的坐标、ST02-ST01 的方位角。

桥轴线坐标系 4：高斯正形投影，中央子午线 120°59′，投影面为正常高 76m，控制网起算数据为 ST02 的坐标、ST02-ST01 的方位角。

思 考 题

1. 平面控制测量概算的目的与流程是什么？
2. 平面控制测量概算的主要内容有哪些？
3. 水准测量概算的目的与流程是什么？
4. 水准测量概算的主要内容有哪些？
5. 什么叫投影变形？如何计算？
6. 不同工程对投影变形的大小有何要求？
7. 投影面和投影带的选择有哪几种形式？
8. 工程控制测量可以采用哪几种独立坐标系？
9. 什么情况下需要进行坐标的邻带换算？
10. 坐标邻带换算的基本原理和过程是什么？
11. 如何进行边角网的间接平差？
12. 如何进行水准网的间接平差？
13. 边角网和水准网平差是如何定权的？
14. 从控制网平差实例中学到了哪些知识？
15. 使用平差软件时应注意些什么？

第 10 章 参心坐标系及坐标换算

以地球椭球为参照体建立起来的地心坐标系和参心坐标系是两种典型的大地测量坐标系，这两种坐标系的主要区别在于所采用的椭球参数以及椭球的定位与定向不同。地心坐标系是以总地球椭球为基准建立起来的，是一种全球性的坐标系，如 WGS-84 世界大地坐标系。参心坐标系是以参考椭球为基准建立起来的，是一种区域性的坐标系，如 1954 年北京坐标系。无论是地心坐标系还是参心坐标系，都可以分为大地坐标系和空间直角坐标系两种，都可以用于研究地球上物体的定位与运动。

对于工程控制测量来说，测量范围是局域性的，测量的内容和性质与参心坐标系的关系更加密切，因此本章主要阐述与参心坐标系有关的问题，即讨论参心坐标系的建立、几种常用的参心坐标系以及由此而产生的坐标换算问题。此外，考虑到日常测量工作中主要采用高斯平面直角坐标，而非大地坐标和空间直角坐标，因此本章还将阐述这几种坐标之间的关系问题。

10.1 参心坐标系的建立

10.1.1 参心坐标系的建立原理

参心坐标系是以参考椭球为基准建立起来的，所谓参考椭球，是指具有确定参数（长半径 a 和扁率 α），经过局部定位和定向，与某一地区大地水准面最佳密合的地球椭球。建立参心坐标系需要选择或求定椭球的几何参数、确定椭球中心的位置（椭球定位）、确定椭球短轴的指向（椭球定向）、建立大地原点。关于椭球参数。一般选择国际大地测量和地球物理联合会（IUCC）推荐的椭球参数。下面主要讨论椭球定位、定向及建立大地原点问题。

如图 10-1 所示，对于地球和参考椭球，分别建立空间直角坐标系 $O_1-X_1Y_1Z_1$ 和 $O-XYZ$，其相对关系可用三个平移参数 X_0，Y_0，Z_0（椭球中心 O 相对于地心 O_1）和三个旋转参数 ε_x，ε_y，ε_z 来表示。传统做法是：首先选定某一适宜的点作为大地原点 K，在该点上进行精密的天文大地测量和高程测量，由此得到该点的天文经度 λ_K、天文纬度 φ_K、正高 $H_{正K}$、至某一相邻点的天文方位角 α_K，以大地原点垂线偏差的子午圈分量 ξ_K、卯酉圈分量 η_K、大地水准面差距 N_K 和 ε_x，ε_y，ε_z 为参数，根据广义的垂线偏差公式和拉普拉斯方程式可得

$$\begin{cases} L_K = \lambda_K - \eta_K \sec\varphi_K - (\varepsilon_Y \sin\lambda_K + \varepsilon_X \cos\lambda_K)\tan\varphi_K + \varepsilon_z \\ B_K = \varphi_K - \xi_K - (\varepsilon_Y \cos\lambda_K - \varepsilon_X \cos\lambda_K) \\ A_K = \alpha_K - \eta_K \tan\varphi_K - (\varepsilon_Y \cos\lambda_K + \varepsilon_X \cos\lambda_K)\sec\varphi_K \end{cases} \quad (10\text{-}1)$$

$$H_K = H_{正K} + N_K + (\varepsilon_Y \cos\lambda_K - \varepsilon_X \sin\lambda_K)N_K e^2 \sin\varphi_K \cos\varphi_K \quad (10\text{-}2)$$

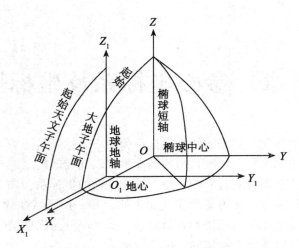

图 10-1　参心坐标系的建立

式中，L_K，B_K，A_K，H_K 分别为相应的大地经度、大地纬度、大地方位角、大地高。可见，原来的定位参数 X_0，Y_0，Z_0 被 ξ_K，η_K，N_K 所替代。

顾及椭球定向的两个平行条件，即 $\varepsilon_X = 0$，$\varepsilon_Y = 0$，$\varepsilon_Z = 0$，并分别代入式（10-1）和式（10-2）可得

$$\begin{cases} L_K = \lambda_K - \eta_K \sec\varphi_K \\ B_K = \varphi_K - \xi_K \\ A_K = \alpha_K - \eta_K \tan\varphi_K \end{cases} \tag{10-3}$$

$$H_K = H_{正K} + N_K \tag{10-4}$$

1. 单点定位

一个国家或地区在天文大地测量初期，通常缺乏必要的资料来确定 ξ_K，η_K 和 N_K 的值，只能简单地取 $\xi_K = 0$，$\eta_K = 0$，$N_K = 0$，即在大地原点 K 处，椭球的法线方向和铅垂线方向重合，椭球面和大地水准面相切，则由式（10-3）和式（10-4）可得

$$\begin{cases} L_K = \lambda_K,\ B_K = \varphi_K,\ A_K = \alpha_K \\ H_K = H_{正K} \end{cases} \tag{10-5}$$

因此，仅根据大地原点上的天文观测和高程测量结果，就完成了椭球的定位和定向。

2. 多点定位

单点定位的结果难以使椭球面与大地水准面在较大范围内有较好的密合，所以在国家或地区的天文大地测量工作基本完成后，利用许多拉普拉斯点（即测定了天文经度、天文纬度和天文方位角的大地点）的测量成果和已有的椭球参数，按照广义弧度测量方程式（10-6），根据椭球面与当地大地水准面最佳密合条件 $\sum N_新^2 = \min$（或 $\sum \zeta_新^2 = \min$），采用最小二乘法求得椭球定位参数 ΔX_0，ΔY_0，ΔZ_0，旋转参数 ε_X，ε_Y，ε_Z 及新椭球几何参数 $a_新 = a_旧 + \Delta_a$，$\alpha_新 = \alpha_旧 + \Delta_\alpha$，再根据式（10-1）和式（10-2）求得大地原点的垂线偏差分量 ξ_K，η_K 及 N_K（或 ζ_K）。这样，利用新的大地原点数据和新的椭球参数进行新的定位和定向，建立新的参心大地坐标系。

多点定位的结果使椭球面在大地原点不再与大地水准面相切，但在所使用的天文大地

网资料的范围内，椭球面与大地水准面有最佳的密合。

$$
\begin{bmatrix} \eta_{新} \\ \xi_{新} \\ N_{新} \end{bmatrix} = \begin{bmatrix} \dfrac{\sin L}{N+H} & -\dfrac{\cos L}{N+H} & 0 \\ \dfrac{\sin B\cos L}{M+H} & \dfrac{\sin B\sin L}{M+H} & -\dfrac{\cos B}{M+H} \\ \cos B\cos L & \cos B\sin L & \sin B \end{bmatrix}_{旧} \begin{bmatrix} \Delta X_0 \\ \Delta Y_0 \\ \Delta Z_0 \end{bmatrix} +
$$

$$
\begin{bmatrix} -\sin B\cos L & -\sin B\sin L & \cos B \\ \sin L & -\cos L & 0 \\ -Ne^2\sin^2 B\cos B\sin L & Ne^2\sin B\cos B\cos L & 0 \end{bmatrix}_{旧} \begin{bmatrix} \varepsilon_X \\ \varepsilon_Y \\ \varepsilon_Z \end{bmatrix} + \begin{bmatrix} 0 \\ \dfrac{N}{M}e^2\sin B\cos B \\ N(1-e^2\sin B) \end{bmatrix} m +
$$

$$
\begin{bmatrix} 0 & 0 \\ -\dfrac{N}{(M+H)a}e^2\sin B\cos B & -\dfrac{M(2-e^2\sin^2 B)}{(M+H)(1-\alpha)}\sin B\cos B \\ -\dfrac{N}{a}(1-e^2\sin^2 B) & \dfrac{M}{1-\alpha}(1-e^2\sin^2 B)\sin^2 B \end{bmatrix}_{旧} \begin{bmatrix} \Delta a \\ \Delta\alpha \end{bmatrix} +
$$

$$
\begin{bmatrix} (\lambda-L)\cos B \\ \varphi-B \\ N \end{bmatrix}_{旧}
$$

$$(10\text{-}6)$$

3. 大地原点和大地起算数据

大地原点也称为大地基准点或大地起算点（见图10-2）。依据大地原点上的 L_K，B_K，H_K 和归算到椭球面上的各种观测值，可以精确计算出天文大地网中各点的大地坐标，因此 L_K，B_K，H_K 称为大地测量基准数据或大地测量起算数据。

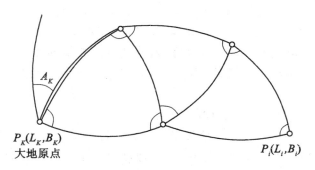

A_K

$P_K(L_K,B_K)$
大地原点

$P_i(L_i,B_i)$

图10-2　大地原点

10.1.2　1954年北京坐标系

中华人民共和国成立初期，采用克拉索夫斯基椭球参数，并与前苏联1942年坐标系进行联测，通过测量与计算，建立了我国大地坐标系，命名为1954年北京坐标系。依据该坐标系，我国建成了全国天文大地网，完成了大量的测绘任务，但是该坐标系存在如下缺点：

①采用克拉索夫斯基椭球作为参考椭球，其长半轴与目前的国际精确值相比大了约 109m。

②参考椭球面普遍低于大地水准面，且存在着自西向东的系统性倾斜，在东南沿海地区大地水准面差距最大达+68m。

③几何大地测量和物理大地测量应用的参考面不统一，在处理重力数据时采用赫尔默特 1900—1909 年正常重力公式，而与这个公式相应的赫尔默特扁球不是旋转椭球，与克拉索夫斯基椭球不一致。

④椭球短轴的指向既不是国际上较普遍采用的国际协议(习用)原点 CIO，也不是我国地极原点 $JYD_{1968.0}$，起始大地子午面也不是国际时间局 BIH 所定义的格林尼治平均天文台子午面，从而给坐标换算带来一些不便和误差。

⑤按局部平差逐步提供大地点的成果，难免存在一些不严密和不合理的问题。

10.1.3　1980 年国家大地坐标系

随着我国测绘事业的不断发展，利用获得的大量的测量资料和其他有关资料，建立适合我国具体情况的新坐标系已经成为可能。在 1978 年 4 月于西安召开的"全国天文大地网整体平差会议"上，与会专家认为应建立我国新的大地坐标系，并决定将新大地坐标系命名为 1980 年国家大地坐标系。该坐标系是在 1954 年北京坐标系基础上，按参考椭球面与大地水准面的最佳密合条件 $\sum \zeta_{GDZ80}^2 = \min$ 建立起来的。仿照式(10-6)，可列出

$$
\begin{aligned}
\zeta_{GDZ80} = &\cos B_{BJ54} \cos L_{BJ54} \Delta X_0 + \cos B_{BJ54} \sin L_{BJ54} \Delta Y_0 + \sin B_{BJ54} \Delta Z_0 - \\
&\frac{N}{a}(1 - e^2 \sin^2 B_{BJ54}) \Delta a + \frac{M}{1-\alpha}(1 - e^2 \sin^2 B_{BJ54}) \sin^2 B_{BJ54} \Delta\alpha + \zeta_{BJ54}
\end{aligned}
\tag{10-7}
$$

由式(10-7)，根据最小二乘法可求得 ΔX_0，ΔY_0，ΔZ_0，Δa，$\Delta\alpha$ 5 个参数。实际计算时，直接选用了 IUGG 1975 年推荐的椭球参数作为 1980 年大地坐标系的椭球参数，因而 Δa，$\Delta\alpha$ 实为已知值，即 $\Delta a = a_{IUGG1975} - a_{克氏椭球}$，$\Delta\alpha = \alpha_{IUGG1975} - \alpha_{克氏椭球}$，式(10-7)中只剩下 ΔX_0，ΔY_0，ΔZ_0 3 个参数，求得 ΔX_0，ΔY_0，ΔZ_0 后，将其代入式(10-6)就可得到大地原点上的 ξ_K，η_K，N_K(或 ζ_K)，再由大地原点上测得的 λ_K，φ_K，$H_{常K}$ 以及大地原点至另一点的天文方位角 α_K，按式(10-1)和式(10-2)得到大地测量起算数据 L_K，B_K，A_K，H_K。

1980 年国家大地坐标系有以下几个特点：

①采用 IUGG1975 年推荐的 4 个椭球基本参数，即地球椭球长半径 $a = 6378140m$，地心引力常数 $GM = 3.986005 \times 1014 \times 10^{14} m^3/s^2$，地球重力场二阶带球谐系数 $J_2 = 1.08263 \times 10^{-3}$，地球自转角速度 $\omega = 7.292115 \times 10^{-5} rad/s^2$。由上述 4 个参数可求得地球椭球扁率 $\alpha = 1/298.257$，赤道的正常重力值 $\gamma_0 = 9.78032m/s^2$。

②采用多点定位，椭球面与似大地水准面在我国境内最为密合。

③椭球短轴平行于地球质心指向地极原点 $JYD_{1968.0}$ 的方向，起始大地子午面平行于我国起始天文子午面，$\varepsilon_X = \varepsilon_Y = \varepsilon_Z = 0$。

④大地原点地处我国中部，位于陕西省泾阳县永乐镇。大地高程基准采用 1956 年黄海高程系。

⑤实施了全国天文大地网整体平差。

10.2　相同参心坐标系下的坐标换算

10.2.1　常用的参心坐标系

大地坐标系如图 10-3 所示。过椭球面上任一点 P 的子午面 NPS 与起始子午面 NGS 所构成的二面角 L，称为 P 点的大地经度，由起始子午面起算，向东为正，称为东经（$0°\sim180°$），向西为负，称为西经（$0°\sim180°$）；P 点的法线 P_n 与赤道面的夹角 B，称为 P 点的大地纬度，由赤道面起算，向北为正，称为北纬（$0°\sim90°$），向南为负，称为南纬（$0°\sim90°$）。在该坐标系中，P 点在椭球面上的位置用 (L,B) 表示。如果点不在椭球面上，则表示点的位置除 (L,B) 外，还要附加大地高 H（P 点沿法线方向到椭球面的距离），它与正常高 $H_{正常}$ 及正高 $H_{正}$ 的关系为 $H=H_{正}+N=H_{正常}+\zeta$，其中，N 为大地水准面差距，ζ 为高程异常。

空间直角坐标系如图 10-4 所示。以椭球体中心 O 为原点，起始子午面与赤道面交线为 X 轴，在赤道面上与 X 轴正交的方向为 Y 轴，椭球体的旋转轴为 Z 轴，构成右手坐标系 $O\text{-}XYZ$。在该坐标系中，P 点的位置用 (X,Y,Z) 表示。

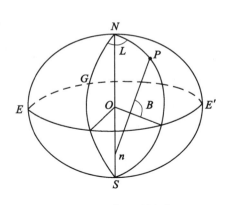

图 10-3　大地坐标系

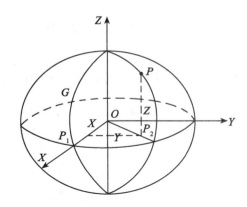

图 10-4　空间直角坐标系

对于许多经常性的测量工作来说，在椭球面上进行各种计算是件烦琐的事，表示椭球面上点、线位置的大地坐标和空间直角坐标也不适用于经常性的测量工作，因此，为便于计算和满足测量工作的需要，采用地图投影方法，将椭球面上的元素投影到平面上，从而获得平面直角坐标系下的坐标。我国采用高斯·克吕格投影方法，其他许多国家，如德国、英国、美国、奥地利等，也都采用高斯·克吕格投影（简称高斯投影）方法，这种投影方法是由德国科学家高斯于 1825—1830 年首先提出的，但直到 1912 年，由德国另一位科学家克吕格推导出实用的坐标投影公式后才得到推广和应用。

高斯投影也称横轴椭圆柱等角投影。如图 10-5 所示，想象有一个椭圆柱面横套在地球椭球体外面，并与某一条子午线（该子午线称为中央子午线或轴子午线）相切，椭圆柱的中心轴通过椭球体中心，然后用一定投影方法将中央子午线两侧的地区投影到椭圆柱面

229

上，再将此柱面展开即成为图 10-6 所示的投影面。在投影面上，中央子午线和赤道的投影都是直线，并且以中央子午线和赤道的交点 O 为坐标原点，以中央子午线的投影为纵坐标轴，以赤道的投影为横坐标轴，构成高斯平面直角坐标系。为控制投影变形，将中央子午线两侧的地区限制在一定的经差范围内，我国规定按经差 6° 和 3° 进行分带投影，如果为大比例尺测图和工程测量则可采用 3° 带投影，特殊情况下可采用 1.5° 带或任意带投影，但为了测量成果的通用，需同国家 6° 带或 3° 带相联系。

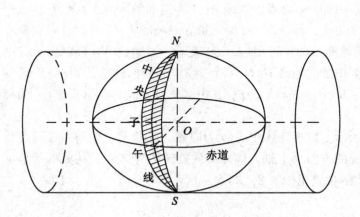

图 10-5　高斯投影

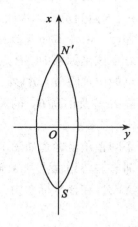

图 10-6　高斯平面直角坐标系

10.2.2　大地坐标与空间直角坐标的换算

如果 P 点在椭球面上，由大地坐标计算相应的空间直角坐标的公式为

$$\begin{cases} X = N\cos B\cos L \\ Y = N\cos B\sin L \\ Z = N(1-e^2)\sin B \end{cases} \tag{10-8}$$

式中，N 为过 P 点的卯酉圈曲率半径。

如果点 P 不在椭球面上，设其大地高为 H，由大地坐标计算相应的空间直角坐标的公式为

$$\begin{cases} X = (N+H)\cos B\cos L \\ Y = (N+H)\cos B\sin L \\ Z = [N(1-e^2)+H]\sin B \end{cases} \tag{10-9}$$

由点 P 的空间直角坐标计算相应大地坐标的公式为

$$L = \arctan\frac{Y}{X} = \arcsin\frac{Y}{\sqrt{X^2+Y^2}} = \arccos\frac{X}{\sqrt{X^2+Y^2}} \tag{10-10}$$

$$\tan B = \frac{Z+Ne^2\sin B}{\sqrt{X^2+Y^2}} \tag{10-11}$$

$$H = \frac{Z}{\sin B} - N(1-e^2) \tag{10-12}$$

大地纬度 B 的计算比较复杂，因为式(10-11)的右端有待定量，通常需要迭代计算。迭代时，可取 $\tan B_1 = \dfrac{Z}{\sqrt{X^2+Y^2}}$，先用 B 的初值 B_1 计算 N_1 和 $\sin B_1$，再按式(10-11)进行第二次迭代，直至最后两次 B 值之差小于允许误差为止。当求得大地纬度 B 后，再按式(10-12)计算大地高。

10.2.3　大地坐标与高斯平面直角坐标的换算

大地坐标 (L, B) 与高斯平面直角坐标 (x, y) 之间的换算分两种：一种是由 (L, B) 计算 (x, y)，称为高斯投影正算；另一种是由 (x, y) 计算 (L, B)，称为高斯投影反算。

高斯投影正算对高斯投影提出三个条件：中央子午线投影后为直线；中央子午线投影后长度不变；投影具有正形性质，即椭球面上的角度投影到高斯面上后角度没有变形。根据这三个条件，可以推得精确至 0.001m 的高斯投影正算公式为

$$
\begin{cases}
x = X + \dfrac{N}{2\rho''^2}\sin B\cos B l''^2 + \dfrac{N}{24\rho''^4}\sin B\cos^3 B(5-t^2+9\eta^2+4\eta^4)l''^4 + \\[3mm]
\qquad \dfrac{N}{720\rho''^6}\sin B\cos^5 B(61-58t^2+t^4)l''^6 \\[4mm]
y = \dfrac{N}{\rho''}\cos B l'' + \dfrac{N}{6\rho''^3}\cos^3 B(1-t^2+\eta^2)l''^3 + \\[3mm]
\qquad \dfrac{N}{120\rho''^5}\cos^5 B(5-18t^2+t^4+14\eta^2-58\eta^2 t^2)l''^5
\end{cases}
\tag{10-13}
$$

式中，$t = \tan B$；$\eta^2 = e'^2\cos^2 B$；l 为经差，当 l 为 0 时，$x = X$；X 为自赤道量起的子午线弧长，采用克拉索夫斯基椭球元素和 1975 年国际椭球元素进行计算的公式分别为

$$X = 111134.861B° - 16036.480\sin 2B + 16.828\sin 4B - 0.022\sin 6B \tag{10-14}$$

$$X = 111133.005B° - 16038.528\sin 2B + 16.833\sin 4B - 0.022\sin 6B \tag{10-15}$$

高斯投影反算对高斯投影提出三个条件：x 轴投影成中央子午线，是投影的对称轴；x 轴上的长度投影保持不变；投影具有正形性质，即高斯面上的角度投影到椭球面上后角度没有变形。根据这三个条件，可以推得精确至 0.0001″ 的高斯投影反算公式为

$$
\begin{cases}
B = B_f - \dfrac{t_f}{2M_f N_f}y^2 + \dfrac{t_f}{24M_f N_f^3}(5+3t_f^2+\eta_f^2-9t_f^2\eta_f^2)y^4 \\[4mm]
l = \dfrac{1}{N_f\cos B_f}y - \dfrac{1}{6N_f^3\cos B_f}(1+2t_f^2+\eta_f^2)y^3 + \\[3mm]
\qquad \dfrac{1}{120N_f^5\cos B_f}(5+28t_f^2+24\eta_f^4)y^5
\end{cases}
\tag{10-16}
$$

式中，B_f 为 P 点在椭球面上投影的垂足纬度，垂足的横坐标 y 为 0，纵坐标等于 P 点的纵坐标 x，且 $x = X$，有了 X 即可求得 B_f；t_f，η_f 根据对应的垂足纬度 B_f 计算；l 为经差，当 $y = 0$ 时，$l = 0$。

高斯投影正反算公式的几何解释分别如图 10-7 所示。

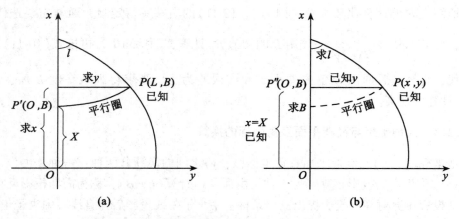

图 10-7　高斯投影正反算公式的几何解释

10.3　不同参心坐标系下的坐标换算

采用的椭球参数及椭球的定位、定向不同，所建立的参心坐标系就不同，同一个点在不同参心坐标系下的坐标也不同，但不同坐标系下的控制点坐标可以通过一定的数学模型，在一定的精度范围内进行换算。1954 年北京坐标系和 1980 年国家大地坐标系是两个不同的参心坐标系，其差异除了它们各自采用不同的椭球参数和椭球定位、定向外，还因为前者只进行了局部平差，而后者进行了整体平差。因此，在控制点坐标的收集和使用时，必须注意所用成果相应的坐标系统，如果确有需要，可以通过本节介绍的数学模型进行坐标的换算。

10.3.1　空间直角坐标之间的换算

进行两个空间直角坐标系间的变换，要具备 3 个坐标平移参数（ΔX_0，ΔY_0，ΔZ_0）、3 个角度旋转参数（ε_x，ε_y，ε_z）和 1 个尺度变化参数 dK。

设两个不同的空间直角坐标系为 O_1-$X_1Y_1Z_1$ 和 O_2-$X_2Y_2Z_2$，坐标换算基本模型为

$$\begin{bmatrix} X_2 \\ Y_2 \\ Z_2 \end{bmatrix} = (1+dK)\boldsymbol{R}(\boldsymbol{\varepsilon})\begin{bmatrix} X_1 \\ Y_1 \\ Z_1 \end{bmatrix} + \begin{bmatrix} \Delta X_0 \\ \Delta Y_0 \\ \Delta Z_0 \end{bmatrix} \tag{10-17}$$

其中，

$$\boldsymbol{R}(\boldsymbol{\varepsilon}) = R(\varepsilon_z)R(\varepsilon_y)R(\varepsilon_x)$$

$$= \begin{bmatrix} \cos\varepsilon_z & \sin\varepsilon_z & 0 \\ -\sin\varepsilon_z & \cos\varepsilon_z & 0 \\ 0 & 0 & 1 \end{bmatrix}\begin{bmatrix} \cos\varepsilon_y & 0 & -\sin\varepsilon_y \\ 0 & 1 & 0 \\ \sin\varepsilon_y & 0 & \cos\varepsilon_y \end{bmatrix}\begin{bmatrix} 1 & 0 & 0 \\ 0 & \cos\varepsilon_x & \sin\varepsilon_x \\ 0 & -\sin\varepsilon_x & \cos\varepsilon_x \end{bmatrix}$$

$$= \begin{bmatrix} \cos\varepsilon_y\cos\varepsilon_z & \cos\varepsilon_x\sin\varepsilon_z+\sin\varepsilon_x\sin\varepsilon_y\cos\varepsilon_z & \sin\varepsilon_x\sin\varepsilon_z-\cos\varepsilon_x\sin\varepsilon_y\cos\varepsilon_z \\ -\cos\varepsilon_y\sin\varepsilon_z & \cos\varepsilon_x\cos\varepsilon_z-\sin\varepsilon_x\sin\varepsilon_y\sin\varepsilon_z & \sin\varepsilon_x\cos\varepsilon_z+\cos\varepsilon_x\sin\varepsilon_y\sin\varepsilon_z \\ \sin\varepsilon_y & -\sin\varepsilon_x\cos\varepsilon_y & \cos\varepsilon_x\cos\varepsilon_y \end{bmatrix}$$

$$\tag{10-18}$$

当 7 个转换参数已知时，就可按式（10-18）将某点在坐标系 $O_1\text{-}X_1Y_1Z_1$ 中的坐标换算成在坐标系 $O_2\text{-}X_2Y_2Z_2$ 中的坐标。若转换参数未知，则需根据两个坐标系中的公共点坐标进行解算。由于 1 个公共点可列出 3 个方程，因此，只要有 3 个公共点，或者 2 个公共点及 1 个辅助公共分量（如高程），便可解出这 7 个参数。实际转换时，通常是利用多个公共点信息按最小二乘准则进行平差计算来求解。由于旋转角很小，可视 $\sin\varepsilon = \varepsilon$，$\cos\varepsilon = 1$，同时忽略 2 阶及以上微小量，则有

$$\boldsymbol{R}(\boldsymbol{\varepsilon}) = \begin{bmatrix} 1 & \varepsilon_z & -\varepsilon_y \\ -\varepsilon_z & 1 & \varepsilon_x \\ \varepsilon_y & -\varepsilon_x & 1 \end{bmatrix} = \begin{bmatrix} 1 & 0 & 0 \\ 0 & 1 & 0 \\ 0 & 0 & 1 \end{bmatrix} + \begin{bmatrix} 0 & \varepsilon_z & -\varepsilon_y \\ -\varepsilon_z & 0 & \varepsilon_x \\ \varepsilon_y & -\varepsilon_x & 0 \end{bmatrix} \qquad (10\text{-}19)$$

因为

$$\begin{bmatrix} 0 & \varepsilon_z & -\varepsilon_y \\ -\varepsilon_z & 0 & \varepsilon_x \\ \varepsilon_y & -\varepsilon_x & 0 \end{bmatrix} \begin{bmatrix} X_1 \\ Y_1 \\ Z_1 \end{bmatrix} = \begin{bmatrix} 0 & -Z_1 & Y_1 \\ Z_1 & 0 & -X_1 \\ -Y_1 & X_1 & 0 \end{bmatrix} \begin{bmatrix} \varepsilon_x \\ \varepsilon_y \\ \varepsilon_z \end{bmatrix} \qquad (10\text{-}20)$$

所以有

$$\begin{bmatrix} X_2 \\ Y_2 \\ Z_2 \end{bmatrix} = \begin{bmatrix} \Delta X_0 \\ \Delta Y_0 \\ \Delta Z_0 \end{bmatrix} + \begin{bmatrix} X_1 \\ Y_1 \\ Z_1 \end{bmatrix} \mathrm{d}K + \begin{bmatrix} 0 & -Z_1 & Y_1 \\ Z_1 & 0 & -X_1 \\ -Y_1 & X_1 & 0 \end{bmatrix} \begin{bmatrix} \varepsilon_x \\ \varepsilon_y \\ \varepsilon_z \end{bmatrix} + \begin{bmatrix} X_1 \\ Y_1 \\ Z_1 \end{bmatrix} \qquad (10\text{-}21)$$

式（10-21）就是用于任意两个空间直角坐标系相互变换的布尔莎 7 参数模型。当有多个公共点时，对每个点都可列出以下观测方程，按最小二乘法求解转换参数：

$$\begin{bmatrix} X_2 - X_1 \\ Y_2 - Y_1 \\ Z_2 - Z_1 \end{bmatrix} = \begin{bmatrix} 1 & 0 & 0 & X_1 & 0 & -Z_1 & Y_1 \\ 0 & 1 & 0 & Y_1 & Z_1 & 0 & -X_1 \\ 0 & 0 & 1 & Z_1 & -Y_1 & X_1 & 0 \end{bmatrix} \begin{bmatrix} \Delta X_0 \\ \Delta Y_0 \\ \Delta Z_0 \\ \mathrm{d}K \\ \varepsilon_x \\ \varepsilon_y \\ \varepsilon_z \end{bmatrix} \qquad (10\text{-}22)$$

如果设 $\varepsilon_x = \varepsilon_y = 0$ 而 $\varepsilon_z \neq 0$，即设两个空间直角坐标系仅是起始子午面不一致，则有转换公式

$$\begin{bmatrix} X_2 \\ Y_2 \\ Z_2 \end{bmatrix} = \begin{bmatrix} \Delta X_0 \\ \Delta Y_0 \\ \Delta Z_0 \end{bmatrix} + \begin{bmatrix} X_1 \\ Y_1 \\ Z_1 \end{bmatrix} \mathrm{d}K + \begin{bmatrix} Y_1 \\ -X_1 \\ 0 \end{bmatrix} \varepsilon_z + \begin{bmatrix} X_1 \\ Y_1 \\ Z_1 \end{bmatrix} \qquad (10\text{-}23)$$

式（10-23）称为 5 参数模型。若再有 $\varepsilon_z = 0$，则有转换公式

$$\begin{bmatrix} X_2 \\ Y_2 \\ Z_2 \end{bmatrix} = \begin{bmatrix} \Delta X_0 \\ \Delta Y_0 \\ \Delta Z_0 \end{bmatrix} + \begin{bmatrix} X_1 \\ Y_1 \\ Z_1 \end{bmatrix} \mathrm{d}K + \begin{bmatrix} X_1 \\ Y_1 \\ Z_1 \end{bmatrix} \qquad (10\text{-}24)$$

式（10-24）称为 4 参数模型。若尺度比变化也为零，则得 3 参数转换模型为

$$\begin{bmatrix} X_2 \\ Y_2 \\ Z_2 \end{bmatrix} = \begin{bmatrix} \Delta X_0 \\ \Delta Y_0 \\ \Delta Z_0 \end{bmatrix} + \begin{bmatrix} X_1 \\ Y_1 \\ Z_1 \end{bmatrix} \tag{10-25}$$

这里讨论的空间直角坐标换算模型，既适用于 1954 年北京坐标系与 1980 年国家大地坐标系之间的换算，也适用于参心空间直角坐标系与地心空间直角坐标系之间的换算。值得一提的是，坐标换算的精度除与换算数学模型有关外，还与为求解转换参数所用到的公共点坐标精度以及公共点的位置分布有关，此外，式（10-21）和式（10-22）是在小旋转角的假设前提下推得的，不能直接应用于大旋转角情况下的空间直角坐标换算。

对 GPS 精密定位，因为只给出相对坐标，利用上述公式无法求出三个平移量，因而需讨论 GPS 精密定位中基线向量的转换公式。若对任意两点 i，j 先分别按式（10-21）列立方程式，再两式相减，则有

$$\begin{bmatrix} \Delta X_{ij} \\ \Delta Y_{ij} \\ \Delta Z_{ij} \end{bmatrix}_2 = \begin{bmatrix} \Delta X_{ij} \\ \Delta Y_{ij} \\ \Delta Z_{ij} \end{bmatrix}_1 \mathrm{d}K + \begin{bmatrix} 0 & -\Delta Z_{ij} & \Delta Y_{ij} \\ \Delta Z_{ij} & 0 & -\Delta X_{ij} \\ -\Delta Y_{ij} & \Delta X_{ij} & 0 \end{bmatrix}_1 \begin{bmatrix} \varepsilon_x \\ \varepsilon_y \\ \varepsilon_z \end{bmatrix} + \begin{bmatrix} \Delta X_{ij} \\ \Delta Y_{ij} \\ \Delta Z_{ij} \end{bmatrix}_1 \tag{10-26}$$

式（10-26）就是 GPS 基线向量向参心坐标系转换的公式，式中，下标 1、2 分别表示在相应坐标系下的坐标变化量。显然，这时仅需 4 个转换参数。

10.3.2　大地坐标之间的换算

不同大地坐标系之间的换算，除具有不同空间直角坐标系之间换算所需的 7 个参数外，还由于两个系统采用的椭球元素不同而增加的 2 个椭球元素转换参数（$\mathrm{d}a$，$\mathrm{d}\alpha$）。不同大地坐标系的换算公式又称为大地坐标微分公式。省略推导过程，顾及全部 7 个参数和椭球大小变化的广义大地坐标微分公式为

$$\begin{bmatrix} \mathrm{d}B \\ \mathrm{d}L \\ \mathrm{d}H \end{bmatrix} = \begin{bmatrix} -\dfrac{\sin B \cos L}{M+H}\rho'' & -\dfrac{\sin B \sin L}{M+H}\rho'' & \dfrac{\cos B}{M+H}\rho'' \\ -\dfrac{\sin L}{(N+H)\cos B}\rho'' & -\dfrac{\cos L}{(N+H)\cos B}\rho'' & 0 \\ \cos B \cos L & \cos B \sin L & \sin B \end{bmatrix} \begin{bmatrix} \Delta X_0 \\ \Delta Y_0 \\ \Delta Z_0 \end{bmatrix} +$$

$$\begin{bmatrix} -\sin L & \cos L & 0 \\ \tan B \cos L & \tan B \sin L & -1 \\ Ne^2 \sin B \cos B \sin L/\rho'' & Ne^2 \sin B \cos B \cos L/\rho'' & 0 \end{bmatrix} \begin{bmatrix} \varepsilon_x \\ \varepsilon_y \\ \varepsilon_z \end{bmatrix} + \tag{10-27}$$

$$\begin{bmatrix} Ne^2 \sin B \cos B \rho''/M \\ 0 \\ N(1-e^2 \sin^2 B) \end{bmatrix} \mathrm{d}K +$$

$$\begin{bmatrix} \dfrac{N}{(M+H)\alpha}e^2 \sin B \cos B \rho'' & \dfrac{M(2-e^2 \sin^2 B)}{(M+H)(1-\alpha)}\sin B \cos B \rho'' \\ 0 & 0 \\ -\dfrac{N}{\alpha}(1-e^2 \sin^2 B) & \dfrac{M}{1-\alpha}(1-e^2 \sin^2 B)\sin^2 B \end{bmatrix} \begin{bmatrix} \mathrm{d}a \\ \mathrm{d}\alpha \end{bmatrix}$$

由上式可知，$\mathrm{d}a$，$\mathrm{d}\alpha$ 对大地经度没有影响，ε_x 对大地纬度及大地高没有影响。根据

3 个及以上公共点的两套大地坐标值，可列出 9 个及以上的方程，采用最小二乘法求出 9 个转换参数（ΔX_0，ΔY_0，ΔZ_0，ε_X，ε_Y，ε_Z，dK，da，$d\alpha$）。如果忽略旋转参数和缩放参数，式（10-27）将大大简化，其简化公式在大地网平差列立观测值的误差方程式时经常用到。

上述讨论的不同参心大地坐标系之间的坐标换算模型，既适用于 1954 年北京坐标系与 1980 年国家大地坐标系之间的换算，也适用于参心大地坐标系与地心大地坐标系之间的换算。

10.3.3 平面直角坐标之间的换算

进行两个平面直角坐标系间的变换，要具备 2 个坐标平移参数（ΔX_0，ΔY_0）、1 个角度旋转参数 ε 和 1 个尺度变化参数 dK。

设两个不同的空间直角坐标系为 $O_1\text{-}X_1Y_1$ 和 $O_2\text{-}X_2Y_2$，坐标换算基本模型为

$$\begin{bmatrix} X_2 \\ Y_2 \end{bmatrix} = (1+dK)\boldsymbol{R}(\boldsymbol{\varepsilon})\begin{bmatrix} X_1 \\ Y_1 \end{bmatrix} + \begin{bmatrix} \Delta X_0 \\ \Delta Y_0 \end{bmatrix} \qquad (10\text{-}28)$$

其中，

$$\boldsymbol{R}(\boldsymbol{\varepsilon}) = \begin{bmatrix} \cos\varepsilon & \sin\varepsilon \\ -\sin\varepsilon & \cos\varepsilon \end{bmatrix} \qquad (10\text{-}29)$$

当 4 个转换参数已知时，就可按式（10-28）将某点在坐标系 $O_1\text{-}X_1Y_1$ 中的坐标换算成在坐标系和 $O_2\text{-}X_2Y_2$ 中的坐标。若转换参数未知，则需根据两个坐标系中的公共点坐标进行解算。由于 1 个公共点可列出 2 个方程，因此，只要有 2 个公共点便可解出这 4 个参数，但通常是利用多个公共点信息按最小二乘准则进行平差计算来求解。

上述讨论的不同平面直角坐标系之间的坐标换算模型，既适用于 1954 年北京坐标系与 1980 年国家大地坐标系之间的平面坐标换算，也适用于其他任意两个平面直角坐标系之间的坐标换算。

思 考 题

1. 地心坐标系和参心坐标系的区别是什么？
2. 建立参心坐标系的基本原理是什么？
3. 什么叫单点定位和多点定位？
4. 1980 年国家大地坐标系是如何建立的？
5. 什么叫大地坐标系和空间直角坐标系？
6. 相同参心坐标系下的大地坐标与空间直角坐标如何换算？
7. 相同参心坐标系下的大地坐标与高斯平面直角坐标如何换算？
8. 不同参心坐标系下的空间直角坐标如何换算？
9. 利用布尔莎 7 参数模型求解坐标转换参数需要满足哪些条件？
10. 如何进行平面直角坐标之间的换算？

参 考 文 献

[1]胡明城. 现代大地测量学的理论及其应用[M]. 北京：测绘出版社，2003.

[2]孔祥元，郭际明. 控制测量学[M]. 武汉：武汉大学出版社，2006.

[3]周忠谟，易杰军，周琪. GPS卫星测量原理与应用[M]. 北京：测绘出版社，1995.

[4]武汉大学测绘学院测量平差学科组. 误差理论与测量平差基础[M]. 武汉：武汉大学出版社，2003.

[5]张凤举，张华海，赵长胜，等. 控制测量学[M]. 北京. 煤炭工业出版社，1999.

[6]杨国清. 控制测量学[M]. 郑州：黄河水利出版社，2005.

[7]朱华统. 大地坐标系的建立[M]. 北京：测绘出版社，1986.

[8]陈健，薄志鹏. 应用大地测量学[M]. 北京：煤炭工业出版社，1989.

[9]华锡生，田林亚. 测量学[M]. 南京：河海大学出版社，2003.

[10]孔祥元，郭际明，刘宗泉. 大地测量学基础[M]. 武汉：武汉大学出版社，2001.

[11]张正禄，等. 工程测量学[M]. 武汉：武汉大学出版社，2005.

[12]华锡生，田林亚. 安全监测原理与方法[M]. 南京：河海大学出版社，2007.

[13]宁津生，陈俊勇，李德仁，刘经南，张祖勋. 测绘学概论[M]. 武汉：武汉大学出版社，2003.

[14]华锡生，李浩. 测绘学概论[M]. 北京：国防工业出版社，2006.

[15]冯兆祥，钟建驰，岳建平. 现代特大型桥梁施工测量技术[M]. 北京：人民交通出版社，2010.

[16]卓健成. 工程控制测量建网理论[M]. 成都：西南交通大学出版社，1996.

[17]於宗俦，于正林. 测量平差基础[M]. 武汉：武汉测绘科技大学出版社，1989.

[18]华锡生，黄腾. 精密工程测量技术及应用[M]. 南京：河海大学出版社，2002.

[19]陈健，晁定波. 椭球大地测量学[M]. 北京：测绘出版社，1989.

[20]吴翼麟，孔祥元. 特种精密工程测量[M]. 北京：测绘出版社，1993.

[21]岳建平，田林亚. 变形监测技术与应用[M]. 北京：国防工业出版社，2007.

[22]章书寿，华锡生. 工程测量[M]. 北京：水利水电出版社，1999.

[23]贺国宏. 桥隧控制测量[M]. 北京：交通出版社，1999.

[24]赵志仁. 大坝安全监测设计[M]. 郑州：黄河水利出版社，2003.

[25]施一民. 现代大地控制测量[M]. 北京：测绘出版社，2003.

[26]李青岳，陈永奇. 工程测量学[M]. 北京：测绘出版社，1995.

[27]李明峰，冯宝红，刘三枝. GPS定位技术及其应用[M]. 北京：国防工业出版社，2006.

[28]黄丁发，等. GPS卫星导航定位技术与方法[M]. 北京：科学出版社，2009.

[29]周忠谟. 关于GPS偏心观测的归算问题[J]. 测绘科技动态，1994(1).

[30]杨俊志. 电子经纬仪测角原理及检定方法[J]. 测绘科技动态，1995(1).

[31]苏通大桥建设指挥部. 苏通大桥论文集[C]. 北京：中国科学技术出版社，2005.

[32]美国天宝 dini03 电子水准仪说明书.

[33]徕卡 TPS 系列全站仪说明书.

[34]工程测量规范 GB50026—2007[S]. 北京：中国计划出版社，2007.

[35]城市测量规范 CJJ/T 8—2011[S]. 北京：中国建筑工业出版社，2004.

[36]国家一、二等水准测量规范 GB/T12897—2006. 北京：中国计划出版社，2006.

[37]建筑变形测量规程 JGJ/T 8—97. 北京：中国建筑工业出版社，1998.

[38]全球定位系统(GPS)测量规范 GB/T18314—2009. 北京：中国计划出版社，2009.

[39]全球定位系统城市测量技术规程 CJJ73—97. 北京：中国建筑工业出版社，1997.

[40]混凝土坝安全监测技术规范 DL/T5178—2003. 北京：水利水电出版社，2003.

■ 责任编辑／胡　艳
■ 责任校对／汪欣怡
■ 版式设计／韩闻锦
■ 封面设计／王荆强

Introduction
Introduction

　　本书共分10章，章节的编排和内容的编写是根据工程控制测量的基本流程展开的，从工程控制网的设计、观测到数据处理及结果分析，形成了比较完整的工程控制测量体系。本书在较系统地阐述工程控制测量理论和方法的基础上，介绍了当前测绘新技术在工程控制测量中的运用，同时紧密结合工程实际，详细论述了工程控制测量中出现的有关问题及其解决方法，并以桥梁、铁路、水电站、堤防等工程的控制测量案例加以说明。

ISBN 978-7-307-20144-6

9 787307 201446 >

定价: 35.00元